普通高等教育“三海一核”系列规划教材

计算机控制系统

刘彦文　编著

科学出版社

北　京

内 容 简 介

本书系统地介绍了计算机控制系统的基础知识、设计方法和典型应用。全书共 10 章，第 1 章主要介绍计算机控制系统的组成、分类及发展趋势；第 2 章介绍计算机输入/输出接口与过程通道；第 3 章介绍计算机控制系统的数学描述；第 4 章至第 9 章分别介绍计算机控制系统的特性分析、频率响应、鲁棒稳定性分析方法及各种经典设计方法，并结合具体实例进行应用；第 10 章通过一个具体例子介绍计算机控制系统的设计步骤和设计过程。本书是作者结合多年的研究成果和工程应用实践，依据高等学校自动化专业本科及研究生的教学要求而编写的，其内容反映了计算机控制系统近年来的新进展。本书中典型控制系统的应用都是通过具体的实例来讲解的，为实际系统的工程设计提供了可以参照的样板，也为理论工作者提供了大量的应用实例。

本书可作为高等学校的本科生和研究生教材，也可作为相关企业的培训教材，还可为相关专业的工程设计人员提供参考。

图书在版编目(CIP)数据

计算机控制系统 / 刘彦文编著. —北京：科学出版社，2019.12

普通高等教育“三海一核”系列规划教材

ISBN 978-7-03-063354-5

Ⅰ. ①计… Ⅱ. ①刘… Ⅲ. ①计算机控制系统 Ⅳ. ①TP273

中国版本图书馆 CIP 数据核字（2019）第 255379 号

责任编辑：余 江 董素芹 / 责任校对：王萌萌

责任印制：张 伟 / 封面设计：迷底书装

科 学 出 版 社 出版

北京东黄城根北街 16 号

邮政编码：100717

http://www.sciencep.com

北京中科印刷有限公司 印刷

科学出版社发行 各地新华书店经销

*

2019 年 12 月第 一 版 开本：787×1092 1/16

2021 年 1 月第二次印刷 印张：12 1/4

字数：290 000

定价：49.00 元

(如有印装质量问题，我社负责调换)

前　言

随着大规模集成电路技术的发展，计算机的性能及可靠性有了显著提高，同时价格大大下降，而且容易实现和便于调整复杂的控制规律，逐渐成为人们信赖的控制装置。在现代控制系统中，越来越多的设计者采用了通过计算机实现的具有复杂算法的数字控制器，这种应用数字控制器来控制连续对象的系统称为计算机控制系统。

本书将计算机控制技术与计算机控制系统相结合，系统地介绍计算机控制系统的基础知识、设计方法和典型应用。全书共 10 章，第 1 章主要介绍计算机控制系统的组成、分类及发展趋势；第 2 章介绍计算机输入/输出接口与过程通道；第 3 章介绍计算机控制系统的数学描述；第 4 章分析计算机控制系统的稳定性、稳态性能和动态性能；第 5 章结合系统的特点，介绍计算机控制系统频率响应的直接计算方法，与前人的方法进行对比和分析，并结合三个具体实例进行应用，进一步验证本书所给方案的优越性；第 6 章给出计算机控制系统的连续化设计方法，包括基本和改进的数字 PID 控制算法及 PID 参数的工程整定方法；第 7 章从现代控制系统设计的角度，对计算机控制系统进行鲁棒稳定性分析和设计；第 8 章给出计算机控制系统的离散化设计方法，包括最少拍控制器设计、具有纯滞后对象的控制系统设计、串级控制、前馈-反馈控制及解耦控制方法；第 9 章介绍计算机控制系统的状态空间设计方法；第 10 章介绍典型的计算机控制系统的设计步骤和过程并给出具体的应用实例。

本书在“计算机控制系统”课程的主要教学内容的基础上，介绍了一些经典的设计方法，还结合目前流行的先进控制理论和作者近年来的研究，将目前流行的一些先进控制技术融入计算机控制系统的分析设计和应用中，以具体的实例讲述各种典型结构现代化计算机控制系统的设计过程，并从现代控制系统设计的角度，应用不同的方法对计算机控制系统进行鲁棒稳定性分析和设计。书中既有理论分析又有应用实例，读者通过对本书的学习，除了能掌握一定的计算机控制的基本理论和分析、设计方法，还可以通过书中的各种典型应用实例，掌握设计和应用技巧，大大提高工程设计的能力。

编　者

2019 年 7 月

目　录

第1章　绪　　论

计算机控制系统是自动控制理论和计算机技术相结合的产物。随着大规模集成电路技术的发展，计算机的性能及可靠性有了显著提高，同时价格大大下降，逐渐成为人们信赖的控制装置。而且由于计算机容易实现和便于调整复杂的控制规律，在现代控制系统中，越来越多的设计者采用通过计算机实现的具有复杂算法的离散控制器，这种应用离散控制器来控制连续对象的系统称为计算机控制系统。计算机控制系统中控制器是离散的，对象的输入/输出信号则是连续的，因而连续信号和离散信号共存，是计算机控制系统的主要特征，也是系统分析和设计的难点。这决定了计算机控制系统的数学模型、分析和设计方法必然与常规的纯连续和纯离散系统不同。

本章主要介绍计算机控制系统的一般概念、基本原理和组成，以及计算机控制系统的特点、分类、发展趋势等。

1.1　自动控制系统概述

自动控制是指在没有人直接参与的情况下，通过控制器使生产过程自动地按照预定的规律运行。一般来说，随着被控对象、控制规律、执行机构的不同，自动控制系统有不同的特点。对于实际的控制系统，根据有无反馈作用可以分为开环控制、闭环控制和半闭环控制三种结构。

1. 开环控制

图 1.1 给出的是开环控制系统的基本结构，该系统是根据输入量和干扰量进行控制的，输出端与输入端之间无反馈回路，输出量在整个控制过程中对系统的控制过程不产生任何影响。

图 1.1　开环控制系统的基本结构

开环控制系统的特点：①若由于干扰作用使输出量偏离原始值，系统无自动纠偏能力，要靠人工改变输入量来消除干扰；②系统的控制精度低，无法实现高精度控制；③系统简单，一般都能可靠稳定地工作。

2. 闭环控制

图 1.2 给出的是闭环控制系统的基本结构，该系统的输出端与输入端之间存在反馈回路，输出量对控制过程产生直接影响。图 1.2 的具体工作原理为：首先将被控量 y 与给定值 r 相比较，形成一个偏差信号 e，控制器根据这个偏差信号 e 进行控制调节，使系统的误差减小，最终使被控量接近或等于给定值。

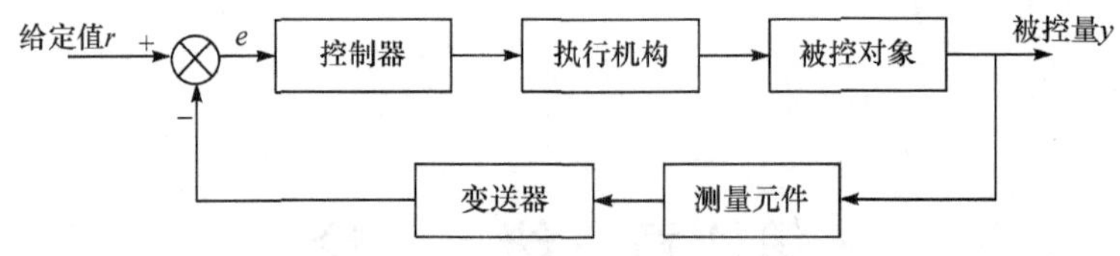

图 1.2　闭环控制系统的基本结构

闭环控制系统的特点：①输出量直接或间接对系统进行控制；②应用反馈来减小或消除偏差；③可自动减弱干扰的影响；④存在稳定、超调、振荡等问题(由于元器件的老化，若参数配置不当，很容易引起振荡，使系统不稳定)；⑤精度高，对外部干扰和系统参数变化不敏感。

3. 半闭环控制

半闭环控制系统虽然也存在反馈回路，但反馈信号不是从系统的输出端引出，而是间接地取自中间的测量元件。例如，在数控机床的进给伺服系统中，可将位置检测装置安装在传动丝杠的端部，间接测量工作台的实际位移。

半闭环控制系统的特点：①比开环控制系统的精度高，但比闭环控制系统的精度低；②与闭环控制系统相比，易于实现系统的稳定。

1.2　计算机控制系统的组成和基本原理

如果将图 1.1 和图 1.2 中控制器的功能用计算机来实现，就构成了计算机控制系统，如图 1.3 所示。计算机控制系统主要由工业控制计算机和被控对象两大部分组成。因为计算机只能接收、处理和输出数字信号，而对象的输出是连续信号，所以与图 1.2 相比，计算机控制系统增加了数/模(D/A)转换器及模/数(A/D)转换器。

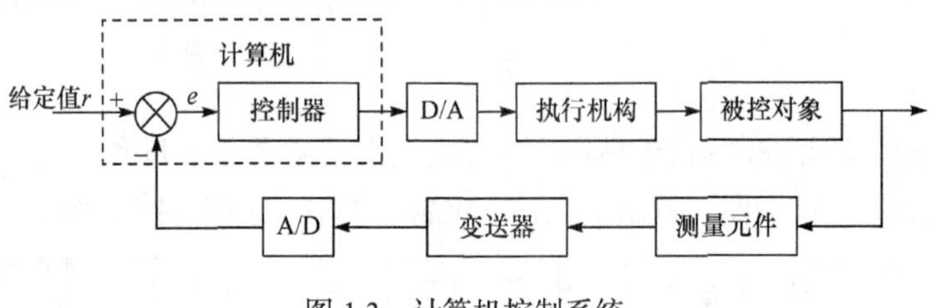

图 1.3　计算机控制系统

在计算机控制系统中，控制规律是用软件实现的，只要运用各种指令，就能编出符合某种控制规律的程序，计算机执行预定的控制程序，就能实现对被控参数的控制。

1. 各元件功能介绍

图 1.3 中各元件的功能如下：

(1) 控制器：根据偏差信号 e，按照预定的控制规律产生控制信号，以驱动执行机构工作，使被控量与给定值保持一致。

(2) A/D 转换器：把测量变送环节输出的连续信号转换成数字信号输入计算机。

(3) D/A 转换器：把计算机输出的数字信号转换成连续信号去驱动执行机构。

(4) 执行机构：根据控制器输出的控制信号，改变输出的角或直线位移，并改变被调介质的流量或能量，使生产过程满足预定的要求。

对于执行机构最广泛的定义是：一种能提供直线或旋转运动的驱动装置，它利用某种驱动能源并在某种控制信号作用下工作。执行器按其能源形式分为气动、电动和液动三大类，它通过电动机、气缸或其他装置将这些能源转化成驱动作用。基本的执行机构用来把阀门驱动至全开或全关的位置。用于控制阀门的执行机构能够精确地将阀门调整到任何位置。

(5) 测量元件：对被控对象的被控量(温度、压力、流量、转速、位移等)进行测量。

(6) 变送器：将被测参数变成一定形式的电信号，反馈给控制器。

2. 系统的控制过程

(1) 实时数据采集：对来自测量、变送装置的被控量的瞬时值进行检测和输入。

(2) 实时控制决策：对采集到的被控量进行分析和处理，并按预定的控制规律，决定将要采取的控制行为。

(3) 实时控制输出：根据控制决策，适时地对执行机构发出控制信号，完成控制任务。

这里提到了实时性的概念，实时是指信号的输入、处理和输出都必须在一定的时间范围内完成。

3. 系统的工作方式

(1) 在线方式：这种方式又称为联机方式，是指计算机和生产过程相连，且直接控制生产过程。

(2) 离线方式：这种方式又称为脱机方式，是指计算机不与生产过程相连，或相连但不直接控制生产过程，而是依靠人进行联系并作出相应操作。

4. 系统的硬件组成

图 1.4 是计算机控制系统的硬件组成结构框图。系统的硬件一般包括通用外部设备、计算机(主机)及操作台、输入/输出通道、控制对象等，具体如下：

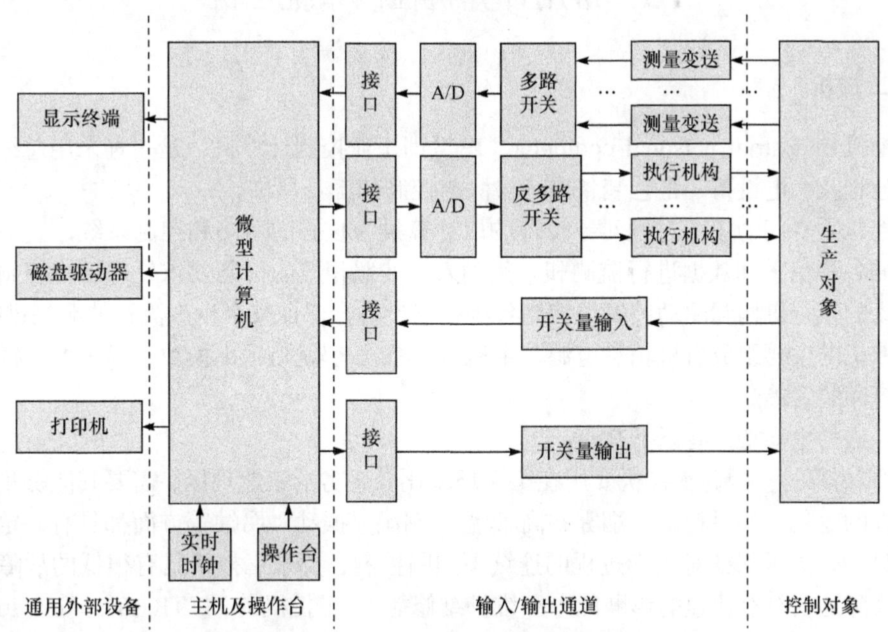

图 1.4　计算机控制系统的硬件组成

(1)计算机(主机)是整个控制系统的指挥部，通过接口向系统各部分发出各种命令，同时对系统各参数进行巡回检测、数据处理、控制计算、报警处理及逻辑判断等。

(2)通用外部设备的功能是实现计算机和外界的信息交换。主要包括人机通信设备、输入/输出设备(键盘、鼠标、扫描仪、光电输入机、打印机、绘图仪、显示器等)和外存储器(磁盘、光盘)。

(3)输入/输出通道是计算机和生产过程之间设置信息传递和交换的连接通道。它一方面将工业对象的参数取出，经传感器(一次仪表)、变送器和 A/D 等将信号变为计算机能接收和识别的代码；另一方面将计算机输出的控制指令和数据，经变换后作为操作执行机构的控制信号，以实现对生产过程的控制。

(4)操作台是操作人员与计算机控制系统进行联系的纽带。主要包括显示装置(如液晶显示器、数码显示器、发光二极管等)、一组或几组功能键、一组或几组数字键。

(5)控制对象是指所要控制的生产装置或设备。

5. 系统的软件组成

软件是指能完成各种功能的计算机程序的总和，它是计算机控制系统的神经中枢，整个系统都是在程序的指挥下进行协调工作的。软件通常分为系统软件和应用软件两种。

(1)系统软件是由计算机设计者提供的，专门用来使用和管理计算机本身的程序，如操作系统、开发系统、调试系统、故障诊断程序，以及各种语言的汇编、解释及编译程序等。

(2)应用软件是用户根据要解决的实际问题而编写的各种程序。在计算机控制系统中，每个控制对象或控制任务都配有相应的控制程序，用这些控制程序来完成对各个控制对象的不同要求。这种为控制目的而编写的程序，通常称为应用程序。

1.3 常用计算机控制系统主机

1.3.1 工控机

工控机(industrial personal computer，IPC)即工业控制计算机，是一种采用总线结构，对生产过程及机电设备、工艺装备进行检测与控制的工具总称。

工控机是专门为工业过程对象设计的以计算机为核心的监测和控制系统，它对来自生产现场的各种信息和数据进行监测和采集输入，按照相应的控制要求处理后将控制信息输出给现场的执行机构和驱动装置以控制各种机器设备，保证整个生产流程的顺利进行。

工控机的主要组成有机箱、电源、主机板、总线、输入/输出模块、显示器、键盘、鼠标以及打印装置等。

工控机的主要特点有以下几点：

(1)高可靠性。因为工控机要用在工作环境比较恶劣的工业现场，需要其能够耐受各种环境条件的变化，如对粉尘、烟雾、高/低温、潮湿、振动、腐蚀等方面都具有一定的防护功能。另外，为了保证对生产过程的连续不间断控制，要求工控机具有很低的故障率，一旦发生故障还要具有快速的诊断能力和维护维修能力。工控机的 MTTR(mean time to repair)一般为 5min，MTTF(mean time to failure)一般在 10 万小时以上，而普通计算机的 MTTF 仅为 10000～15000 小时。

(2)实时性好。工控机能够对工业生产过程进行实时在线检测与控制，对现场的工作状况的变化给予快速的响应，当过程参数出现偏差或故障时，能够及时地进行响应和处理，保证系统的正常运行。

(3)良好的扩充性。工控机由于采用底板＋CPU 卡结构，因而具有很强的输入/输出功能，最多可扩充 20 个板卡，能与工业现场的各种外设、板卡等相连，以完成各种任务。

(4)兼容性好。能同时利用 ISA 与 PCI 及 PICMG 资源，并支持各种操作系统、多种语言汇编。

1.3.2 可编程逻辑控制器

可编程逻辑控制器(programmable logic controller，PLC)是一种专门为在工业环境下应用而设计的数字运算操作的电子系统。它采用一种可编程的存储器，在其内部存储了执行逻辑运算、顺序控制、定时、计数和算术运算等操作指令，通过数字式或模拟式的输入/输出来控制各种类型的机械设备或生产过程。

PLC 基本组成结构有电源、中央处理单元(CPU)、存储器、输入/输出接口电路、功能模块、通信模块。

PLC 的主要特点如下。

(1)使用方便，编程简单。PLC 采用简明的梯形图、逻辑图或语句表等编程语言，这种编程语言简单易懂，无须具备高深的计算机专业知识，因此系统开发周期短，现场调试容易。另外，可在线修改程序，改变控制方案而不拆动硬件。

(2)可靠性高，抗干扰能力强。PLC 是专门为工业过程控制应用而设计的，在设计上充分考虑了其应用环境和运行的要求，并且因为用软件代替了大量的继电器功能，大大减少了硬件电路，大量的开关动作由无触点的电子存储器件来完成，故寿命长，所以具有很高的可靠性。

另外，PLC 采取了一系列硬件和软件抗干扰措施，具有很强的抗干扰能力，平均无故障时间达到数万小时以上。

(3)功能完善，通用性好。PLC 的硬件是标准化的，加上 PLC 的产品已系列化，功能模块品种多，用户能灵活方便地进行配置，组成不同功能、不同规模的系统。PLC 功能强大，通用性好，既能用于对开关量进行控制，也能用于各种连续的工业过程控制系统。

(4)维修工作量小，维修方便。PLC 的故障率很低，且有完善的显示和诊断功能，故障和异常状态均有显示，一旦发生故障，可以根据 PLC 上的发光二极管或编程器提供的信息迅速查明故障原因，用更换模块的方法迅速地排除故障。

1.3.3 单片机

单片机(single chip microcomputer，SCM)是一种集成电路芯片，是采用超大规模集成电路技术把具有数据处理能力的 CPU、RAM、ROM、多种 I/O 接口和中断系统、定时/计数器等功能模块集成到一块硅片上构成的一个小而完善的微型计算机系统。

单片机诞生于 20 世纪 70 年代，经历了 SCM、MCU、SoC 三大阶段。早期的单片机都是 8 位或 4 位的，其中最成功的是 Intel 的 8031，此后在 8031 的基础上发展出了 MCS51 系列的单片机系统。随着工业控制领域要求的提高，开始出现了16位单片机，但因为性价比不理想并未得到广泛的应用。随着Intel i960系列，特别是后来的ARM系列的广泛应用，32位单片机迅速取代16位单片机的高端地位，进入主流市场。

单片机的主要特点如下：

(1) 集成度高，体积小。单片机将CPU、存储器、I/O接口及定时/计数等各功能部件集成在一块晶体芯片上，所以集成度高，体积小。

(2) 控制功能强。单片机具有极其丰富的指令系统，它具有很强的实时控制功能，可以直接对I/O接口进行操作，还具有分支转移功能和位处理功能等，所以能够完成各种控制任务并实现一些专门的控制功能。

(3) 性价比高。单片机的功能强大，性能极好，但是由于生产厂家多，产量大，各厂家的激烈竞争使价格非常便宜，所以其性价比高。

(4) 使用方便，易于扩展。单片机内部功能强，目前国内外各种单片机开发工具的存在使单片机的应用极为方便。另外，由于芯片外部有许多供扩展用的三总线及并行、串行输入/输出引脚，很容易构成各种规模的计算机应用系统，所以单片机也有很好的可扩展性。

1.3.4 数字信号处理器

数字信号处理器(DSP)是一种专用于数字信号处理的微处理器。它能够实时快速地实现各种数字信号处理算法。DSP 使用的是哈佛结构的微处理器。哈佛结构是一种将程序指令存储和数据存储分开的存储器结构，如图1.5所示。CPU首先到程序指令存储器中读取程序指令内容，解码后得到数据地址，再到相应的数据存储器中读取数据，并进行下一步的操作。程序指令存储和数据存储分开，可以使指令和数据有不同的数据宽度。哈佛结构基本上能解决取指和取数的冲突问题，而且由于取指令和存取数据分别经由不同的存储空间和不同的总线，各条指令可以重叠执行，提高了运算速度。

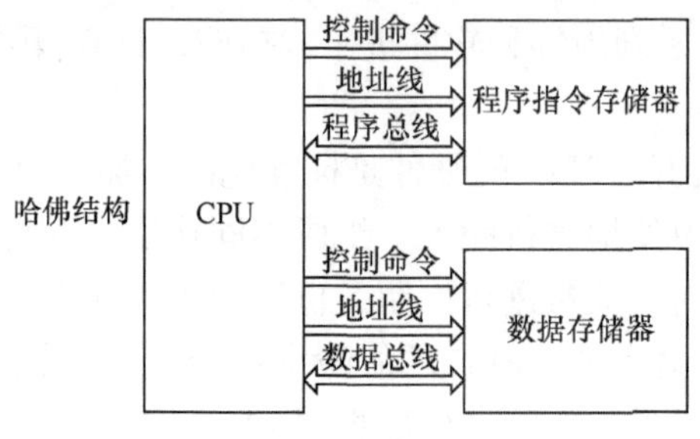

图1.5 哈佛结构

1. DSP芯片的主要特点

(1) 有专用的硬件乘法器。硬件乘法器的功能是在一个指令周期内完成一次乘法运算，是DSP实现快速运算的重要保证。

(2) 程序和数据空间分开，每个存储器独立编址，独立访问，所以可以同时访问指令和数据。

(3) 具有特殊的DSP指令，DSP芯片为了对数字信号进行更为高效、快速的处理，专门设计了一套相应的特殊指令。这些特殊指令节省了指令的条数，缩短了指令的执行时间，提高了运算速度。

(4)具有低开销或无开销循环及跳转的硬件支持。

(5)具有快速的中断处理能力和硬件I/O支持。

(6)具有在单周期内操作的多个硬件地址产生器。

(7)具有很低的功耗和很高的运算精度。

(8)支持流水线操作。流水线操作技术使两个或更多不同的操作可以重叠执行，从而在不减小时钟周期的条件下缩短每条指令的执行时间，增强了处理器的数据处理能力。

2. DSP的主要应用

随着数字电路与系统技术及计算机技术的发展，数字信号处理技术也相应地得到发展，其应用领域十分广泛，例如，数据调制解调器、磁盘和光盘的驱动控制、引擎控制、激光打印机控制、喷绘机控制、电动机控制、电力系统控制、机器人控制、高精度伺服系统控制、数控机床、图形图像的处理、声音处理、汽车电子系统等。

1.3.5 ARM处理器

ARM处理器是指采用ARM公司的IP核的微处理器，它是一个使用32位精简指令集(RISC)的处理器架构。这类处理器成本低、集成度高，有丰富的外设，广泛地应用于许多嵌入式系统中。

ARM处理器的主要特点如下：

(1)体积小、低功耗、低成本、高性能。

(2)支持Thumb(16位)/ARM(32位)双指令集，能很好地兼容8位/16位器件。

(3)大量使用寄存器，指令执行速度更快。

(4)大多数数据操作都在寄存器中完成。

(5)寻址方式灵活简单，执行效率高。

(6)指令长度固定。

ARM处理器的主要应用领域如下：

(1)工业控制领域。

(2)无线通信领域。

(3)消费类电子产品，如数字音频播放器、数字机顶盒和游戏机。

(4)成像和安全产品，如数码相机和打印机、手机的SIM智能卡。

1.4 计算机控制系统的特点

与模拟系统相比，计算机控制系统具有如下特点。

1. 数字、模拟混合的系统

因为计算机实现的控制器是离散的，而计算机接收和识别的信号只能是数字信号，但系统的被控对象是连续的，系统中既有连续信号(模拟信号)，又有离散信号和数字信号等多种信号形式。

2. 灵活方便、适应性强

模拟系统控制规律由硬件电路实现，控制规律越复杂，电路也越多，且要改变控制规律，只能改变硬件电路。计算机控制系统的控制规律是由软件实现的，改变控制程序即可改变控制规律。

3. 可实现复杂的控制规律

计算机具有丰富的指令系统和很强的逻辑判断功能，可实现模拟电路不能实现的复杂控制规律。

4. 离散控制

在模拟系统中，给定值与反馈值的比较是连续进行的，控制器对偏差的调节也是连续的。而计算机控制系统则是每隔一定的采样时间，计算机向A/D发出启动转换指令，采样连续信号，经过计算机处理后，发出控制信号，再由D/A转换成连续信号输出，去控制对象。

5. 可以采用分时控制

模拟系统是一个控制器控制一个回路。对于计算机控制系统，由于计算机具有高速的计算处理能力，一个数字控制器可以采用分时控制的方式同时控制多个回路。

6. 易于实现管控一体化

可以实现控制信息的全数字化，易于建立集成企业经营管理、生产管理和过程控制于一体的管控一体化系统。

1.5 典型计算机控制系统

【例 1.1】 啤酒罐计算机温度控制系统。

此系统是一个闭环结构的多点温度计算机控制系统。图 1.6 中的多路采样保持电路部分由多路开关、零阶保持器(ZOH)组成；测量变送电路部分由铂电阻、恒流源和放大器构成，用来把温度信号转换成电压信号。系统的主要工作原理为：由测量变送电路采集啤酒罐各点的温度值，经过多路采样保持电路和A/D后把各点的温度转换成数字量送入计算机。计算机根据给定温度和反馈值形成的偏差信号，按照预定的控制规律计算出对各点温度的控制信号。多路控制信号经D/A转换和保持器保持后驱动执行机构进而控制啤酒罐各点的温度。

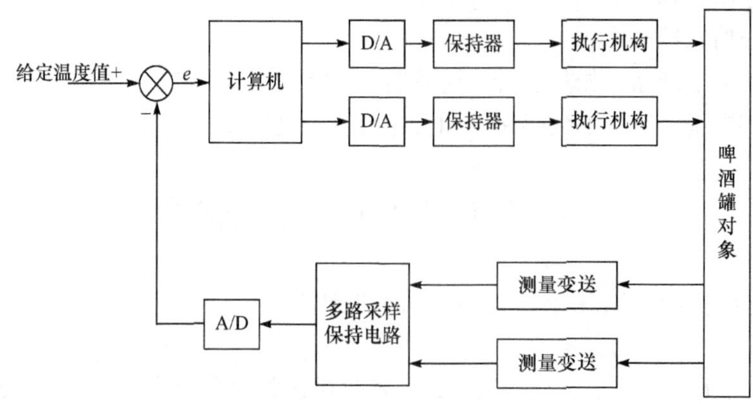

图 1.6 啤酒罐计算机温度控制系统

【例 1.2】 铜冶炼生产线计算机监测系统。

图 1.7 是某企业为引进的铜冶炼生产线开发的一套在线监测铜液中温度和氧含量的计算机监测系统，该系统是一个典型的开环控制结构。系统总共分为五部分：传感器、高速数据采集卡、数据接收与存储、数据处理与历史数据记录、数据与曲线显示/打印。系统的功能是把传感器检测的温度和氧电势信号转换成数字量送入计算机，计算机按照预定的数学模型处理后，直接给出连续检测的铜液温度和氧含量。该系统的特点是响应快、实时性好、可靠性高且直观和稳定，为在线控制铜液中的氧含量提供了手段。

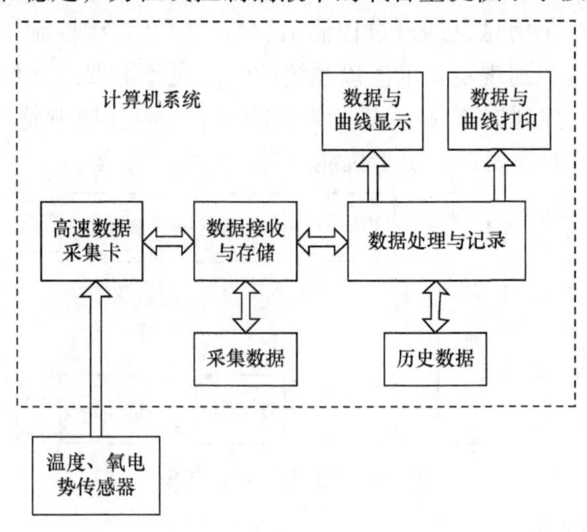

图 1.7　计算机监测系统

1.6　计算机控制系统分类

1.6.1　按功能和结构特点分类

1. 操作指导控制系统

图 1.8 的操作指导控制系统是一种开环结构的控制系统。由于此系统中计算机的输出不直接用来控制生产对象，而是对系统的过程参数进行收集和加工处理，输出数据为操作人员提供指导信息，直接控制对象的是调节器或执行机构，所以该系统是离线的工作方式。

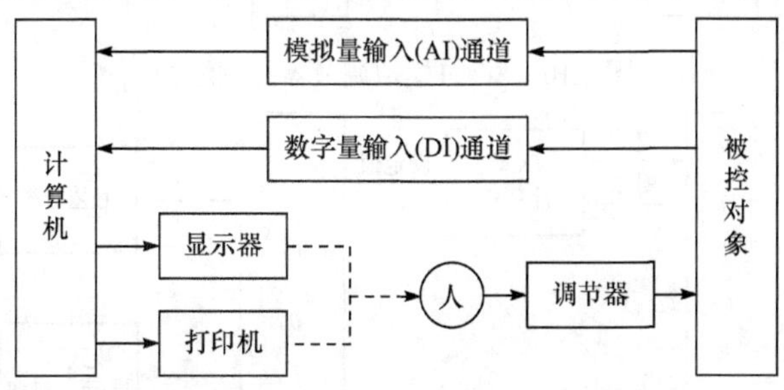

图 1.8　操作指导控制系统

图 1.8 系统的主要工作原理：计算机根据一定的控制算法，依据由测量元件测得的信号数据，计算出供操作人员选择的最优操作条件及操作方案，操作人员根据计算机的输出信

息等改变调节器的给定值或直接操作执行机构。操作指导控制系统的优点是结构简单、控制灵活、安全可靠。缺点是人工操作，速度受限，且不能同时控制多个对象。该系统的适用领域有数据监测处理、试验数学模型、调试控制程序等。

2. 直接数字控制系统

图 1.9 的直接数字控制(direct digital control，DDC)系统是一个实时的闭环控制系统，采用在线的工作方式。系统的工作过程为计算机通过测量元件对一个或多个物理量进行巡回检测，实时采集数据，经过输入(AI、DI)通道送入计算机；计算机按照一定的控制规律进行计算，然后发出控制信息，通过过程输出(AO、DO)直接控制执行机构，进而控制生产过程，使各个被控量达到规定要求。该系统的优点是不需要改变硬件，只改变控制程序就能有效地实现复杂的控制规律；缺点是计算机的可靠性直接影响整个系统，所以要求 DDC 计算机可靠性要高，实时性要好，抗干扰能力强，能独立工作。

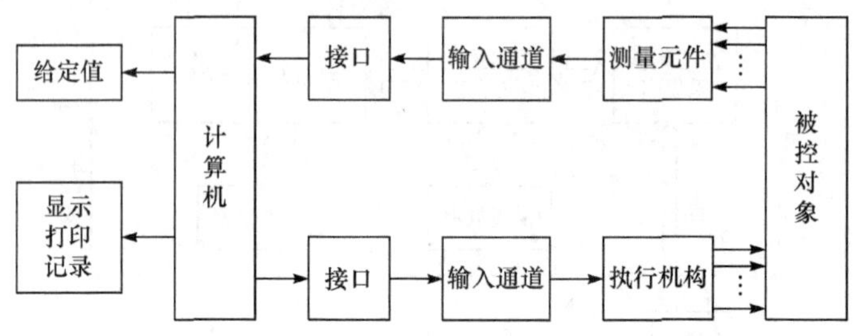

图 1.9　直接数字控制系统

3. 计算机监督控制系统

计算机监督控制(supervisory computer control，SCC)系统有两种结构，一种是图 1.10 的 SCC+模拟调节器控制结构，还有一种是图 1.11 的 SCC + DDC 控制结构。图 1.11 的系统是一个二级系统，第一级为监督级 SCC 系统，第二级为 DDC 系统。系统的工作过程是

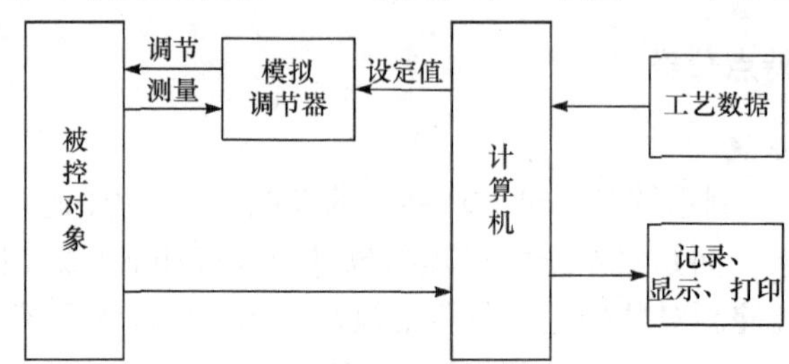

图 1.10　SCC+模拟调节器控制结构

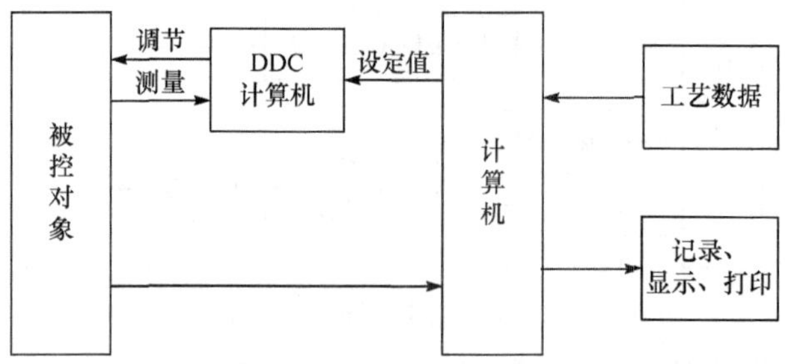

图 1.11　SCC + DDC 控制结构

计算机按照描述生产过程的数学模型，计算出最佳给定值输送给模拟调节器或 DDC 计算机，最后由 DDC 系统或模拟调节器控制生产过程，从而使生产过程始终处于最优工况。SCC 系统的优点是当 SCC 计算机发生故障时，可由模拟调节器或 DDC 计算机独立完成操作，所以系统的可靠性比较高。

4. 集散控制系统

图 1.12 所示的集散控制系统(distributed control system，DCS)从下到上可分为三级：分散过程控制级、集中操作监控级、综合信息管理级。DCS 又称为分布式控制系统，由若干台微处理器或计算机分别承担部分任务，并通过高速数据通道把各个分散点的信息集中起来，进行集中监视和操作，实现复杂的控制和优化。

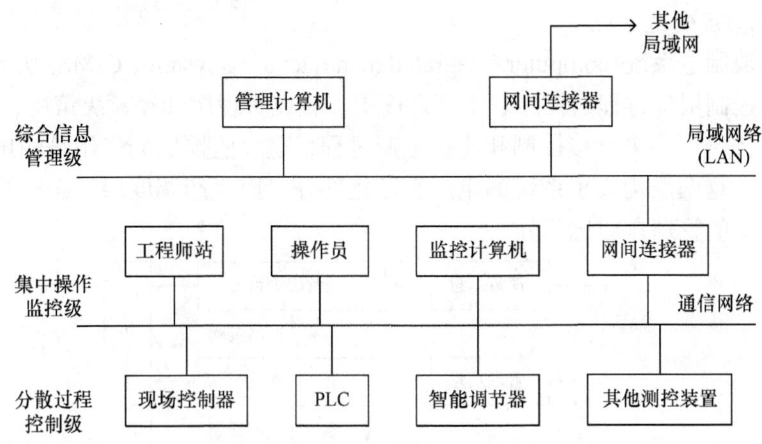

图 1.12 集散控制系统

DCS 的设计原则是分散控制、集中操作、分级管理、分而自治、综合协调。该系统的优点是控制分散、信息集中、系统模块化、数据通信能力强，以及拥有友好而丰富的人机接口、使用灵活、可靠性高、系统采用积木式结构，易于扩展。

5. 现场总线控制系统

现场总线控制系统(field bus control system，FCS)是一个两层结构的系统(图 1.13)，属于新一代的 DCS。与 DCS 相比，FCS 的优点如下：

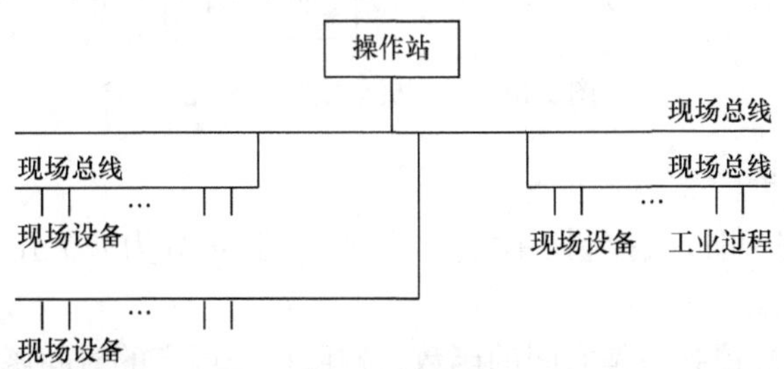

图 1.13 现场总线控制系统

(1) DCS 采用“操作站-控制站-现场仪表”的结构模式，系统成本高，而且各个厂家生产的 DCS 各有标准，不能互连。

FCS 采用“操作站-现场总线智能仪表”的结构，而且在统一的国际标准下可以实现真正的开放式互连系统结构。

(2) DCS 的仪表很多还是老式的，采用 4～20mA (0～10mA) 的模拟信号，由传感器传来的信号经过 A/D 转换传给控制站，控制站的信号又经过 D/A 转换再传给执行器。

FCS 所有的仪表都是挂接在网络上的智能仪表，控制站与传感器或者执行器融合在一起，而且输入/输出的信号也都是数字信号，通过网络传输。

(3) FCS 将输入/输出单元、控制站的功能分散到智能型现场仪表，每个现场仪表作为一个智能节点，都带有 CPU 单元，可独立完成测量、校正、调节、诊断等功能，由网络协议把它们连接在一起工作，若某一节点出现故障，只会影响其本身，不会危及全局，所以系统更可靠。

6. 计算机集成制造系统

计算机集成制造系统 (computer-integrated manufacturing system，CIMS) 从下到上可以分为五层：直接控制层、过程监控层、生产调度层、企业管理层和经营决策层，如图 1.14 所示。其中直接控制层用来直接控制和连接生产过程，过程监控层的作用是输出优化参数送给直接控制层，这两层构成了系统的生产自动化部分。而生产调度层、企业管理层和经营决策层属于系统的管理自动化部分。

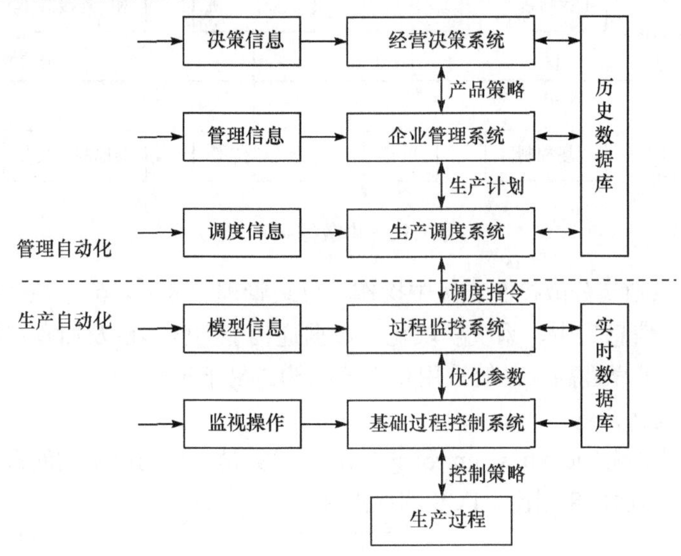

图 1.14　计算机集成制造系统

1.6.2　按控制规律分类

计算机控制系统还可以按控制规律进行分类，大致可分为如下几类。

1. 程序和顺序控制

在程序控制中，被控制量是时间的函数，按照预先规定的时间函数变化。例如，单晶炉的温度控制。

顺序控制可以看作程序控制的扩展，在各个时期所给出的设定值可以是不同的物理量，而且每次设定值的给出，不仅取决于时间，还取决于对以前的控制结果的逻辑判断。

2. PID 控制

调节器的输出是调节器输入的比例、积分、微分(PID)的函数。PID 控制是目前应用最广、最普遍的技术。PID 控制结构简单、参数容易调整。目前，无论模拟调节器或数字调节器，多数仍使用 PID 控制规律。

3. 最少拍控制

最少拍控制的性能指标是要求设计的系统在尽可能短的时间里完成调节过程。最少拍控制通常应用在数字随动系统的设计中。

4. 复杂规律的控制

对于存在随机扰动、纯滞后对象和多变量耦合的系统，仅用 PID 控制是难以达到满意的性能指标的，因此，针对生产过程的实际情况，可以引进各种复杂规律的控制，如串级控制、前馈控制、纯滞后补偿控制、多变量解耦控制、最优控制、自适应控制、自学习控制等。

5. 智能控制

智能控制理论是一种把先进的方法学理论与解决当前技术问题所需要的系统理论结合起来的学科。智能控制理论是人工智能、运筹学和控制理论的交叉和融合。

1.7　计算机控制系统的发展趋势

1. PLC

PLC 是一种数字运算操作的电子系统，专为工业环境下的应用而设计，采用了可以编程的存储器，它内部存储了执行逻辑运算、顺序控制、定时、计数和算术运算等的操作指令，通过数字式和模拟式的输入/输出，控制各类生产过程。

与传统的继电器控制相比，其特点如下：

(1) 抗干扰能力强。

(2) 适应性好。

(3) 编程直观、简单。

(4) 功能完善，接口功能强。

2. 人工智能

人工智能是用计算机来模拟人类所从事的推理、学习、思考、规划等思维活动，从而解决需专家才能处理的复杂问题。具有代表性的两个尖端领域是专家系统和机器人。

(1) 专家系统是一个具有大量专门知识的计算机程序系统，它将各领域专家的知识分类，以适当的形式存于计算机中，根据这些专门的知识系统，可以对输入的原始数据作出判断和决策，以回答用户的咨询。

(2) 机器人是一种模拟人类智能和肢体动作的装置，从 20 世纪 70 年代微处理器问世以来，机器人便逐渐涉足于各工业生产领域和科学研究领域。目前已出现的机器人可分为两类：工业机器人和智能机器人。

3. 神经网络控制系统

国外在 20 世纪 80 年代掀起了神经网络(neural network)控制系统的研究和应用热潮，我国在 20 世纪 90 年代也开始了这方面的研究。神经网络控制系统的特点是大规模的并行处理和分布式的信息存储，良好的自适应性、自组织性和很强的学习功能、联想功能及容错功能。它的应用越来越广泛，其中一个重要的方向是智能控制，包含机器人控制。

4. 模糊控制

在自动控制领域中，对于难以建立数学模型、非线性和大滞后的控制对象，模糊控制技术具有很好的适应性。模糊控制是以模糊集合论、模糊语言变量及模糊逻辑推理为基础的一种计算机数字控制。模糊控制是一种非线性控制，属于智能控制的范畴。

5. 最优控制

在生产过程中，为了提高产品的质量和产量，节约原材料、降低成本，常会要求生产过程处于最佳工况。最优控制就是适当地选择控制规律，在控制系统的工作条件不变以及某些物理条件的限制下，使系统的某种性能指标取得最大值或最小值，以获得最好的经济效益。

6. 自适应控制

在最优控制系统中，当被控对象的工作条件发生变化时，就不再是最优状态了。若在系统本身工作条件变化的情况下，能自动地改变控制规律，使系统仍能处于最佳工作状态，其性能指标仍能取得最佳，这就是自适应控制。自适应控制包括性能估计(系统辨识)、决策和修改三部分。

7. 鲁棒控制

鲁棒控制的作用是使系统的某个性能或某个指标在某种扰动下保持不变(或对扰动不敏感)。其基本思想是在设计中设法使系统对模型的变化不敏感，使控制系统在模型误差扰动下仍能保持稳定，品质也能在工程所能接受的范围内。

鲁棒控制主要有代数方法和频域方法，前者的研究对象是系统的状态矩阵或特征多项式，讨论多项式族或矩阵族的鲁棒控制；后者是从系统的传递函数矩阵出发，通过使系统由扰动至偏差的传递函数矩阵的H_∞范数取极小，来设计出相应的控制规律。鲁棒控制的应用主要集中在飞行器、柔性结构、机器人等领域，较少应用在工业控制领域中，主要原因在于缺乏良好的设计方法。

习　题

1-1 自动控制的定义是什么？自动控制系统按有无反馈回路可以分为哪几种结构？

1-2 什么是计算机控制系统？计算机控制系统的基本结构组成和工作原理是什么？

1-3 简述计算机控制系统的工作过程，并给出计算机控制系统的在线和离线工作方式的含义。

1-4 计算机控制系统的常用主机类型有哪些？各自的特点是什么？

1-5 和模拟系统相比，计算机控制系统的特点有哪些？

1-6 计算机控制系统按功能和结构特点可以分为哪几类？各类的特点和优缺点是什么？

1-7 简要说明计算机控制系统按控制规律大致可以分为哪几类。

第 2 章　计算机输入/输出接口与过程通道

对于计算机控制系统来说，反映生产过程工况的信号既有模拟量，也有数字量(开关量)，计算机作用于生产过程的控制信号也是如此。但对计算机来说，其输入和输出都必须是数字信号，因此在计算机和生产过程之间，必须设置进行信息传递和变换的装置，这个装置就称为过程输入/输出通道。

过程输入/输出通道的主要功能如下：

(1) 将模拟信号变换成数字信号。

(2) 将数字信号变换成模拟信号。

(3) 解决对象的输入信号与计算机之间的接口。

(4) 解决计算机的输出信号与对象之间的接口。

根据过程信息的性质及传递方向，过程输入/输出通道可以分为四部分(图 2.1)：模拟量输入(AI)通道、模拟量输出(AO)通道、数字量输入(DI)通道、数字量输出(DO)通道。生产过程的各种参数通过模拟量输入通道或数字量输入通道送入计算机，计算机经过计算和处理后，把相应的控制信号通过模拟量输出通道或数字量输出通道输送到生产过程，从而实现对生产过程的控制。

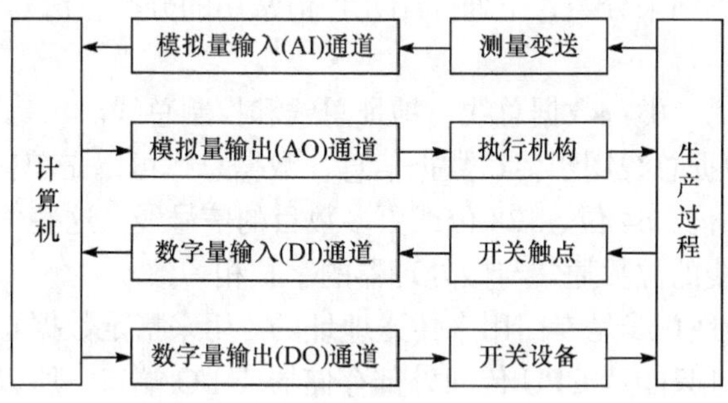

图 2.1　计算机过程输入/输出通道

2.1　总 线 技 术

2.1.1　总线的基本概念及特点

总线是一种描述电子信号传输线路的结构形式，是一类信号线的集合，是子系统间传输信息的公共通道。对于计算机控制系统，总线是将计算机内部各个部件进行连接的传输通道。计算机通过总线可以与各部件之间传输数据信息、地址信息、状态信息和控制信息，利用总线分时共享的方式，把这些信息从一个或多个源部件传送到一个或多个目的部件。

1. 总线的特性

(1) 物理特性：物理特性又称为机械特性，指总线上的部件在机械连接时表现出的一些特性，包括接口插线板的尺寸、插头与插座的使用表针、几何尺寸、形状、引脚个数及排列顺序等。

(2) 功能特性：功能特性是指总线中每一根信号线的功能。总线中的每根信号线都有具体的信息传输功能，如地址总线用来表示地址号，数据总线用来表示传输的数据，控制总线用来发出控制指令。

(3) 电气特性：电气特性是指每一根信号线上的信息传输方向及表示信号有效的电平范围。通常规定由 CPU 发出的信号称为输出信号(OUT)，送入 CPU 的信号称为输入信号(IN)。

(4) 时间特性：时间特性指在总线操作过程中每一根信号线上的信号什么时候有效，通过这种信号有效的时序关系约定，确保了总线操作的正确进行。

2. 总线的性能

(1) 总线宽度：是指一次可同时传输的数据位数，即数据总线的位数，用位(bit)来表示，如 8 位、16 位、32 位、64 位。总线宽度越宽，在固定时间里传输的信息量就越大，但系统中的总线宽度不会超过 CPU 的数据宽度。

(2) 传输速率：对于并行传输，指的是每秒能在总线上传输的最大字节数，用 MB/s 来表示；对于串行传输，指的是每秒能传输的最大位数，用 Mbit/s 表示。

(3) 总线频率：指的是总线工作时每秒能传输数据的次数。

2.1.2　总线的分类

总线的分类方式有很多，如可以按功能和传输信息的类型来分类，也可以按总线的作用范围和连接部件的不同来分类，下面介绍几种最常用的分类方法。

1. 按功能分类

总线按功能可分为三类：数据总线、地址总线和控制总线。

(1) 数据总线：数据总线用于传送数据信息，数据总线可以是单向的也可以是双向的。典型的数据总线有 32 位、64 位、128 位或更多数目的信号线，这些信号线的数目称为数据总线的位数。数据总线的位数通常与微处理器的字长相一致。

(2) 地址总线：地址总线是专门用来传送地址的。用来指定数据总线上数据的来源地址或目的地址。由于地址只能从 CPU 传向外部存储器或 I/O 端口，所以地址总线总是单向三态的。地址总线的位数决定了 CPU 可直接寻址的内存空间大小。

(3) 控制总线：控制总线用于传送控制信号和时序信号。控制总线一般是双向的，其传送方向由具体控制信号而定，其位数也要根据系统的实际控制需要而定。

2. 按连接部件分类

计算机中的总线按连接部件一般可分为四类：内部总线、局部总线、系统总线和外部总线。

(1) 内部总线：它是 CPU 内部各部件之间的信息传输线，位于集成电路芯片内部，用来连接片内运算器和寄存器等各个功能部件。

(2) 局部总线：它是主板上的信息传输通道，用来连接主板上的各个主要部件。

(3) 系统总线：它是计算机中各插件板与系统板之间的总线。它可以是多处理器系统中连接各 CPU 插件板的信息通道，也可以用来扩展某块 CPU 板的局部资源，或者为总线上所有 CPU 板扩展共享资源的信息传输通道。

(4) 外部总线：它是计算机系统与系统之间或计算机和外部设备之间的总线，计算机作为一种设备，通过该总线与其他系统和设备进行信息与数据交换。

3. 按数据传送方式分类

总线按照数据的传送方式，可以分为两类：串行总线和并行总线。

(1) 串行总线：串行总线采用一根数据线一位一位地传送数据。

(2) 并行总线：并行总线采用多根数据线同时传送一字节或一个字的所有位。

4. 按总线的通信定时方式分类

总线按照时钟信号是否独立，可以分为同步总线和异步总线。

(1) 同步总线：指互连的部件或设备均通过统一的时钟进行同步，即所有互连的部件或设备都必须使用同一个时钟(同步时钟)，在规定的时钟节拍内进行规定的总线操作，来完成部件或设备之间的信息交换。

(2) 异步总线：指没有统一的时钟而依靠各部件或设备内部进行定时操作，所有部件或设备以信号握手的方式进行，即发送设备和接收设备互用请求与确认信号来协调动作，总线操作时序不是固定的。因此，异步总线能兼容多种不同的设备，而且不必担心时钟变形或同步问题使总线长度不受限制。

2.1.3 总线标准

总线标准指的是系统与各模块之间、模块与模块之间进行互连的一个标准界面。总线标准严格规定了总线的物理特性、功能特性、电气特性及时间特性，并对总线的性能也有严格的规定。下面介绍几种常用的总线标准。

(1) ISA 总线：ISA（industrial standard architecture）总线标准是 IBM 公司 1984 年为推出 PC/AT 机而建立的系统总线标准，所以也叫 AT 总线。它是对 XT 总线的扩展，以适应 8 位/16 位数据总线要求。ISA 总线有 98 条信号线，数据线宽度为 16 位，地址线为 20 位，总线的时钟频率为 8.33MHz。

(2) EISA 总线：EISA 总线是 1988 年由 Compaq 等 9 家公司联合推出的总线标准。它是在 ISA 总线的基础上扩充开发的总线标准，与 ISA 完全兼容。它使用双层插座，在原来 ISA 总线的 98 条信号线上又增加了 98 条信号线。总线的时钟频率为 8MHz，最大传输速率为 33MB/s，数据总线和地址总线都为 32 位。

(3) VESA 总线：VESA（video electronics standard association）总线是 1992 年由 60 家附件卡制造商联合推出的一种局部总线。它在保留 EISA 总线的基础上增添了一些特殊的高速插槽，通过这些高速插槽，可以使高速设备的适配器如图像卡、网卡等直接和 CPU 总线相连。它的推出为计算机系统总线体系结构的革新奠定了基础。该总线系统考虑到 CPU 与主存和 Cache 的直接相连，通常把这部分总线称为 CPU 总线或主总线，其他设备通过 VL 总线与 CPU 总线相连，使其与高速 CPU 总线匹配，从而支持高速外设的运行。VESA 定义了 32 位数据线，但也支持 16 位传输，且可通过扩展槽扩展到 64 位，使用 33MHz 时钟频率，最大传输速率达 132MB/s，可与 CPU 同步工作。

(4) PCI 总线：PCI（peripheral component interconnect）总线是当前最流行的总线之一，它是由 Intel 公司推出的一种局部总线。它定义了 32 位数据总线，且可扩展为 64 位。PCI 总线主板插槽的体积比原 ISA 总线插槽还小，其功能比 VESA、ISA 有极大的改善，支持突发读写操作，最大传输速率可达 132～264MB/s，总线的频率为 33MHz，可同时支持多组外围设备。PCI 局部总线不能兼容现有的 ISA、EISA、MCA（micro channel architecture）总线，但它不受制于处理器，是基于奔腾等新一代微处理器而发展的总线。

2.1.4 常用外部总线

(1) RS-232-C 总线：RS-232-C 是美国电子工业协会（Electronic Industry Association，EIA）制定的一种串行物理接口标准。RS 是英文“推荐标准”的缩写，232 为标识号，C 表示修改次数。RS-232-C 总线标准设有 25 条信号线，包括一个主通道和一个辅助通道，在多数情况下主要使用主通道，对于一般双工通信，仅需几条信号线就可实现，如一条发送线、一条接收线及一条地线。其最大通信距离为 15m。RS-232-C 采用负逻辑规定逻辑电平，信号电平与通常的 TTL 电平并不兼容，RS-232-C 将−15～−5V 规定为“1”，+5～+15V 规定为“0”。所以 TTL 标准与 RS-232-C 标准相连时，需要有电平转换电路，TTL 电平通过 MC1488 可以转换成 RS-232-C 电平，而 RS-232-C 电平通过 MC1489 可以转换成 TTL 电平。

(2) RS-422 总线：RS-422 是 EIA 在 1977 年制定的总线标准。它是一种单机发送、多机接收的单向、平衡传输规范，RS-422 的最大传输距离为 4000 英尺（约 1219m），最大传输速率为 10Mbit/s。通常采用专用芯片来实现 RS-422 的双端发送和双端接收，如 MC3487/MC3486。

(3) RS-485 总线：RS-485 是 EIA 于 1983 年在 RS-422 的基础上制定的总线标准，增加了多点、双向通信能力，允许多个发送器连接到同一条总线上。RS-485 采用平衡发送和差分接收，因此具有抑制共模干扰的能力。RS-485 采用半双工工作方式，任何时候只能有一点处于发送状态，因此，发送电路需由使能信号加以控制。在不用调制解调器的情况下，100Kbit/s 波特率可达到 1200m 的传输距离，10Mbit/s 时则只能达到 15m 的传输距离。

(4) USB：通用串行总线（universal serial bus，USB）是由 Intel、Compaq、Digital、IBM、Microsoft、NEC、Northern Telecom 等 7 家世界著名的计算机和通信公司共同推出的一种串行总线接口标准。它基于通用连接技术，实现外设的简单快速连接。USB 具有通用、接口简单、传输速率高、连接灵活、即插即用和热插拔等功能。USB 版本经历了多年的发展，USB 1.0 是在 1996 年出现的，速度只有 1.5Mbit/s；1998 年升级为 USB 1.1，速度也大大提升到 12Mbit/s；USB 2.0 规范是由 USB 1.1 规范演变而来的，它的传输速率达到了 480Mbit/s；后来又发展到了 USB 3.0 版本，理论传输速率是 4Gbit/s；之后的一代是 USB 3.1，它的传输速率达到了 10Gbit/s；2017 年 9 月 25 日，USB-IF（USB Implementers Forum）宣布正式推出 USB 3.2 规范，可实现最高 20Gbit/s 的传输速率。

2.2 数字量输入通道

对于计算机来说，从现场获取的数字量或开关量，逻辑上表现形式为 1 或 0，信号类型是电压、电流或开关的通断，其幅值范围往往也不符合计算机的电平要求，因此必须由数字量输入通道进行转换处理。

数字量输入通道的任务是将现场的开关信号转换成计算机需要的电平信号，以二进制数字量的形式输入计算机，计算机通过三态缓冲器读取状态信息。如图 2.2 所示，数字量输入通道主要由三部分组成：三态缓冲器、地址译码器、信号调理电路。

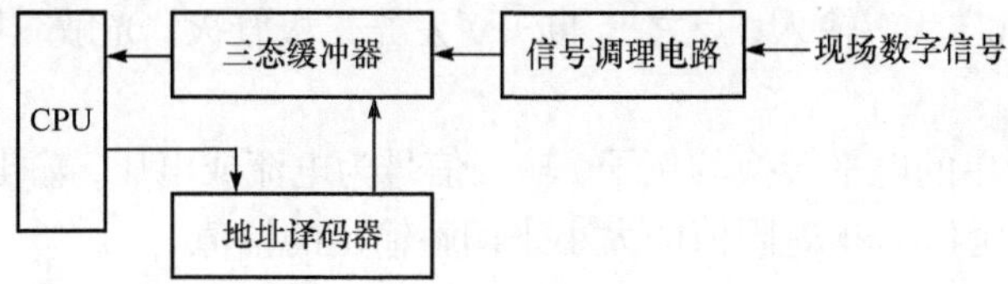

图 2.2　数字量输入通道组成

1. DI 接口电路

图 2.2 中由三态缓冲器和输入口地址译码电路构成的部分又称为 DI 接口部分，图 2.3 给出的是一个 8 路 DI 接口电路的示例。

图 2.3 的工作原理是开关输入 S_0～S_7 接到缓冲器 74LS244 输入端，当 CPU 执行 IN(输入)指令时，接口地址译码电路产生片选信号 $\overline{CS}$，将 S_0～S_7 的状态信号送到数据线 D_0～D_7 上，再送入 CPU。

系统的接口程序如下：

```
MOV  DX,  DI_PORT
IN   AL,  DX
```

图 2.3 中的 74LS244 为 8 输入三态缓冲器，8 个输入分成 2 组，4 个一组，通过 1 号和 19 号引脚的两个控制端 G($\overline{1G}$控制第 1 组，$\overline{2G}$控制第 2 组)来进行控制。当 G=0 时，输入传送到输出。系统的输出为 H 时，表示输出高电平，输出为 L 时，表示输出低电平，输出为 Z 时，表示输出为高阻态。当 G=1 时，输出 D_0～D_7 为高阻态，此时输出为 Z。

图 2.3 中的译码器为 3 线-8 线译码器。其引脚结构如图 2.4 所示。其中 A_0～A_2 为三位地址输入端，S_1、$\overline{S_2}$、$\overline{S_3}$ 为选通端，$\overline{Y_0}$～$\overline{Y_7}$ 为输出端，当 S_1 为高电平，$\overline{S_2}$、$\overline{S_3}$ 为低电平时，将地址端 A_0～A_2 的二进制码在一个对应的输出端以低电平译出。

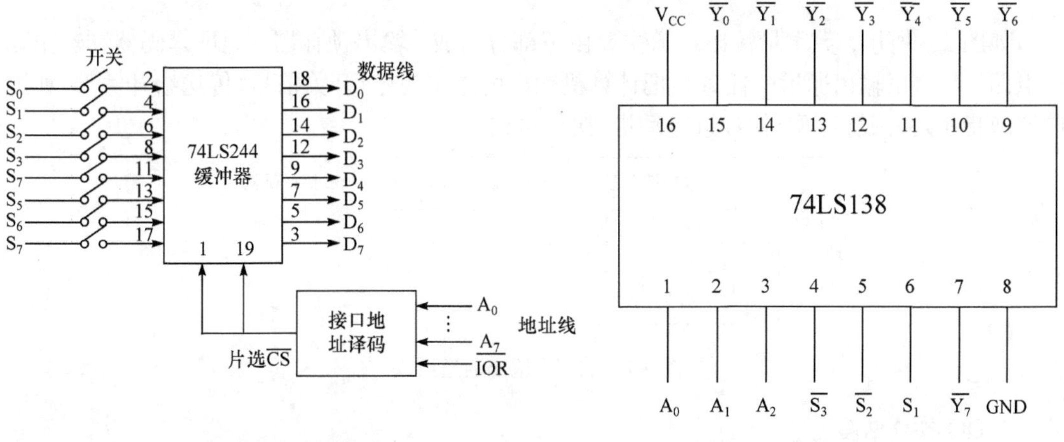

图 2.3　8 路 DI 接口电路　　图 2.4　74LS138 引脚图

2. 信号调理电路

图 2.2 中信号调理电路的功能是进行信号电平的转换，克服开关或触点通断时的抖动

(可以采用 RC 滤波电路或单稳态触发器)，以及信号的隔离、滤波等。

图 2.5 是一个 DI 信号的光电隔离电路的例子。当开关 S_0 闭合时，发光二极管亮，光敏三极管导通，对应“0”状态输入，反之 S_0 断开，发光二极管灭，光敏三极管截止，对应“1”状态输入。

图 2.6 是一个简单的电平转换的例子。输入信号为电流或电压，输出是满足计算机要求的电平信号，通过电阻 R_1 和 R_2 阻值的大小来调整输出的幅值。

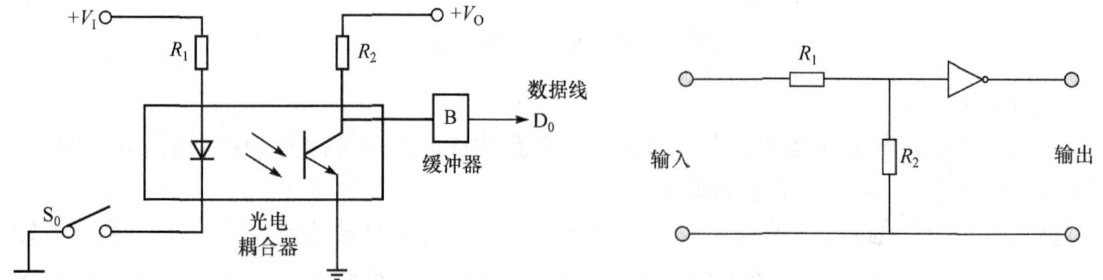

图 2.5　DI 信号的光电隔离电路　　图 2.6　电平的转换电路

3. 数字量输入信号的形式

常用的数字量输入信号有以下几种形式：

(1) 开关的闭合与断开。

(2) 指示灯的亮与灭。

(3) 继电器或接触器的吸合与释放。

(4) 电动机的启动与停止。

(5) 阀门的打开与关闭。

2.3　数字量输出通道

如图 2.7 所示，数字量输出通道主要由三部分组成：输出锁存器、地址译码器和输出驱动电路。数字量输出通道的任务是把计算机输出的数字信号(开关信号)传送给开关型(如继电器或指示灯)或脉冲型(如步进电动机)执行机构。

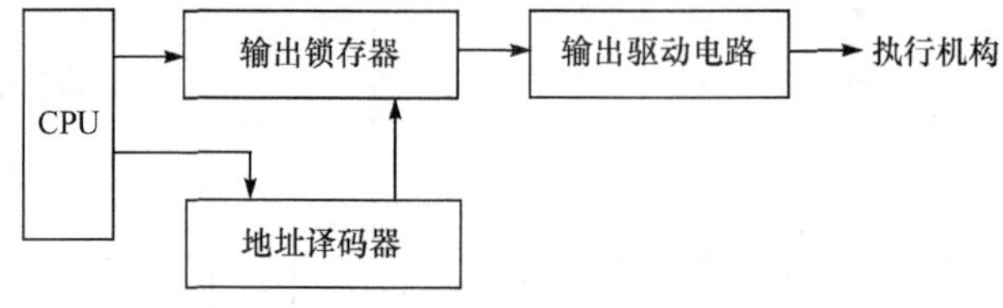

图 2.7　数字量输出通道组成

1. DO 接口电路

图 2.7 中由输出锁存器和地址译码器构成的部分又称为 DO 接口部分，图 2.8 给出的是一个 DO 接口电路的示例。

图 2.8 的工作原理是数据线 D_0～D_7 接到 74LS273 接入端，当 CPU 执行 OUT(输出)指

令时，接口地址译码电路产生写数据信号 $\overline{WD}$，接 74LS273 的 CLK，将 D_0～D_7 的状态信号传送到输出端 Q_0～Q_7，再经过输出驱动电路送到开关器件。

图 2.8 中的 74LS273 是 8 位数据/地址锁存器，它是一种带清除功能的 8D 触发器，它的 11 号引脚 CLK 是锁存控制端，上升沿触发，当 CLK 从低电平跳变到高电平时，被锁存的 D_0～D_7 的数据通过芯片，反映到输出 Q_0～Q_7 上；CLK=0 时数据被锁存。

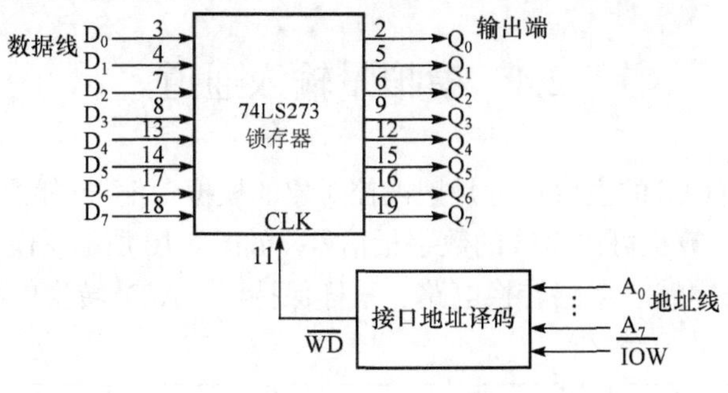

图 2.8　DO 接口电路

系统的接口程序如下：

```
MOV  AL,  DATA
MOV  DX,  DO_PORT
OUT  DX,  AL
```

2. 输出驱动电路

输出驱动电路的功能有两个：一是进行信号的隔离，二是驱动开关器件。

图 2.9 是一个 DO 信号隔离电路的例子。图中的数字信号 D_0 存入锁存器，再经光电耦合器驱动继电器。R_0 为继电器的线圈，因其呈感性负载，必须采用反向二极管来克服反电动势，防止反向击穿晶体管。这是因为继电器在线圈断电后会继续保持较大的电流，线圈中积蓄的能量通过该持续的电流释放掉，如果没有相应的泄流回路，则可能产生较高的反电压加到晶体管上使晶体管损坏。

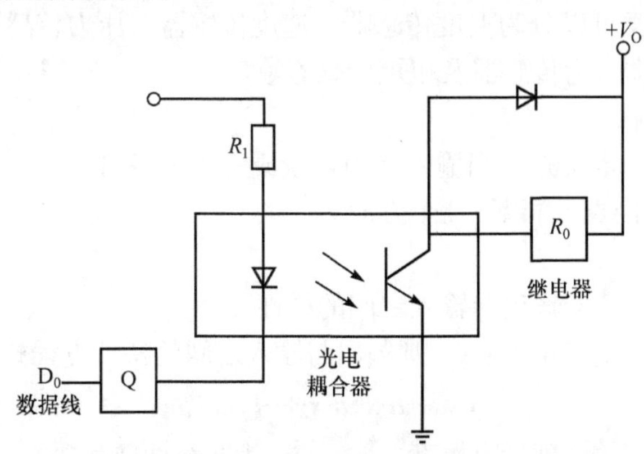

图 2.9　DO 信号隔离电路

3. 数字量输出信号的形式

常用的数字量输入信号有如下几种形式。

(1)数字编码——二进制数。可以直接从 I/O 接口电路的输出端口送出，输出数据要锁存，可串行发送，以节省线路和提高可靠性。

(2)脉冲信号。对步进电动机进行控制时，要求输出脉冲列信号，这时输出通道应加脉冲发生器及其控制电路。

(3)开关量。输出为“1”“0”的形式。

2.4　模拟量输入通道

模拟量输入通道(AI)的主要任务是把被控对象的模拟量信号(如温度、压力、流量、料位、成分等)转换成计算机可以接收的数字量信号。如图 2.10 所示，模拟量输入通道主要包括传感器、放大滤波电路、多路转换电路、采样保持器、A/D 转换电路、输入接口和控制电路等。

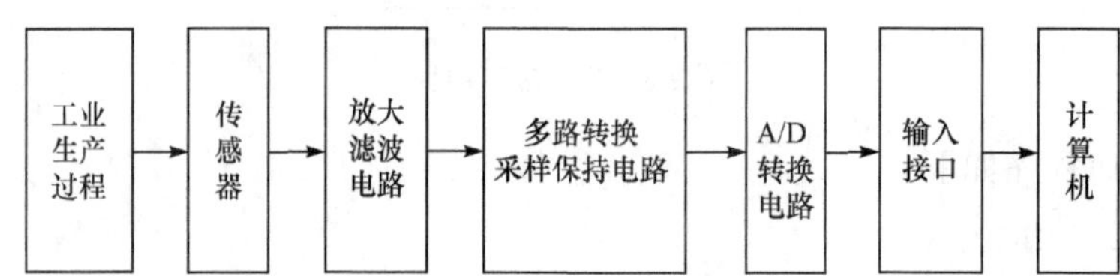

图 2.10　模拟量输入通道

2.4.1　传感器及其测量线路

图 2.10 的模拟量输入通道中传感器的功能是对来自现场的各种参数进行测量，并转换成一定形式的电信号。

1. 分类

传感器按工作原理分类可以分为电学式传感器、光电式传感器、热电式传感器、压电式传感器、半导体式传感器。

按被测物理量分类可以分为温度传感器、速度传感器、压力传感器、位移传感器、流量传感器、液位传感器、力传感器及扭矩传感器等。

2. 传感器静态特性

传感器静态特性的定义是：当输入量为常量或变化极慢时，输出与输入之间的关系。描述静态特性的指标主要包含以下几个方面。

1)线性度

线性度描述的是传感器输出与输入之间的线性程度。

设传感器的输入为 x，输出为 y，则输出与输入之间的特性方程式为

$$y=a_0+a_1x+a_2x_2+\cdots+a_nx_n \tag{2.1}$$

其中，a_0 为零点输出；a_1 为理论灵敏度；$a_2,\cdots,a_n$ 为非线性项系数。

线性度又称为非线性误差，描述如下：

$$e_L=\pm\frac{\Delta_{\max}}{y_{FS}}\times100\% \tag{2.2}$$

如图 2.11 所示，式(2.2)中的 Δ_{max} 是实测的检测系统输入和输出特性曲线与拟合直线之间的最大偏差。y_{FS} 为满量程输出。

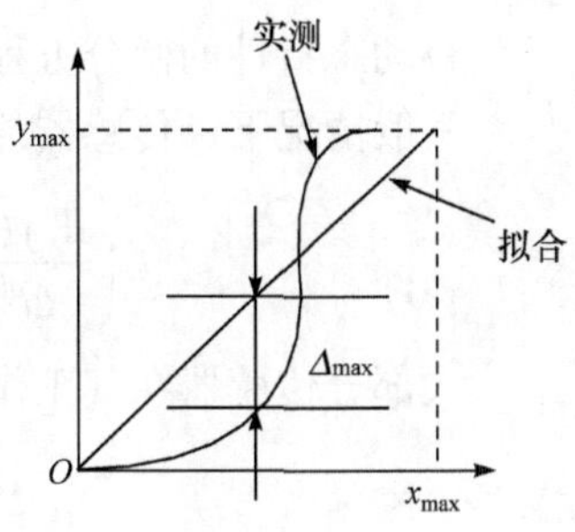

图 2.11　线性度

2) 灵敏度

灵敏度指传感器在稳态工作条件下，输出变化量 Δy 与引起该变化量的输入变化量 Δx 的比值，即 $K=\Delta y/\Delta x$。

线性传感器的 K 是常数，非线性传感器用 $K=\mathrm{d}y/\mathrm{d}x$ 表示。灵敏度误差用如下的相对误差来表示：

$$e_S = \frac{\Delta k}{k} \times 100\% \tag{2.3}$$

3) 分辨率与阈值

分辨率：传感器能检测到的最小输入增量。

阈值：当一个传感器的输入从零开始缓慢增加，只有在达到某一最小值后，才测得出输出变化，这个最小值就称为传感器的阈值。

分辨率说明了传感器最小可测出的输入变化量，阈值说明了传感器最小可测出的输入量。

4) 迟滞性

传感器在正向(输入量增大)和反向(输入量减小)行程中输出/输入曲线不重合的程度称为迟滞(hysteresis)。

设正反行程中输入/输出特性曲线的最大偏差为 ΔH_{max}，则迟滞性误差可用下式来计算：

$$e_H = \pm \frac{\Delta H_{max}}{y_{FS}} \times 100\% \tag{2.4}$$

5) 重复性

如图 2.12 所示，重复性是指传感器的输入按同一方向作满量程连续多次变动时所得曲线不一致的程度。

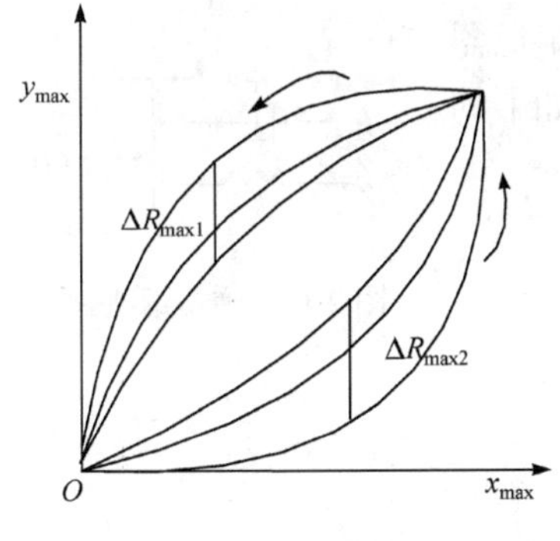

图 2.12　重复性

设正行程的最大重复性偏差为 ΔR_{max1}，反行程的最大重复性偏差为 ΔR_{max2}，两者之中最大值为 ΔR_{max}，则重复性误差可以表示为

$$e_R = \pm \frac{\Delta R_{max}}{y_{FS}} \times 100\% \tag{2.5}$$

6) 静态误差

静态误差是指传感器在其满量程内任一点的输出值与其理论输出值的偏离程度，是评价传感器静态特性的综合性指标。可用如下计算得到：

$$e_\Sigma = \pm\sqrt{e_L^2 + e_S^2 + e_H^2 + e_R^2} \tag{2.6}$$

3. 传感器动态特性

动态特性是指传感器对随时间变化的输入量的响应特性。动态特性取决于传感器本身，也与被测量的变化形式有关。

1) 动态特性的微分方程描述

一般情况下，传感器的输出 y 与输入 x 之间的关系可用如下的微分方程来描述：

$$f_1\left(\frac{\mathrm{d}^n y(t)}{\mathrm{d}t^n},\cdots,\frac{\mathrm{d}y(t)}{\mathrm{d}t},y(t)\right)=f_2\left(\frac{\mathrm{d}^m x(t)}{\mathrm{d}t^m},\cdots,\frac{\mathrm{d}x(t)}{\mathrm{d}t},x(t)\right) \tag{2.7}$$

大部分传感器在其工作点附近一定范围内，动态数学模型可用线性微分方程表示，即

$$\begin{aligned}&a_n\frac{\mathrm{d}^n y(t)}{\mathrm{d}t^n}+a_{n-1}\frac{\mathrm{d}^{n-1}y(t)}{\mathrm{d}t^{n-1}}+\cdots+a_1\frac{\mathrm{d}y(t)}{\mathrm{d}t}+a_0y(t)\\&=b_m\frac{\mathrm{d}^m x(t)}{\mathrm{d}t^m}+b_{m-1}\frac{\mathrm{d}^{m-1}x(t)}{\mathrm{d}t^{m-1}}+\cdots+b_1\frac{\mathrm{d}x(t)}{\mathrm{d}t}+b_0x(t)\end{aligned} \tag{2.8}$$

(1) 零阶传感器。

$$a_0y(t)=b_0x(t),\quad y(t)=Kx(t),\quad K=b_0/a_0 \tag{2.9}$$

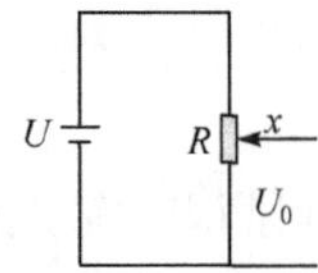

图 2.13 电位器式传感器

图 2.13 的电位器式传感器就是一个零阶的传感器，设电位器的当前阻值为 x，最大阻值为 R，则该电位器上的电压输出为

$$U_0=\frac{U}{R}x=Kx$$

(2) 一阶传感器。

一阶系统的微分方程为

$$a_1\frac{\mathrm{d}y(t)}{\mathrm{d}t}+a_0y(t)=b_0x(t) \tag{2.10}$$

式(2.10)还可以变为

$$\tau\frac{\mathrm{d}y(t)}{\mathrm{d}t}+y(t)=Kx(t)$$

其中，$\tau=a_1/a_0$ 为系统的时间常数；$K=b_0/a_0$ 为系统的静态灵敏度。

如图 2.14 所示的弹簧-阻尼系统就属于一阶传感器，设阻尼器的阻尼系数为 c，弹簧的弹性系数为 k，则其输入/输出满足如下的微分关系式：

$$c\frac{\mathrm{d}y(t)}{\mathrm{d}t}+ky(t)=x(t)\quad 或\quad \frac{c}{k}\frac{\mathrm{d}y(t)}{\mathrm{d}t}+y(t)=\frac{1}{k}x(t)$$

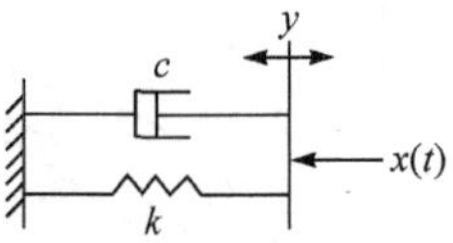

图 2.14 弹簧-阻尼系统

其中，$\tau=c/k$ 为时间常数；$1/k$ 为静态灵敏度。

(3) 二阶传感器。

微分方程如下：

$$a_2\frac{\mathrm{d}^2y(t)}{\mathrm{d}t^2}+a_1\frac{\mathrm{d}y(t)}{\mathrm{d}t}+a_0y(t)=b_0x(t) \tag{2.11}$$

式(2.11)还可以写为

$$\frac{\mathrm{d}^2y(t)}{\mathrm{d}t^2}+2\xi\omega_n\frac{\mathrm{d}y(t)}{\mathrm{d}t}+\omega_n^2y(t)=\omega_n^2Kx(t)$$

其中，$K=b_0/a_0$ 为静态灵敏度；$\xi=a_1/\left(2\sqrt{a_0a_2}\right)$ 为传感器阻尼系数；$\omega_n=\sqrt{a_0/a_2}$ 为传感器

固有频率。

图 2.15 的二阶惯性系统（质量-弹簧-阻尼系统）和图 2.16 的二阶振荡系统（*RLC* 串联电路）都是二阶传感器的例子。

图 2.15　质量-弹簧-阻尼系统　　　　图 2.16　*RLC* 串联电路

对于图 2.15 的质量-弹簧-阻尼系统，其输入/输出的微分方程关系式为

$$m\frac{\mathrm{d}^2y(t)}{\mathrm{d}t^2}+c\frac{\mathrm{d}y(t)}{\mathrm{d}t}+ky(t)=F(t)$$

对于图 2.16 的 *RLC* 串联系统，设电阻 *R* 两端的电压为 U_R，电感 *L* 两端的电压为 U_L，电容 *C* 两端的电压，即输出电压为 U_C，则有如下的电压平衡方程：

$$U_S=U_R+U_L+U_C$$

回路的电流 *i* 满足：

$$i=C\frac{\mathrm{d}U_C}{\mathrm{d}t}$$

根据 *R*、*L*、*C* 的电压、电流和阻抗关系，可以得到

$$U_R=Ri=RC\frac{\mathrm{d}U_C}{\mathrm{d}t}$$

$$U_L=L\frac{\mathrm{d}i}{\mathrm{d}t}=LC\frac{\mathrm{d}^2U_C}{\mathrm{d}t^2}$$

将上面的几个等式代入回路的电压平衡方程，整理可以得到

$$\frac{\mathrm{d}^2U_C}{\mathrm{d}t^2}+\frac{R}{L}\frac{\mathrm{d}U_C}{\mathrm{d}t}+\frac{1}{LC}U_C=\frac{1}{LC}U_S$$

2）传感器的传递函数描述

对于式（2.8）的传感器微分方程，设 $x(t)$、$y(t)$ 的初始条件为零，对式（2.8）进行拉普拉斯变换，可得

$$a_ns^nY(s)+\cdots+a_1sY(s)+a_0Y(s)=b_ms^mX(s)+\cdots+b_1sX(s)+b_0X(s) \tag{2.12}$$

$$H(s)=\frac{Y(s)}{X(s)}=\frac{b_ms^m+b_{m-1}s^{m-1}+\cdots+b_1s+b_0}{a_ns^n+a_{n-1}s^{n-1}+\cdots+a_1s+a_0},\quad m\leqslant n \tag{2.13}$$

其中，$H(s)$ 称为传感器的传递函数。当 n=0 时为零阶传感器，n=1 时为一阶传感器，n=2 时为二阶传感器。

(1)零阶传感器。式(2.9)的零阶传感器对应的传递函数为

$$H(s)=\frac{Y(s)}{X(s)}=K \tag{2.14}$$

(2)一阶传感器。式(2.10)的一阶传感器对应的传递函数为

$$H(s)=\frac{Y(s)}{X(s)}=\frac{K}{1+\tau s} \tag{2.15}$$

(3)二阶传感器。式(2.11)的二阶传感器对应的传递函数为

$$H(s)=\frac{Y(s)}{X(s)}=\frac{\omega_n^2\cdot K}{s^2+2\xi\omega_n s+\omega_n^2} \tag{2.16}$$

对于传感器，可以求其在不同输入信号下的时域响应特性，也可以求其在不同频率正弦信号输入下的频率响应特性。令传递函数中的拉普拉斯算子 $s=\mathrm{j}\omega$，可以得到传感器的频率响应特性。图 2.17 给出的是一个传感器的幅频特性曲线示例。可以看出，当被测信号的频率小于 ω_1 时，该传感器能准确地反映被测信号；在 ω_2 附近时，传感器的输出信号远大于真实信号；在 ω_3 附近时，输出信号远小于真实信号，无法完成准确测量。

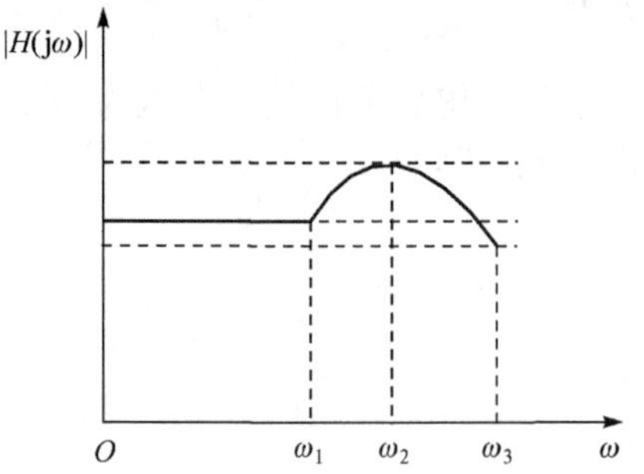

图 2.17　传感器幅频特性曲线

4. 热电阻传感器

热电阻是热电势传感器中的一种，主要应用于低温环境，将温度的变化转换为电阻值的变化。

热电阻材料的特点如下：

(1)电阻温度系数大。

(2)物理化学性质稳定。

(3)电阻温度系数保持稳定。

(4)具有比较大的电阻率。

(5)特性复现性好，容易复制。

适宜制作热电阻的材料有铂、铜、镍、铁等。

图 2.18 给出的是热电阻平衡电桥测量电路的三线接法的例子，图中的 R_t 为热电阻，此测量电路是把温度的变化转换成阻值的变化，进而通过平衡电桥转换成相应的电压信号 U_{AB}。图中的 G 为检流计。当电桥两端的电势不相等时，会在 G 两端产生压差，形成电流通过 G；电桥平衡时，G 两端电势相等，没有电流流过 G，通过 G 可以判断电桥是否平衡。图中的 R_1～R_3 为固定阻值的电阻，R_a 为零位调节电阻。r_1～r_3 为导线，只要导线的长度和温度系数相同，它们的电阻变化就不会影响电桥的状态。

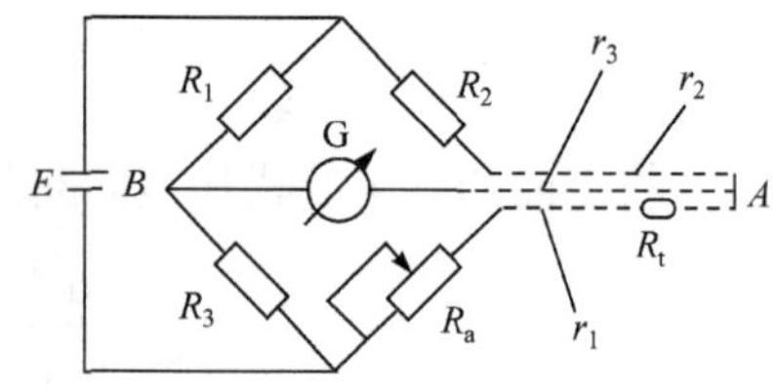

图 2.18　三线接法

当进行零位调整时，令 $R_4=R_a+R_{t0}$(0℃时热电阻值)，此时输出电压 U_{AB}=0V，电桥的平衡关系为

$$\frac{R_1}{R_3}=\frac{R_2}{R_4} \tag{2.17}$$

t℃ 的输出电压如下：

$$U_{AB}=U_A-U_B=\left(\frac{R_t+R_a}{R_t+R_a+R_2}-\frac{R_3}{R_1+R_3}\right)E \tag{2.18}$$

【例 2.1】 对如图 2.18 所示的三线接法的电桥测量电路，其中 $R_1=R_2=10\text{k}\Omega$，$R_3=200\Omega$，可调电阻 R_a 最大阻值为 200Ω，电源电压 E 为 6V，热电阻 R_t 为 Pt100，在 0℃ 时，$R_{t0}=100\Omega$，若温度增加10℃，电阻值变化到 $R_t=103.9\Omega$，再增加10℃，电阻值变化到 $R_t=107.79\Omega$。求温度从10℃变化到20℃时，输出电压变化多少伏？

解 若在 0℃ 时，电桥平衡，则 $R_a+R_{t0}=R_3$，所以电位器应设定为 $R_a=100\Omega$。当温度 t 从 0℃ 变化到10℃时，输出电压为

$$\begin{aligned}U_{AB}&=\left(\frac{R_t+R_a}{R_t+R_a+R_2}-\frac{R_3}{R_1+R_3}\right)E\\&=\left(\frac{103.9+100}{103.9+100+10000}-\frac{200}{10000+200}\right)\times 6\\&=0.002244\ (\text{V})=2.24\ (\text{mV})\end{aligned}$$

当温度 t 从 0℃ 变化到20℃时，输出电压为

$$\begin{aligned}U_{AB}&=\left(\frac{R_t+R_a}{R_t+R_a+R_2}-\frac{R_3}{R_1+R_3}\right)E\\&=\left(\frac{107.79+100}{107.79+100+10000}-\frac{200}{10000+200}\right)\times 6\\&=0.004488\ (\text{V})=4.49\ (\text{mV})\end{aligned}$$

因此，从10℃变化到20℃时，输出电压的变化值为

$$\Delta U=4.49\ \text{mV}-2.24\ \text{mV}=2.25\ \text{mV}$$

考虑到三线接法有一定的缺点，那就是 R_a 的触点电阻和电桥臂的电阻相连，可能导致电桥的零点不稳定，所以引入了如图 2.19 的四线接法。

四线接法中调零电位器的接触电阻和检流计串联，因此接触电阻的不稳定不会破坏电桥的平衡。

5. 热电偶传感器

热电偶主要应用于高温环境，把温度变化量转化成电势的大小。

1) 工作原理

如图 2.20 所示，将两种不同性质的导体 A、B 组成闭合回路，当两个节点处于不同温度 T 和 T_0 时，两者之间将产生一个热电势，在回路中形成一定大小的电流，这种现象称为

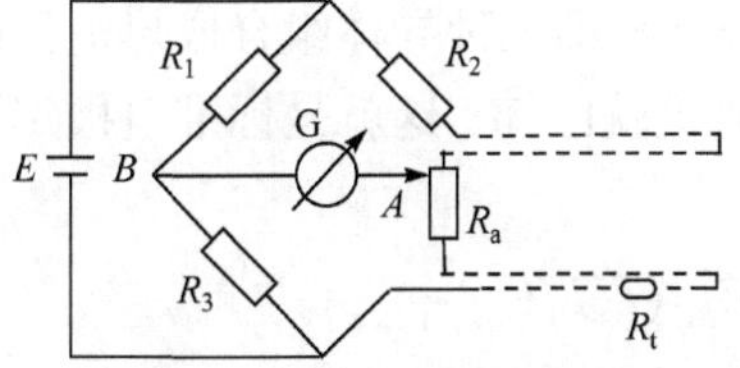

图 2.19　四线接法

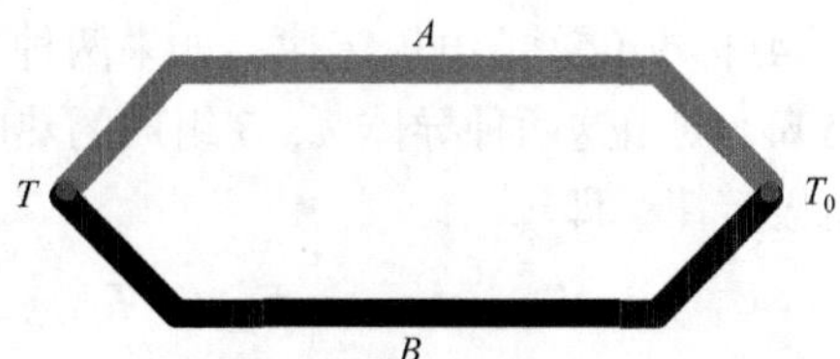

图 2.20　热电效应

热电效应。其电势由接触电势（佩尔捷电势）和温差电势（汤姆逊电势）两部分组成。

(1) 接触电势：当两种金属接触在一起时，由于不同导体的自由电子密度不同，在节点处就会发生电子迁移扩散。失去电子的金属呈正电位，得到电子的金属呈负电位。当扩散达到平衡时，在两种金属的接触处形成电势，称为接触电势。

温度为 T 时的接触电势为

$$E_{AB}(T)=\frac{KT}{e}\ln\frac{n_A}{n_B} \tag{2.19}$$

回路总接触电势为

$$E_{AB}(T)-E_{AB}(T_0)=\frac{K}{e}(T-T_0)\ln\frac{n_A}{n_B} \tag{2.20}$$

(2) 温差电势：对于单一金属，如果两端的温度不同，则温度高的那一端的自由电子向低端迁移，使单一金属两端产生不同的电位，形成电势，称为温差电势。

A、B 导体的温差电势分别为

$$E_A(T,T_0)=\int_{T_0}^{T}\sigma_A\,\mathrm{d}T,\quad E_B(T,T_0)=\int_{T_0}^{T}\sigma_B\,\mathrm{d}T \tag{2.21}$$

回路总温差电势为

$$E_A(T,T_0)-E_B(T,T_0)=\int_{T_0}^{T}(\sigma_A-\sigma_B)\mathrm{d}T \tag{2.22}$$

综上，由 A、B 组成的热电偶回路，当节点温度 $T>T_0$ 时，总热电势为

$$\begin{aligned}E_{AB}(T,T_0)&=E_{AB}(T)-E_{AB}(T_0)+\int_{T_0}^{T}(\sigma_A-\sigma_B)\mathrm{d}T\\&=\frac{K}{e}(T-T_0)\ln\frac{n_A}{n_B}+\int_{T_0}^{T}(\sigma_A-\sigma_B)\mathrm{d}T\end{aligned} \tag{2.23}$$

若两电极的材料不同，且 A、B 固定后，热电势便为两节点温度 T 和 T_0 的函数，即

$$E_{AB}(T,T_0)=E(T)-E(T_0) \tag{2.24}$$

2) 热电偶的基本定律

(1) 均质导体定律：两种均质金属组成的热电偶，其热电势只与热电极材料和两端温度有关。

(2) 中间导体定律：导体 A、B 组成的热电偶，当引入第三导体时，只要保持其两端温度相同，则对回路总电势无影响。

(3) 中间温度定律：热电偶在节点温度为 T、T_0 时的热电势等于该热电偶在节点温度为 T、T_n 和 T_n、T_0 时相应热电势的代数和，即

$$E_{AB}(T,T_0)=E_{AB}(T,T_n)+E_{AB}(T_n,T_0) \tag{2.25}$$

(4) 标准（参考）电极定律：如果两种导体 A、B 分别与第三种导体组合成热电偶的热电势已知，则由这两种导体 A、B 组成的热电偶的热电势也就已知，这就是标准电极定律或参考电极定律，即

$$E_{AB}(T,T_0)=E_{AC}(T,T_0)-E_{BC}(T,T_0) \tag{2.26}$$

3) 热电偶的冷端处理及补偿

热电偶输出的电势是两节点温度差的函数，为使输出的电势是被测温度的单一函数，

一般将 T 作为被测温度端，T_0 作为固定冷端(参考温度端)。通常要求 T_0 保持为 0℃，但是在实际中比较困难，因此热电偶需冷端温度补偿。

(1) 延长导线法：使冷端远离热端，不受其温度场变化的影响并与测量电路相连接。

(2) 0℃恒温法(冰点槽法)：将热电偶冷端置于冰水混合物的恒温箱内。

(3) 冷端温度修正法。

① 热电势修正法。

当冷端温度 T_n 不为 0℃时，利用中间温度定律，可得

$$E_{AB}(T,0)=E_{AB}(T,T_n)+E_{AB}(T_n,0) \tag{2.27}$$

【例 2.2】 用铂铑 10-铂热电偶测量某温度 T，参考端温度为 T_n，测得

$$E_{AB}(T,T_n)=0.465\ \mathrm{mV}$$

用室温计测得 T_n=21℃，查热电偶分度表可知 $E_{AB}(21,0)=0.119\ \mathrm{mV}$，利用中间温度定律可以算出

$$E_{AB}(T,0)=E_{AB}(T,21)+E_{AB}(21,0)=0.584\ \mathrm{mV}$$

再利用 0.584 mV 查分度表查得 T=92℃。

② 温度修正法。

令 T' 为仪表指示温度，T_n 为冷端温度，则被测真实温度 T 为

$$T=T'+kT_n \tag{2.28}$$

③ 电桥补偿法。

如图 2.21 所示，该方法利用不平衡电桥产生的电压来补偿热电偶参考端温度变化引起的电势变化。电桥四个臂与冷端处于同一温度，其中桥臂电阻 R_1、R_2、R_3，限流电阻 R_W 为锰铜电阻，阻值几乎不随温度变化。R_{Cu} 是铜热电阻，它在 0℃下阻值与 R_1、R_2、R_3 完全相等。

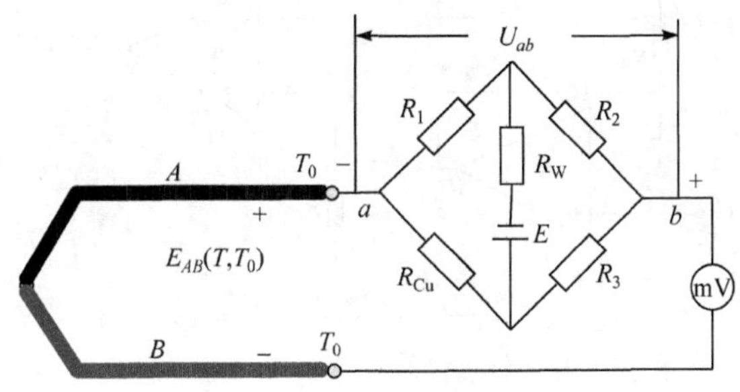

图 2.21　电桥补偿法

在冷端温度 T_0 为 0℃时，电桥处于平衡，U_{ab}=0V。

若 T_0>0℃，热电偶产生的电势和电桥两端的电压都会发生变化，即

$$T_0>0\begin{cases}E_{AB}(T,T_0)\downarrow\Delta E\\ R_{Cu}\uparrow\ \rightarrow U_{ab}\uparrow\Delta U\rightarrow E_{AB}(T,T_0)\uparrow\Delta U\end{cases}$$

下面进行具体分析。

由中间温度定律可知：

$$E_{AB}(T,0)=E_{AB}(T,T_0)+E_{AB}(T_0,0)$$

因此，热电偶产生的总电势 $E_{AB}(T,T_0)$ 比冷端为 0℃时的电势 $E_{AB}(T,0)$ 减小了 $\Delta E = E_{AB}(T_0,0)$。

而当 T_0>0℃时，铜热电阻的阻值 R_{Cu} 增加，此时电桥两端的电压 $U_{ab}\neq 0V$，增加了 ΔU。

$$U_{ab} = U_a - U_b = \left(\frac{R_2}{R_2+R_3} - \frac{R_1}{R_1+R_{Cu}\uparrow}\right)E = \Delta U$$

此时如果满足 $\Delta U = \Delta E$，则避免了 T_0 变化对测量的影响。

2.4.2 信号调节放大电路

1. 放大电路

传感器输出的信号一般比较微弱，所以在其后边加一个放大电路，对有用信号进行放大，对噪声进行抑制。

对放大器的要求：线性好、增益高、转换速率高、抗干扰能力强、输入阻抗高、输出阻抗尽量小。

1）测量放大器

当传感器转换后的信号很微弱，并且还有共模干扰信号时，需要放大电路具有很高的共模抑制比以及高增益、低噪声及高输入阻抗。这是因为传感器的信号微弱，可减少放大器对传感器的负载效应，此时最好采用测量放大器。

图 2.22 是一个测量放大电路，由三个运放组成，分为阻抗变换（A_1 和 A_2）和增益变换两级（A_3）。A_1 和 A_2 结构完全对称，U_1 和 U_2 是两个输入阻抗和增益对称的同相输入端，其直接与信号源相连，因而共模成分被对称结构抵消，A_3 将差动输入变换为单端输出。

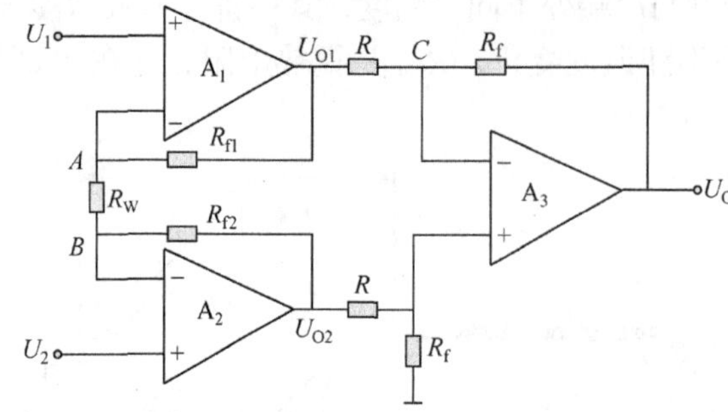

图 2.22　测量放大电路

下面计算图 2.22 中测量放大电路的增益。

由运放的虚短特性，可知 $U_A=U_1$，$U_B=U_2$，对节点 A 列节点电流方程，有

$$\frac{U_{O1}-U_1}{R_{f1}} = \frac{U_1-U_2}{R_W} \Rightarrow U_{O1} = U_1 - (U_2-U_1)\frac{R_{f1}}{R_W} \tag{2.29}$$

对节点 B 列节点电流方程，有

$$\frac{U_{O2}-U_2}{R_{f2}} = \frac{U_2-U_1}{R_W} \Rightarrow U_{O1} = U_2 + (U_2-U_1)\frac{R_{f2}}{R_W} \tag{2.30}$$

对节点 C 列节点电流方程，有

$$\frac{U_{O1}-U_C}{R} = \frac{U_C-U_O}{R_f} \tag{2.31}$$

又因为

$$U_C = \frac{R_f}{R + R_f} U_{O2} \tag{2.32}$$

综合式(2.29)～式(2.32)，整理后可得

$$U_O = \frac{R_f}{R}\left(1 + \frac{R_{f1} + R_{f2}}{R_W}\right)(U_1 - U_2) \tag{2.33}$$

2)非电信号的检测——不平衡电桥

图 2.23 所示的热敏电阻用来测量温度，该电阻接在了不平衡电桥的电桥臂上，作用是把温度的变化转换成电压输出 U_{AB}，U_{AB} 两端接到测量放大电路，从而转换成相应的电平信号。图中的 E 为激励电压源，R_{Pt} 为热敏电阻，R_1、R_2、R_3 为固定阻值的电阻。一般取 $R_1=R_2=R_3=100\Omega$，在 0℃时，$R_{Pt}=R_0=100\Omega$。此时电桥平衡，$U_{AB}=0$。当温度 t 变化时，$R_{Pt}=R_0+\alpha(t)t=R_0+\Delta R$，此时输出 U_{AB} 为

$$U_{AB} = U_A - U_B = \left(\frac{R_{Pt}}{R_1 + R_{Pt}} - \frac{R_3}{R_3 + R_2}\right)E \tag{2.34}$$

3)程控增益放大器

对固定增益的放大器，有时可能出现增益不够的情况，有时又可能因增益过大而使信号饱和失真。为了提高输入信号的分辨率，常采用在测量过程中自动改变放大器放大倍数的方法。在计算机控制的测试系统中，通常用软件控制实现增益的自动变换，具有这种功能的放大器称为程控增益放大器。

对图 2.24 的程控增益放大器，若开关 S_1、S_2、S_3 之一闭合，其余两个断开，则放大器增益为

$$A_{uf} = -\frac{R_i}{R}, \quad i = 1,2,3 \tag{2.35}$$

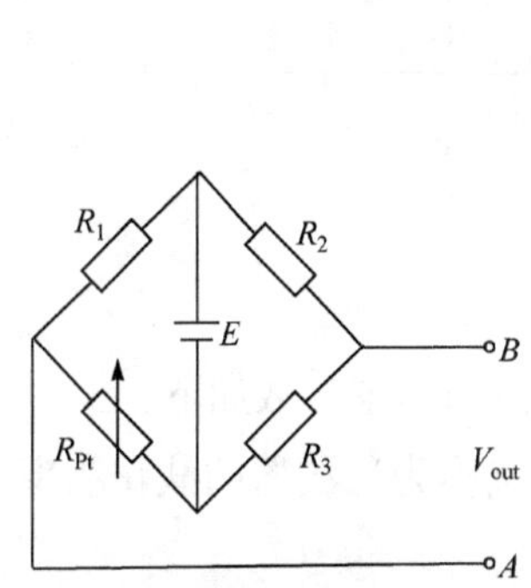

图 2.23　热敏电阻测量电桥电路

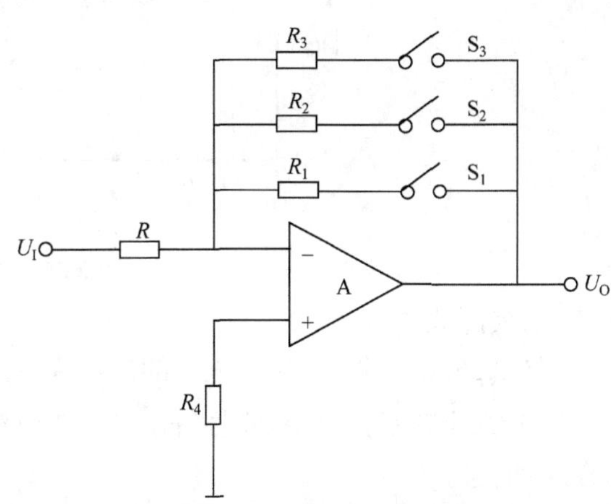

图 2.24　程控增益放大器

程控增益放大器的优点是无须外加模拟开关，可通过软件方便地进行量程自动切换。从而使输出信号根据输入信号的变化自动调整增益，扩大局部数据的测量分辨率，使放大后的信号幅度接近模/数转换器满量程信号，可提高测量精度。当被测量动态范围较宽时，更加显示其优越性。

2. 滤波器

滤波器的作用是抑制不需要的噪声，提高系统的信噪比，选出有用的频率信号，抑制杂散无用的频率信号，使一定频率范围内的信号通过，且衰减很小，而在此频率范围以外的信号衰减很大，从而提高系统的信噪比。滤波器包括模拟滤波器和数字滤波器，本节主要介绍的是模拟滤波器，数字滤波算法将在后面介绍。

对于模拟滤波器，它能让某一频带的信号通过而阻止其他频带的信号通过。其中信号能通过的频带称为通带，信号不能通过的频带称为阻带，而通带与阻带的界限频率，其频率特性用品质因数 Q 值衡量，Q 值越高即灵敏度越高，其选择特性越好。

根据通频带的范围，滤波器可以分为低通滤波器、高通滤波器、带通滤波器和带阻滤波器四种类型。按元件的构成，滤波器可分为 *LC* 滤波器、晶体滤波器、陶瓷滤波器和由机械元件组成的机械滤波器等。

1) 理想滤波器

图 2.25(a) 是理想低通滤波器的幅频特性，理论上它对信号中低于某一频率 f_{c2} 的成分均能以常值增益通过，而高于 f_{c2} 的频率成分都被衰减掉，所以称它为低通滤波器。f_{c2} 称为低通滤波器的上截止频率。图 2.25(b) 是高通滤波器的幅频特性，高于 f_{c1} 频率的信号均能以常值增益通过，而低于 f_{c1} 的频率成分被衰减掉。f_{c1} 称为下截止频率。图 2.25(c) 和图 2.25(d) 分别是带通和带阻滤波器的幅频特性，图 2.25(c) 中，只允许信号中低于 f_{c2} 且高于 f_{c1} 的频率成分以常值增益通过。图 2.25(d) 中，低于 f_{c2} 且高于 f_{c1} 的频率成分被阻止，被衰减掉，其余信号都以常值增益通过。

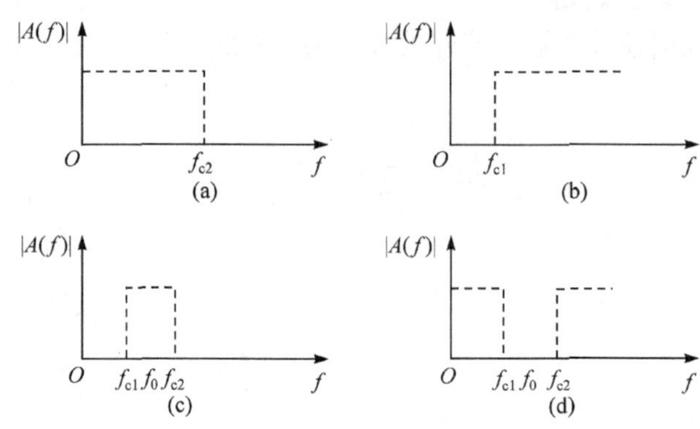

图 2.25　理想滤波器

2) 实际滤波器

图 2.26 给出的是实际滤波器的幅频特性，实际滤波器的基本参数如下：

(1) 截止频率 f_c：幅频特性等于 $A_0/\sqrt{2}$ 所对应的频率点称为滤波器的截止频率，如图中的 f_{c1} 和 f_{c2}。

(2) 波纹幅度 d：以 A_0 为中心线，滤波器幅频特性顶部上(下)幅值的最大波动量称为波纹幅度 d。

(3) 选择性：是指滤波器对带宽外信号的衰减特性，该指标常用倍频程选择性或滤波器因子 λ 来表示。

(4) 品质因数 Q：$Q=f_0/B$，其中 $B=f_{c2}-f_{c1}$ 为带宽，$f_0=\sqrt{f_{c1}f_{c2}}$ 为中心频率。

3) 实际滤波器举例

(1) 一阶 RC 低通滤波器。

图 2.27 给出的是一个一阶 RC 低通滤波器的例子，输入信号为 U_x，输出为电容 C 两端的电压 U_y，因为电容 C 相当于阻抗为 $1/(Cs)$ 的电阻，很容易可以计算出

$$U_y(s)=\frac{\frac{1}{Cs}}{R+\frac{1}{Cs}}U_x(s)\Leftrightarrow\frac{U_y(s)}{U_x(s)}=\frac{\frac{1}{Cs}}{R+\frac{1}{Cs}}=\frac{1}{\tau s+1},\quad \tau=RC$$

令 $s=\mathrm{j}\omega$，可以得到

$$\frac{U_y(\mathrm{j}\omega)}{U_x(\mathrm{j}\omega)}=H_1(\mathrm{j}\omega)=\frac{1}{\mathrm{j}\omega\tau+1}$$

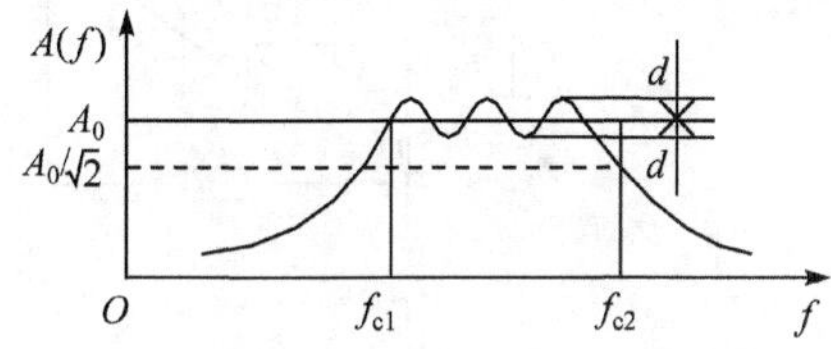

图 2.26　实际滤波器

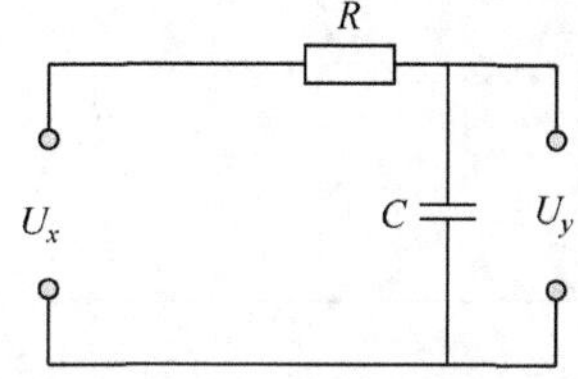

图 2.27　一阶 RC 低通滤波器

令角频率 $\omega=2\pi f$，可以得到该低通滤波器的幅频特性 $|A(f)|=1/\sqrt{1+(2\pi f\tau)^2}$，如图 2.28 所示。从图中可以看出，当频率 $f<f_{c2}$ (截止频率) 时，$A(f)\approx1$，说明信号几乎不衰减地通过滤波器。当 $f=f_{c2}=1/(2\pi RC)$ 时，$A(f)=1/\sqrt{2}$ (−3dB)，说明低通滤波器的固有频率就是上截止频率，改变 RC 值就能改变此频率。当 $f>f_{c2}$ 时，低通滤波器起积分作用。输出 U_y 与 U_x 的积分成正比，输出的相位滞后于输入相位 90°。

(2) 一阶 RC 高通滤波器。

图 2.29 给出的是一个一阶 RC 高通滤波器的例子，此滤波器的传递函数为

$$H_1(s)=\frac{\tau s}{\tau s+1},\quad H_1(\mathrm{j}\omega)=\frac{\mathrm{j}\omega\tau}{\mathrm{j}\omega\tau+1},\quad \tau=RC$$

其截止频率为 $f_{c1}=1/(2\pi RC)$。

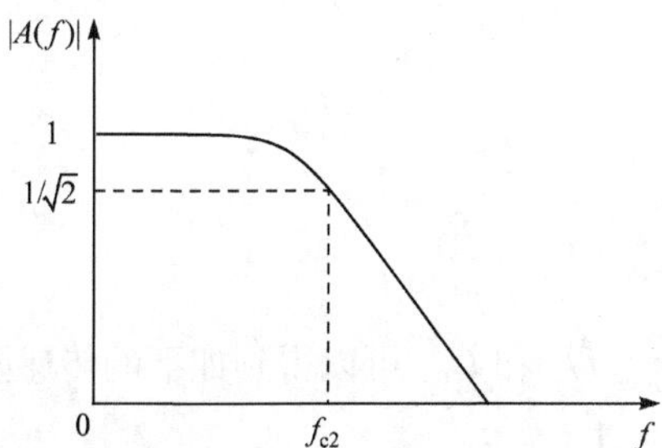

图 2.28　一阶 RC 低通滤波器幅频特性

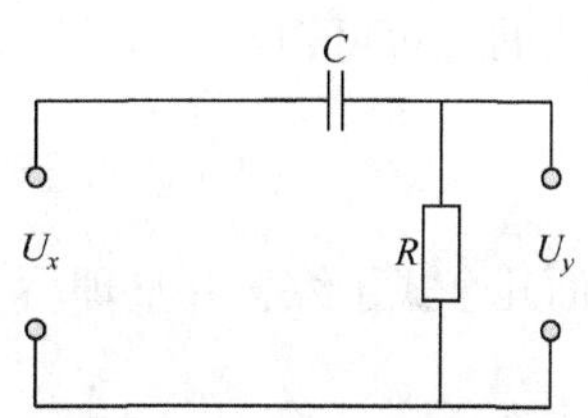

图 2.29　一阶 RC 高通滤波器

该高通滤波器的幅频特性 $A(f)=(2\pi f\tau)/\sqrt{1+(2\pi f\tau)^2}$，如图 2.30 所示。

(3) *RC* 带通滤波器。

带通滤波器可看成由图 2.27 的低通滤波器和图 2.29 的高通滤波器串联组成，其传递函数为 $H(s)=H_1(s)H_2(s)$。串联所得的带通滤波器以原高通滤波器的下截止频率 f_{c1} 和原低通滤波器的上截止频率 f_{c2} 为其下、上截止频率。

(4) 有源滤波器。

有源滤波器由 *R*、*C* 和运算放大器(内部带电源)组成，它利用有源器件不断补充由 *R* 造成的损耗，因此等效能耗极小，*Q* 值高。

图 2.31 给出的是一个有源滤波器的例子——电压控制电压源电路。

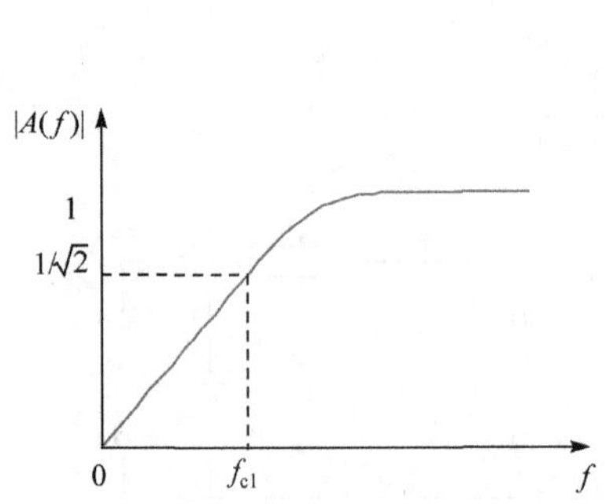

图 2.30　一阶 *RC* 高通滤波器幅频特性

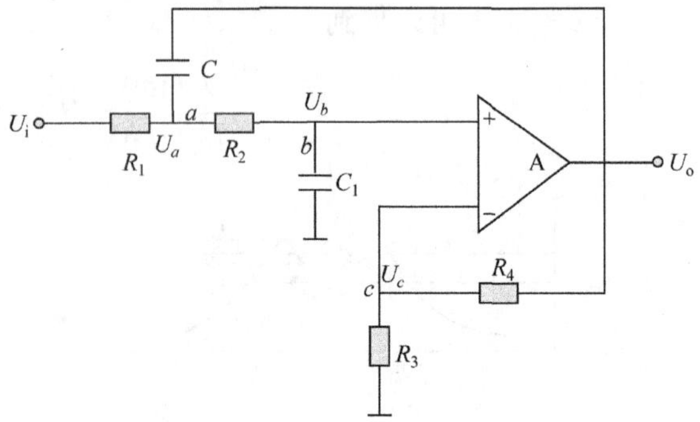

图 2.31　电压控制电压源电路

下面来推导此电路的传递函数。对各节点列节点电流方程，并根据运算放大器的虚短和虚断特性，可以得到如下电流方程。

节点 *a* 的电流方程：

$$\frac{U_\mathrm{i}-U_a}{R_1}+\frac{U_\mathrm{o}-U_a}{\dfrac{1}{Cs}}+\frac{U_b-U_a}{R_2}=0$$

节点 *b* 的电流方程：

$$\frac{U_a-U_b}{R_2}=\frac{U_b}{\dfrac{1}{C_1 s}}$$

节点 *c* 的电流方程：

$$\frac{U_\mathrm{o}-U_c}{R_4}=\frac{U_c}{R_3}$$

由运放的虚短可知：

$$U_b=U_c\Rightarrow\frac{U_\mathrm{o}-U_b}{R_4}=\frac{U_b}{R_3}\Rightarrow U_b=U_\mathrm{o}\frac{R_3}{R_3+R_4}$$

将上面几个式子综合并整理后，消去中间变量 U_a、U_b 和 U_c，可以得到如下的传递函数：

$$\frac{U_\mathrm{o}}{U_\mathrm{i}}=H(s)=\frac{\dfrac{R_3+R_4}{R_3}\dfrac{1}{R_1R_2C_1C}}{s^2+\left(\dfrac{1}{R_1C}+\dfrac{1}{R_2C}+\dfrac{R_4}{R_2R_3C_1}\right)s+\dfrac{1}{R_1R_2C_1C}}\tag{2.36}$$

可以看出，这是一个二阶的低通滤波器。

3. *I*/*V* 变换

在模拟量输入通道中，由于 A/D 转换器的输入信号只能是电压信号，所以如果从传感器和变送器传过来的信号是电流(变送器输出的电流信号一般是 0～10mA 或 4～20mA 的标准电流信号)，必须先把电流变成电压才能进行 A/D 转换。这样就需要 *I*/*V* 变换电路。

1) 无源 *I*/*V* 变换

图 2.32 是一个无源 *I*/*V* 变换的例子，图中的二极管 VD 是用来对输出进行限幅的，C 是滤波电容。输出电压 V 与输入电流 I 的关系为 $V=R_2I$。

当 I 为 0～10mA 时，可以取 R_1=100Ω，R_2=500Ω，此时 V 为 0～5V。

当 I 为 4～20mA 时，可以取 R_1=100Ω，R_2=250Ω，此时 V 为 1～5V。

2) 有源 *I*/*V* 变换

图 2.33 是一个有源 *I*/*V* 变换的例子，图中 R_2 是取样电阻，用来把电流变换为电压，R_f 是电位器。取 R_2=250Ω，R_3=1kΩ，设定 R_f 为 4.7kΩ 的电位器，通过调整 R_f 的值，可使 I 为 0～10mA 时，输出 V 为 0～5 V；I 为 4～20mA 时，输出 V 为 1～5 V。具体计算过程如下：

$$V_{\text{o1}} = -R_2 I$$

$$\frac{V_{\text{o1}}}{R_3} = -\frac{V}{R_\text{f}} \Rightarrow V = -\frac{R_\text{f}}{R_3} V_{\text{o1}}$$

$$V = \frac{R_\text{f}}{R_3} R_2 I$$

所以当 I 为 0～10mA 时，R_f 调整为 2kΩ；I 为 4～20mA 时，R_f 调整为 1kΩ。

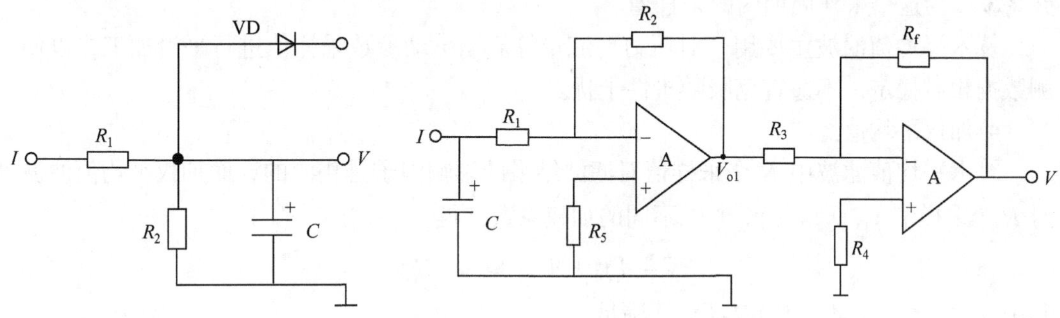

图 2.32 无源 *I*/*V* 变换

图 2.33 有源 *I*/*V* 变换

2.4.3 数据采集与处理方法

在工业控制和工业测量中，经 A/D 转换器采样得到的数据，必须经过计算机的加工处理后才能得到相应的准确结果。这个加工处理的过程可以包括数字滤波、标度变换等步骤。其中数字滤波主要用来克服现场干扰，标度变换用来获得直观数据。

1. 数字滤波

数字滤波是指为了减小甚至消除叠加在采样数据中的随机信号值的影响，利用程序对多次采样信号所得到的数据进行加工处理，以保证采样数据的准确性及精度。应用数字滤波算法可以简化硬件设计，参数调整方便，多通道共用。

1) 程序判断滤波

所谓程序判断滤波，就是根据经验，确定出两次采样之间可能出现的最大偏差ΔE。如果采样得到的值与上次采样值之差超过ΔE，则表明该采样数据中存在较大的干扰信号，应予以剔除；如果采样得到的值与上次采样值之差小于ΔE，则本次采样值为正常值。程序判断滤波分为两种：限幅滤波、限速滤波。其中限幅滤波主要用于变化比较缓慢的参数，如温度等。这种滤波算法中采样最大偏差值ΔE的选取非常重要（通常可根据经验数据获得）。若采样最大偏差值ΔE太大则无法剔除各种干扰，而采样最大偏差值ΔE太小又有可能使正常值丢失，影响测量的实时性。限速滤波是限幅滤波的一种折中，既考虑了采样的实时性，又照顾到采样值变换的连续性，但ΔE的选取不太灵活，不能反映采样点数大于 3 时各采样值受干扰的情况。

2) 中值滤波

中值滤波是对某一参数连续采样N(奇数)次，然后把N次采样的值$y_1, y_2, \cdots, y_N$从小到大或从大到小排列，再取中间位置的值作为本次采样值。这种滤波算法可以克服偶然因素引起的波动干扰，或者采样器本身不稳定引起的脉动干扰，只适用物理量变化较慢的工作场合。

3) 算术平均值滤波

算术平均值滤波的方法是在一个时间段内，对被测物理量采样N次，得到N个采样值$y_1, y_2, \cdots, y_N$，求这N个数的平均值$\overline{y}$：

$$\overline{y} = \left(y_1 + y_2 + \cdots + y_N\right) / N \tag{2.37}$$

并将$\overline{y}$作为这个采样周期内的采样值。

算术平均值滤波主要用于对压力、流量等周期脉动参数采样值进行平滑加工，以使所测数据相对稳定，不适宜克服随机性干扰。

4) 加权平均值滤波

算术平均值滤波中N个采样值对滤波结果的影响因子是相同的，而加权平均值滤波则对N个采样值$y_1, y_2, \cdots, y_N$考虑不同的加权系数，得

$$\overline{y} = A_1 y_1 + A_2 y_2 + \cdots + A_N y_N \tag{2.38}$$

其中，$A_1, A_2, \cdots, A_N$为加权系数，满足：

$$A_1 + A_2 + \cdots + A_N = 1$$
$$A_1 < A_2 < \cdots < A_N$$

5) 滑动平均值滤波

滑动平均值滤波方法是动态保留N个最近的采样数据，每采样一个新数据，便将保留时间最长的采样数据移走一个，然后按算术平均值或加权平均值方法计算出有效的采样值。这种滤波算法对周期性干扰有抑制作用，减少了总的采样次数，提高了采样速度，不适用于脉冲干扰比较严重的场合。

6) 低通滤波

在工业控制系统中，大部分被测信号都是低频信号，如温度、流量等，而脉冲干扰信号属于高频信号，因此采用低通滤波的方法，可以消除高频干扰对测量精度的影响。其滤

波差分方程如下：

$$y(k)=(1-\alpha)y(k-1)+\alpha x(k) \tag{2.39}$$

其中，$x(k)$ 为第 k 次采样值；$y(k)$ 为第 k 次滤波结果的输出值；α 为滤波平滑系数。

7) 复合数字滤波

复合数字滤波，也称为多级数字滤波，就是将两种或两种以上的数字滤波方法联合起来使用，其目的是进一步提高滤波效果。例如，算术平均值滤波与加权平均值滤波都能较好地消除脉动干扰，而中值滤波则能较好地消除随机脉冲干扰。如果将算术平均值滤波(或加权平均值滤波)和中值滤波结合起来就得到了一种复合数字滤波方法。具体方法是首先把采样值从小到大排列，去掉最大值和最小值，将余下的采样值求平均(或加权平均)。

2. 标度变换

将测量得到的二进制数据转换成对应的实际数值和单位，这一转换过程称为标度变换。标度变换分为线性参数标度变换和非线性参数标度变换，这里主要讲述线性参数标度变换。当被测参数值与 A/D 采样值呈线性关系时，采用线性参数标度变换方法。其转换公式为

$$R_x=(R_m-R_0)\frac{S_x-S_0}{S_m-S_0}+R_0 \tag{2.40}$$

其中，R_0、R_m、R_x 分别是测量仪表的下限值、上限值和当前测量值；S_0、S_m、S_x 分别是测量仪表对应的 A/D 采样器的下限值、上限值和当前测量值。下面来看一个线性参数标度变换的例子。

【例 2.3】 某温度测量仪表，其量程为10～50 ℃，采用的是 8 位 A/D 转换器，在某次测量过程中，A/D 采样值经数字滤波后得到的数值为 7BH，试求这次测量的实际温度值。

解 已知测量仪表的

$$R_0=10℃,\quad R_m=50℃$$

8 位 A/D 转换器的对应值为

$$S_0=0,\quad S_m=0\text{FFH}=255$$

8 位 A/D 转换器的当前值为

$$S_x=7\text{BH}=123$$

设与当前数字量对应的温度为 R_x，利用线性参数标度变换公式，代入所有参数，可得

$$\begin{aligned}R_x&=(R_m-R_0)\frac{S_x-S_0}{S_m-S_0}+R_0\\&=(50-10)\times\frac{123-0}{255-0}+10\approx 29.3(℃)\end{aligned}$$

所以，这次测量的实际温度值为29.3℃。

当测量某些参数时，对于 A/D 采样值，除了需要进行线性参数标度变换外，还需要经特定的公式计算才能得到测量结果。当这些特定的公式是非线性的时候，这样的计算过程称为非线性参数标度变换。由于篇幅所限，本章不研究非线性参数标度变换的内容。

2.4.4 A/D 转换器

1. A/D 转换器类型

1) 计数器型

它是最简单、最廉价的 A/D 转换器，如图 2.34 所示。一个计数器控制一个 D/A 转换器，随着计数器由零开始计数，D/A 转换器输出一个逐步升起的梯形电压，这个电压与输入的模拟电压相比较，当二者基本一致(在允许的量化范围内)时，比较器输出一个控制信号，在令计数器停止计数的同时，给出一个 A/D 转换完毕的信号。这时二进制计数器中的二进制数字量就是 A/D 转换完毕的与模拟输入电压相应的二进制数字量。

这种类型转换器的特点是速度慢、价格低，适用于慢速系统。

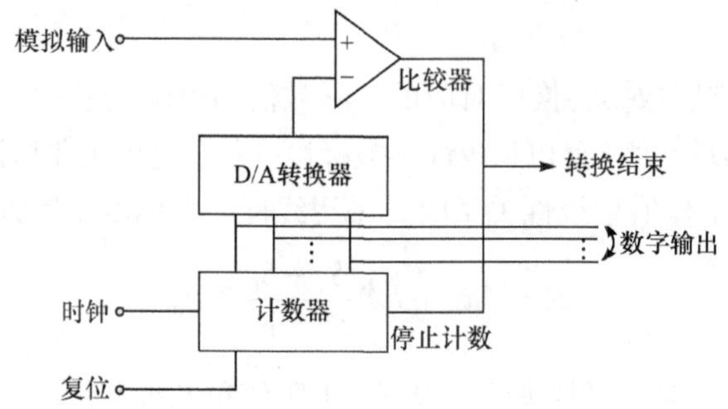

图 2.34　计数器型 A/D 转换器

2) 双积分型

双积分型 A/D 转换器的工作原理是把输入的模拟量电压变换成与电压值成比例的时间间隔，然后再用计数器测量所得到的时间间隔，计数器的计数值就是 A/D 转换器的结果。如图 2.35 所示，其工作过程可分为采样、比较、恢复三个阶段。输入模拟电压送到 U_{IN} 端，当外界给出一个启动 A/D 转换的信号后转换器便开始工作。转换开始前 S_4 闭合，积分器输出为零。转换开始，S_4 断开，S_1 合上，U_{IN} 按固定时间间隔 T_1 积分。在 T_1 时间内计数器恰好“溢出”归零，积分结束。此时电路迅速地将 S_1 断开，然后把与 U_{IN} 极性相反的 U_{REF} 接入积分器做反向积分；同时，计数器开始计数。当积分器输出为零时，检零比较器关闭

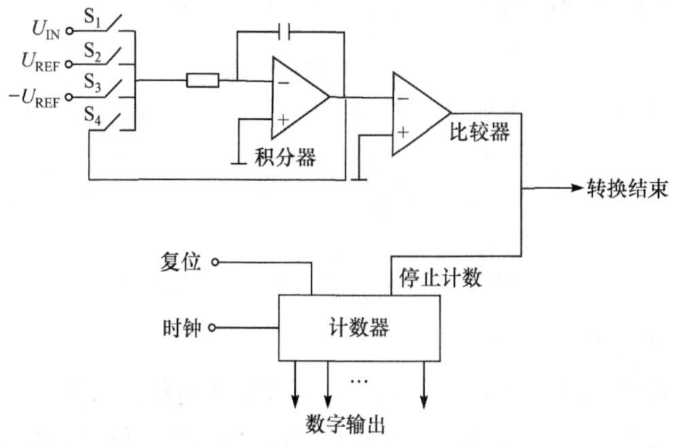

图 2.35　双积分型 A/D 转换器

计数器控制门并切除 U_{REF}。计数器所计的数字正比于输入电压 U_{IN} 的数值，完成了一次 A/D 转换。由此可见，双积分型 A/D 转换器的速度较慢，但它可实现较高的精度。

这种类型转换器的特点是分辨率高、抗干扰性好、转换速度慢(几毫秒到 100ms)，适用于中速系统。

3)逐次逼近型

该转换器的原理是用一个寄存器代替上面的计数器控制 D/A 的转换，如图 2.36 所示。转换前将寄存器清 0，然后先将最高位置 1，D/A 转换后与模拟输入电压进行比较，如果“低于”，该位保留 1，否则该位清 0；接下来将次高位置 1，D/A 转换后与模拟输入电压进行比较，如果“低于”，该位保留 1，否则该位清 0；如此一直进行下去，直到最低位。当最低位处理完毕后，寄存器中保留的数字量就是 A/D 转换完毕与模拟输入电压相对应的数字量，此时转换器会发出一个 A/D 转换结束的信号。

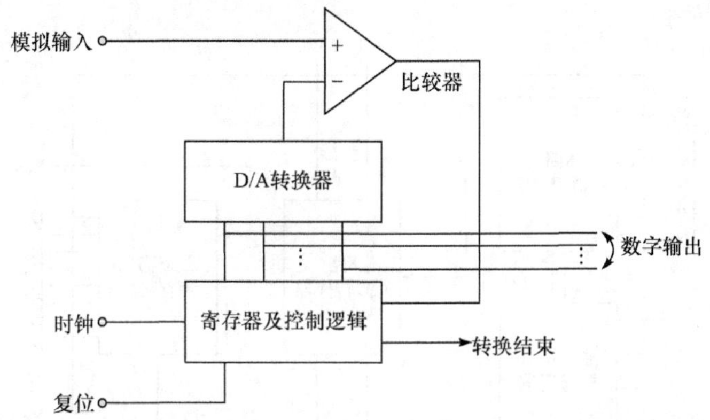

图 2.36　逐次逼近型 A/D 转换器

这种类型转换器的特点是转换精度高、速度快(几秒到 100s)、抗干扰性差。

2. A/D 转换器的性能参数

1)分辨率

分辨率是转换器对输入微小变化响应能力的量度。对于 A/D 转换器来说，它是数字量输出最低位(LSB)所对应的输入电平值，或者说是相邻的两个量化电平的间隔，即量化当量。$\varDelta=U_{max}/(2^n-1)$。$U_{max}$ 是输入电压的满刻度值，n 是转换器的位数。通常 8 位以下为低分辨率，10～16 位为中分辨率，而 16 位以上为高分辨率。

2)精度

精度是指转换器的实际变换函数与理想变换函数的接近程度，通常用误差来表示，有绝对精度和相对精度两种表示形式。

绝对精度是在完全理想、基准电压十分准确的情况下，转换器实际变换函数与理想变换函数之间差异的大小。相对精度是在符合使用手册中规定条件的情况下，转换器实际变换函数与理想变换函数之间差异的大小。相对精度又称为线性度。

3)转换时间

转换时间是指从发出转换命令信号到转换结束信号有效的时间间隔。转换时间的倒数称为转换速率。按转换时间，大于 1ms 的为低速 A/D 转换，1ms～1μs 的为中速 A/D 转换，而小于 1μs 的为高速 A/D 转换，小于 1ns 的为超高速 A/D 转换。

4) 转换量程

转换量程是指所能转换的模拟量输入电压的范围。

3. ADC0809

1) ADC0809 内部结构及引脚功能介绍

ADC0809 是 8 位的 A/D 转换芯片，转换时间为 100μs，相对精度为±1LSB，单一的+5V 电源，输入电压为 0～+5V。其内部结构如图 2.37 所示。其内部有 8 路模拟量开关、地址锁存与译码器、8 路 A/D 转换器和三态输出锁存器。其中，8 路模拟量开关完成 8 个模拟量输入通道选中一个并接入比较器的功能；地址锁存与译码器完成输入地址锁存并译码输出，以控制模拟开关；A/D 转换电路部分把相应的模拟信号转换成数字信号，然后通过三态输出锁存器进行输出。

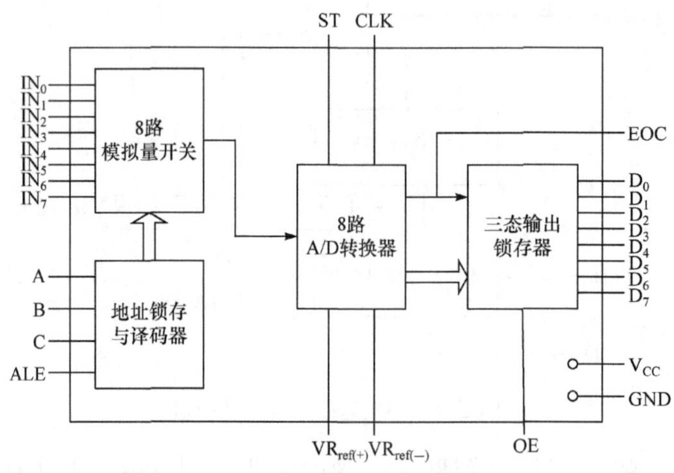

图 2.37　ADC0809 内部结构图

图 2.38 所示 AD0809 各主要引脚的功能如下。

ALE：允许通道地址锁存信号，上升沿锁存三位地址 C、B、A，是高电平有效的输入信号。

START：启动转换信号，上升沿进行内部清零，下降沿开始 A/D 转换，是高电平有效的输入信号。

EOC：转换结束信号，在 A/D 转换期间 EOC 为低电平，一旦转换结束就变为高电平。EOC 可用作 CPU 查询 A/D 转换是否结束的信号，或向 CPU 申请中断的信号，是高电平有效的输出信号。

OE：输出允许信号。在 A/D 转换期间 D_0～D_7 呈高阻状态，一旦转换完毕，若 OE 为高电平，则输出 D_0～D_7 状态，是高电平有效的输入信号。

D_0～D_7：8 位数字量输出端。

IN_0～IN_7：8 路模拟量输入端。

C，B，A：8 路模拟开关的 3 位地址选择输入。

2)工作时序及工作过程

图 2.39 给出的是 ADC0809 的工作时序图，首先给 ALE 和 START 一个高电平信号，启动 A/D 转换后，EOC 在转换期间为低电平，转换结束跳变到高电平，此时给 OE 一个高电平信号，就可以读取数据了。其工作过程分为如下几步。

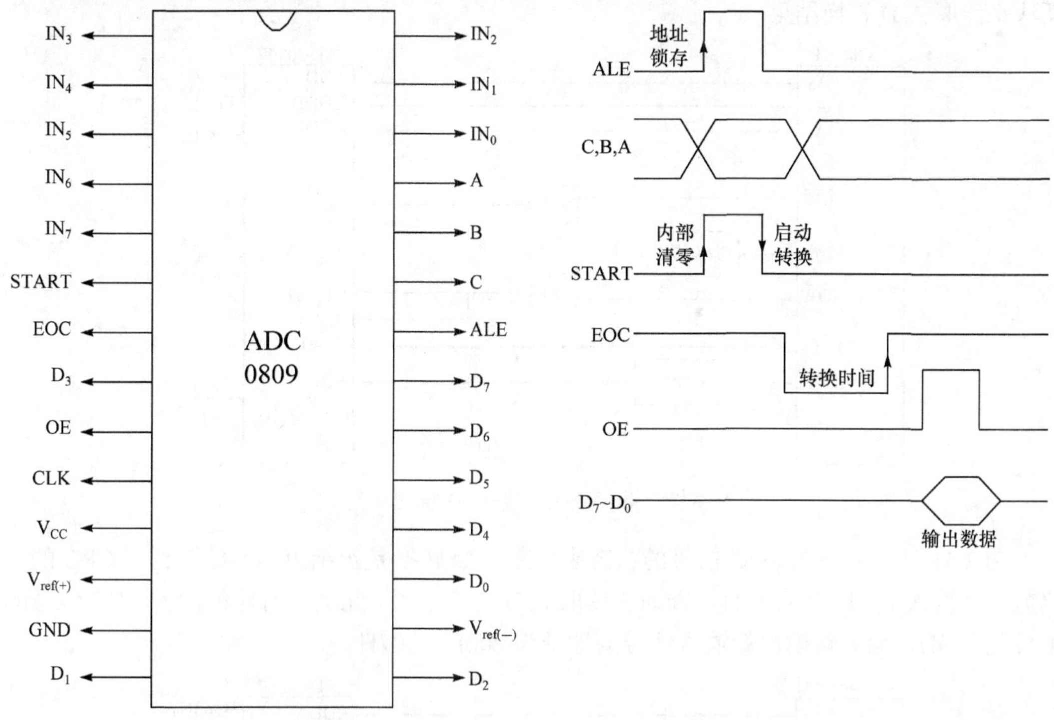

图 2.38　ADC0809 引脚功能

图 2.39　ADC0809 的工作时序图

(1) 送通道地址，选择要转换的模拟输入。

(2) 锁存通道地址到内部地址锁存器。

(3) 启动 A/D 转换。

(4) 判断转换是否结束。

(5) 读取转换结果。

3)读取 A/D 转换数据的方法

ADC0809 有三种读取 A/D 转换数据的方法。

(1) 查询法：首先 CPU 执行 OUT 指令，产生信号 ALE 和 START，作用是选择模拟量输入之一，启动 A/D 转换，然后 CPU 执行 IN 指令，读转换结束信号 EOC，并判断它的状态，若 EOC 为“0”，表示转换正在进行，则继续查询，反之若为“1”，表示转换结束。一旦转换结束，CPU 立即执行 IN 指令，产生输出允许信号 OE，并读取 A/D 转换数据 D_0～D_7。

(2) 定时法：如果已知 A/D 转换所需时间，那么启动 A/D 转换后，利用延时程序等待该段时间，就可以读取 A/D 转换结果。转换时间为 8×8 个时钟周期。

(3) 中断法：CPU 执行输出指令启动 A/D 转换后，就转向执行别的程序，一旦 A/D 转换完毕，就立即向 CPU 申请中断，CPU 响应中断，再用中断服务程序读取 A/D 转换结果。

4) 应用——与 CPU 的连接

图 2.40 和图 2.41 都是 ADC0809 和 CPU 直接相连的例子，因为 ADC0809 自带输出锁存功能，所以可以和 CPU 直接相连。

图 2.40 把 ADC0809 的 EOC 接到了中断控制器 8259A 的输入端，所以此例采用的是中断法来读取 A/D 转换结果。

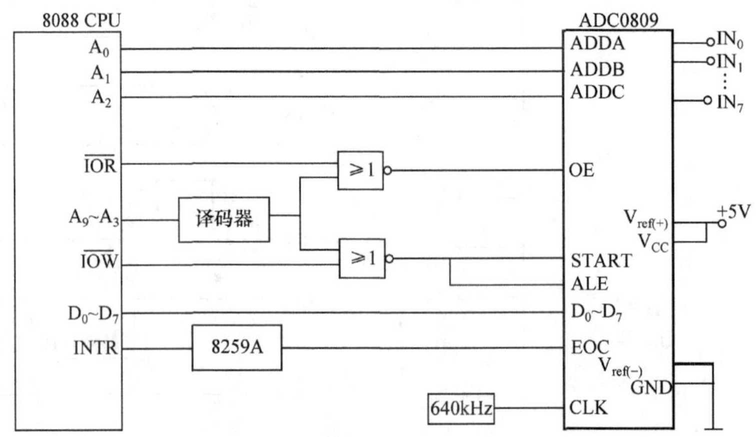

图 2.40　直接连接——中断法

图 2.41 是通过查询 EOC 信号的状态来判断 A/D 转换是否结束，EOC 接到了 CPU 的一路数字量输入上，所以采用的是查询法读取 A/D 转换结果。此例中对应的读入 EOC 信号的地址是 220H，而 8 路模拟量输入信号的地址为 200H～207H。

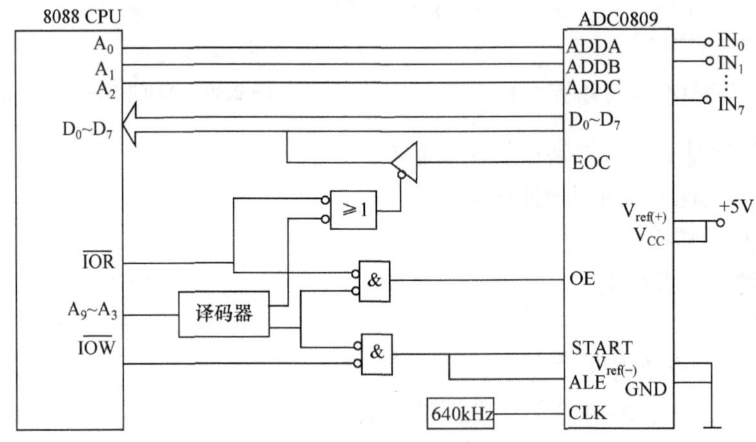

图 2.41　直接相连——查询法

除了直接相连，还可以通过相应的接口把 ADC0809 和 CPU 相连。图 2.42 是 ADC0809 通过并行接口芯片 8255A 和 CPU 相连的例子，8255A 的 P_A 口作为输入口，接的是 ADC0809 的 D_0～D_7，P_{B7} 连接的是 ALE 和 ATART，用来产生高电平信号输出，从而锁存地址并启动相应输入通道的 A/D 转换，P_{B0}～P_{B2} 连接的是 3 位地址选择输入端，用来产生各路通道的地址。图 2.43 通过 74LS244 缓冲器将 ADC0809 与 CPU 相连，因为 ADC0809 自身有输出锁存功能，这种接法一般不常用。

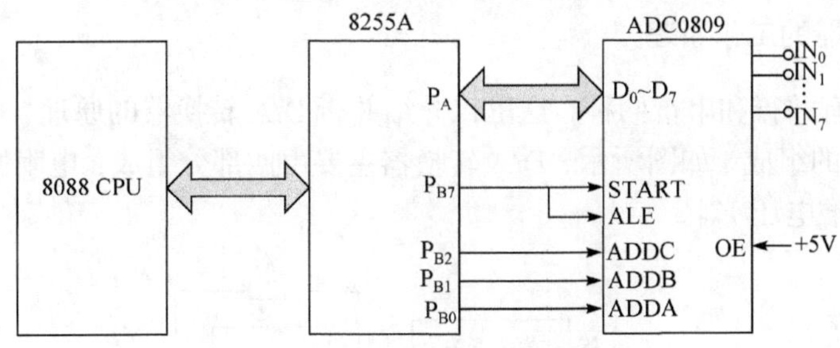

图 2.42　采用 8255A 与 CPU 相连

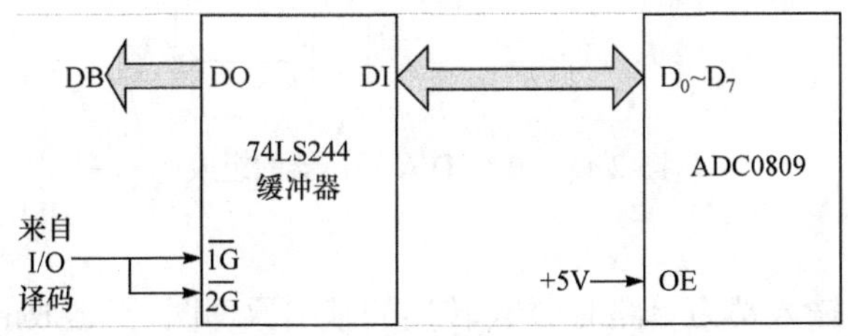

图 2.43　采用缓冲器与 CPU 相连

下面来看一个关于 ADC0809 的计算题。

【例 2.4】　设某温度传感器，所测温度范围为 200～800℃，线性输出电压为 0～5V，其某时刻输出电压经 ADC0809 转换后对应数字量为 60，求此数字量对应的温度是多少?

解　设当前温度用 T 表示，数字量用 D 表示，则有

$$T_{\min} = 200℃,\quad T_{\max} = 800℃$$

$$D_{\min} = 0,\quad D_{\max} = 0\text{FFH} = 255$$

根据：

$$\frac{D - D_{\min}}{D_{\max} - D_{\min}} = \frac{T - T_{\min}}{T_{\max} - T_{\min}}$$

代入相关参数可以得到

$$\frac{D-0}{255-0} = \frac{T-200}{800-200} \Rightarrow T = 200 + \frac{D}{255} \times 600 \Rightarrow T \approx 341(℃)$$

2.5　模拟量输出通道

图 2.44 给出的是模拟量输出通道的组成结构示意图。模拟量输出通道主要包括输出接口电路、D/A 转换器、放大驱动电路、执行机构等。模拟量输出通道的主要任务是把计算机输出的数字量信号转换成模拟量以驱动生产现场的执行器件。D/A 转换器为模拟量输出通道的核心，因此本节主要介绍 D/A 转换器。

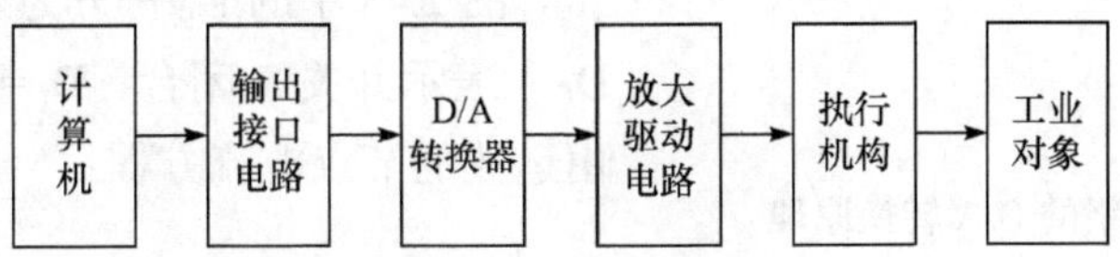

图 2.44　模拟量输出通道

2.5.1　D/A 转换器的工作原理

D/A 转换器有并行和串行两种，这里仅介绍并行 D/A 转换器的原理。图 2.45 给出的是并行 D/A 转换器的组成。如图所示，D/A 转换器主要由四部分组成：电阻网络、模拟开关、运算放大器和基准电压 V_{ref}。

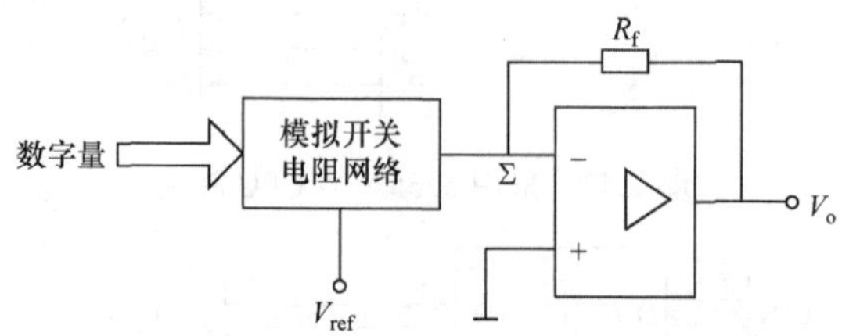

图 2.45　并行 D/A 转换器的组成

1. 基本原理

图 2.46 给出的是输入端为单路时 D/A 转换的基本原理图，当运放的放大倍数足够大时，输出电压 V_o 与输入电压 V_i 之间的关系为

$$V_o=-\frac{R_f}{R}V_i \tag{2.41}$$

图 2.47 给出的是输入端有 n 个支路时 D/A 转换的基本原理图，此时输出电压 V_o 与输入电压 V_i 之间的关系为

$$V_o=-R_f\sum_{i=1}^{n}\frac{1}{R_i}V_i \tag{2.42}$$

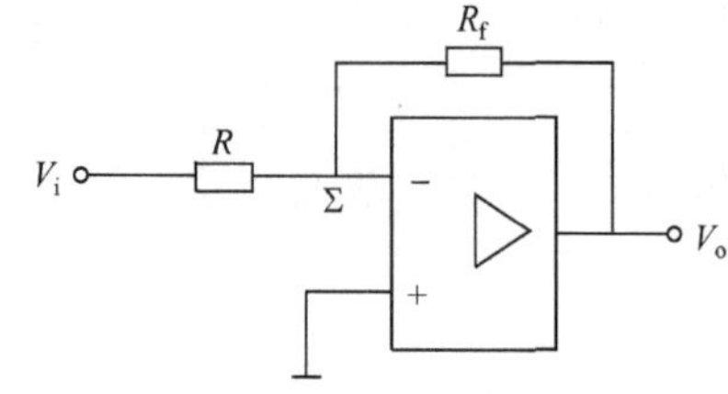

图 2.46　输入端为单路时 D/A 转换的基本原理

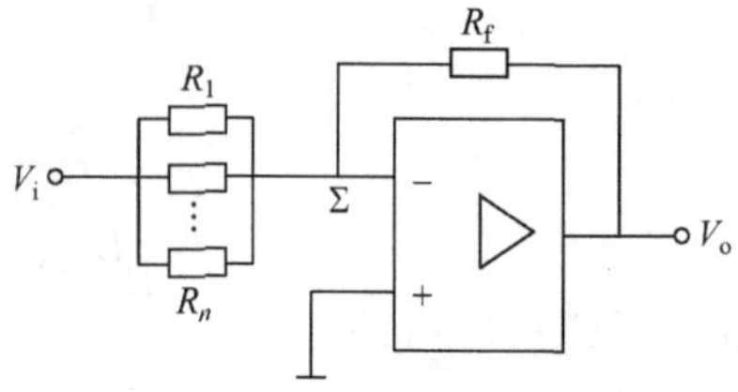

图 2.47　输入端有 n 个支路时 D/A 转换的基本原理

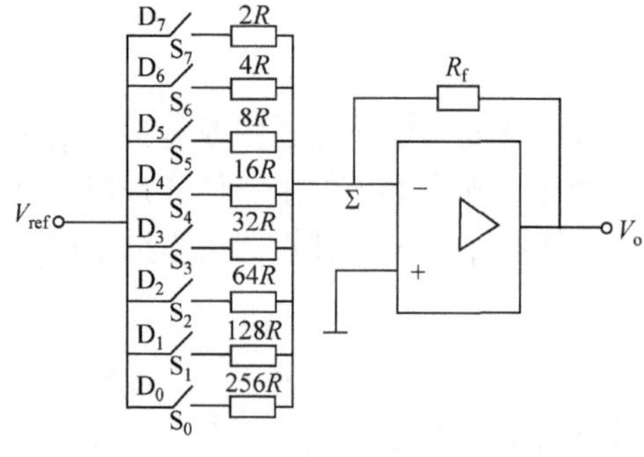

图 2.48　权电阻网络的 D/A 转换原理

2. 权电阻网络 D/A 转换原理

图 2.48 给出的是权电阻网络的 D/A 转换原理图，8 位数字量输入 D_0～D_7 分别通过阻值为 $256R$～$2R$ 的电阻接到运算放大器的反相输入端，构成了权电阻网络。

图 2.48 中的 D_0～D_7 为 8 位二进制数字量，D_i=1 表示开关 S_i 闭合，D_i =0 表示开关 S_i 断开。由运放的节点电流方程：

$$\frac{V_{ref}}{2R}D_7+\frac{V_{ref}}{2^2R}D_6+\cdots+\frac{V_{ref}}{2^8R}D_0+\frac{V_o}{R}=0$$

$$V_o=-\left(\frac{D_7}{2}+\frac{D_6}{2^2}+\cdots+\frac{D_0}{2^8}\right)V_{ref}$$

$$=-\frac{V_{ref}}{2^8}\left(\sum_{i=0}^{7}D_i2^i\right)=-\frac{V_{ref}}{2^8}D \tag{2.43}$$

可知输出 V_o 的范围为 0～–(255/256) V_{ref}。

3. *R*-2*R* 电阻网络 D/A 转换原理

图 2.49 给出的是 *R*-2*R* 电阻网络的 D/A 转换原理图。由 T 型网络的几何特性可知，各节点的电流和电阻情况如图 2.50 所示，每个节点都能引出电阻值为 2*R* 的两条支路，要么流入真地，要么流入虚地。

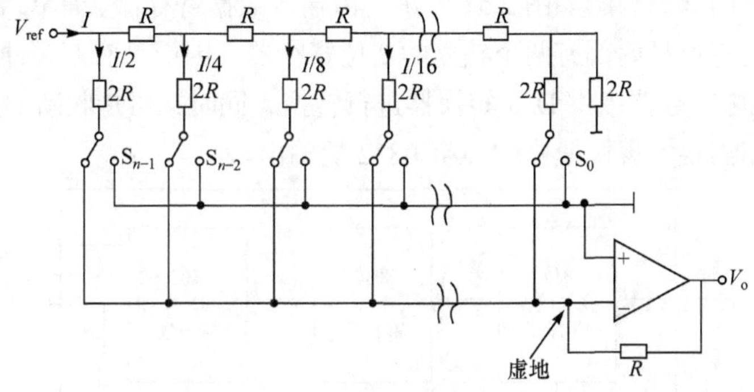

图 2.49　*R*-2*R* 电阻网络的 D/A 转换原理

从图 2.49 的最右边考虑，两个 2*R* 的电阻并联阻值为 *R*，所以每个节点，电阻串并联组合的结果都能化成图 2.50(b) 的 *R*-2*R* 的形式。各个节点处的电流均被分成两路，而且每经过一个节点后，流出的电流减少到流入的 1/2，对应的二进制位为 1 的电流直接流入运放中，为 0 的电流都流入地端(真地)。

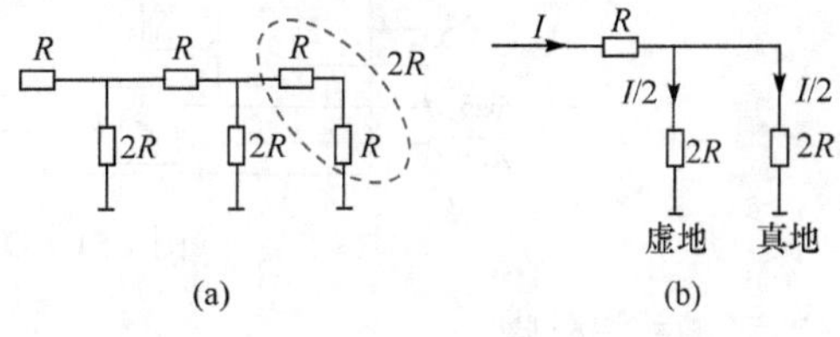

图 2.50　各节点的电流和电阻情况

下面来推导输出电压与输入数字量的关系式。因为输入电流 $I=V_{ref}/R$，有

$$\frac{V_o}{R}=-\left(\frac{I}{2}S_{n-1}+\frac{I}{2^2}S_{n-2}+\cdots+\frac{I}{2^n}S_0\right)$$

$$V_o=-V_{ref}\sum_{i=0}^{n-1}\frac{1}{2^{n-i}}S_i=-\frac{V_{ref}}{2^n}\sum_{i=0}^{n-1}2^iS_i$$

$$=-\frac{V_{ref}}{2^n}\sum_{i=0}^{n-1}2^iD_i=-\frac{V_{ref}}{2^n}D \tag{2.44}$$

2.5.2　D/A 转换器的技术指标

1. 分辨率

分辨率是指输入的二进制数每±1 个最低有效位(LSB)使输出变化的程度。例如，满量

程为 5V 的 10 位 D/A 转换器，其分辨率Δ为

$$\Delta = \frac{5}{2^{10}-1} = \frac{5}{1023} \approx 0.004888(\mathrm{V})=4.89(\mathrm{mV})$$

2. 转换精度

转换精度指的是实际输出值与理论值之间的最大偏差。

3. 转换时间

转换时间为从开始转换到与满量程值差±1/2LSB 所对应的模拟量所需要的时间。

2.5.3　DAC0832

1. 特点

DAC0832 是 8 位的芯片，采用 CMOS 工艺，片中有 *R*-2*R* 梯形电阻网络，转换结果以电流形式输出。其内部结构图如图 2.51 所示，由输入数据寄存器、DAC 寄存器和 D/A 转换器组成，其主要特点是内部有两个独立的 8 位寄存器，因而具有双缓冲功能，能将转换的数据寄存在 DAC 寄存器中供 D/A 转换器进行转换，同时又可接收新的数据存入输入寄存器，这就可根据需要实现快速修改 DAC0832 的输出。

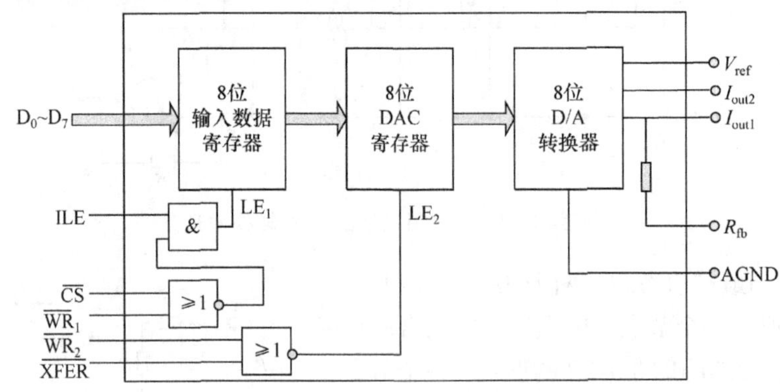

图 2.51　DAC0832 内部结构图

2. 主要引脚

图 2.52 给出的是 DAC0832 的引脚图，系统的主要引脚功能如下。

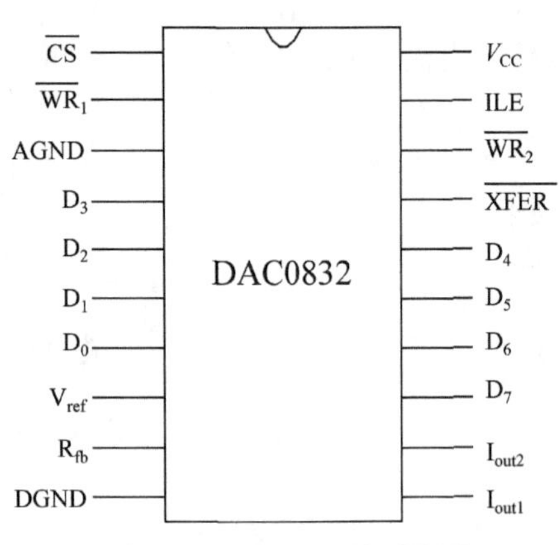

图 2.52　DAC0832 的引脚图

ILE：输入锁存允许。

$\overline{CS}$：片选。

$\overline{WR_1}$：写输入寄存器。

$\overline{WR_2}$：写 DAC 寄存器。

$\overline{XFER}$：传送控制信号。

D_0～D_7：8 位数字量输入。

I_{out1}，I_{out2}：差动电流输出，接运放输入，$I_{out1}+I_{out2}$=常数。

R_{fb}：内部反馈电阻。

其中引脚 ILE、$\overline{WR_1}$和$\overline{CS}$用来控制输入寄存器，构成了数据的第一级锁存，当 ILE 为高电平，

$\overline{WR}_1$ 和 $\overline{CS}$ 为低电平时，才能更新输入寄存器中的数据。$\overline{WR}_2$ 和 $\overline{XFER}$ 用来控制 DAC 寄存器，构成了数据的第二级锁存，当二者均为低电平时，才能将输入寄存器中的数据送到 DAC 寄存器，更新其数据。

3. 工作时序

图 2.53 给出了 DAC0832 的工作时序图，ILE 一般都直接接高电平，给 $\overline{WR}_1$ 和 $\overline{CS}$ 一个低电平信号后，数据被写入输入寄存器，再给 $\overline{WR}_2$ 和 $\overline{XFER}$ 一个低电平信号后，数据被传到 DAC 寄存器输出端，然后进行 D/A 转换，模拟输出电流发生变化。

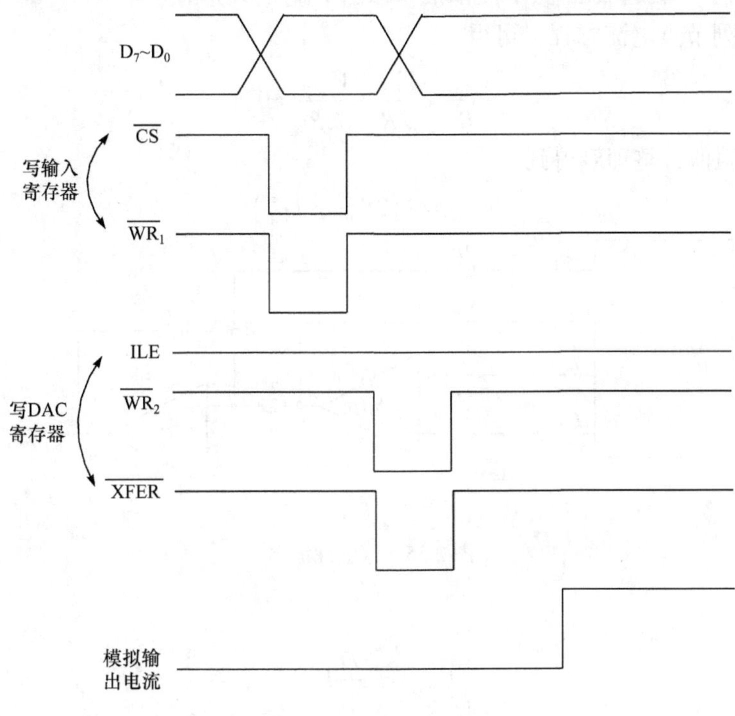

图 2.53 DAC0832 时序图

4. 模拟输出电压的极性

1) 单极性输出

图 2.54 给出的是 DAC0832 单极性输出的接口电路。电流 I_{out1} 接运放的反相端，I_{out2} 接运放的同相端并同时接地，运放的输出 V_{out} 接 DAC0832 的内部反馈电阻输出 R_{fb}。根据运放的虚短和虚断特性，很容易可以得到

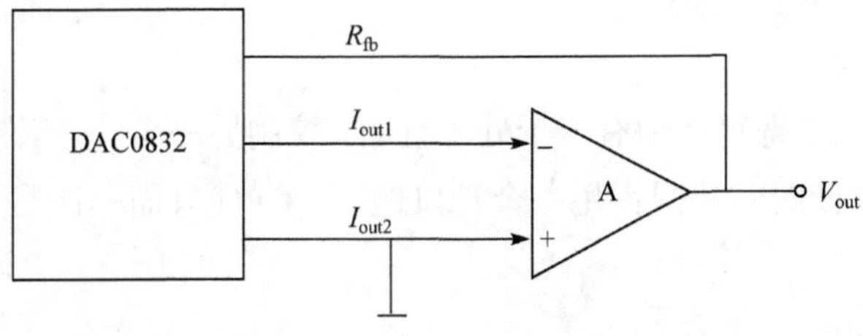

图 2.54 单极性输出

$$I_{out1}=\frac{D}{2^8 R_{fb}}V_{ref} \tag{2.45}$$

$$V_{out}=-I_{out1}R_{fb}=-\frac{D}{2^8}V_{ref} \tag{2.46}$$

如果参考电压 V_{ref} 为+5V，输出 V_o 的范围为 0～−4.98V，输出是单极性的。

2) 双极性输出

图 2.55 给出的是 DAC0832 双极性输出的接口电路。运放 A_1 的接法和单极性输出一样，在 A_1 后边又加了一级运放 A_2。下面来推导输出 V_{out2} 的表达式。

对节点 B 列节点电流方程，可得

$$\frac{V_{out1}}{R}+\frac{V_{ref}}{2R}+\frac{V_{out2}}{2R}=0 \tag{2.47}$$

代入具体阻值，整理后得到

$$V_{out2}=-\left(2V_{out1}+V_{ref}\right) \tag{2.48}$$

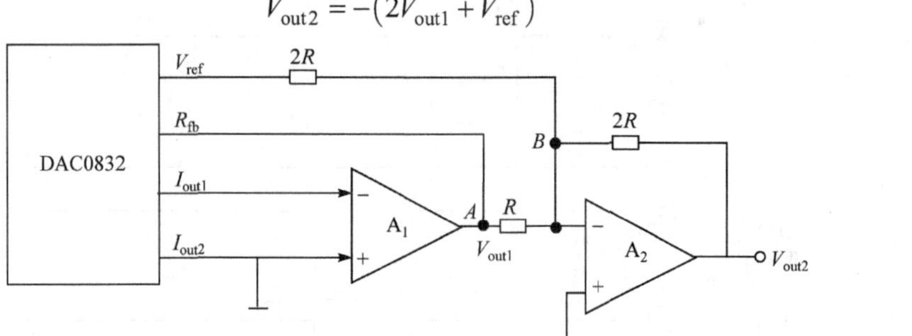

图 2.55　双极性输出

又因为

$$V_{out1}=-\frac{D}{2^8}V_{ref} \tag{2.49}$$

所以有

$$V_{out2}=\frac{D-128}{128}V_{ref} \tag{2.50}$$

下面还是假定参考电压 V_{ref} 为+5V，来分析输出电压 V_{out2} 的范围。当 D=128=80H 时，V_{out2}=0；当 80H<D≤FFH 时，V_{out2} 为 0.04～4.96V，与参考电压同极性；当 0≤D<80H 时，V_{out2} 为−5～−0.04V，与参考电压反极性，综上可知，V_{out2} 为双极性输出。

5. DAC0832 的三种工作方式

1) 单缓冲工作方式

输入寄存器和 DAC 寄存器中有一个处于直通，控制另一个，一般接法是使 DAC 直通，$\overline{\text{WR}}_2$ 和 $\overline{\text{XFER}}$ 接地，此时芯片只占用一个端口地址，CPU 只需一次写入即开始转换。接口程序如下：

```
MOV  DX,  PORT
MOV  AL,  DATA
```

```
OUT  DX,  AL
```

2)双缓冲工作方式

此时需要对两个寄存器都进行控制，这时 CPU 要进行两步写操作。一般接法是 ILE 接高电平，$\overline{WR_1}$和$\overline{WR_2}$接 CPU 的$\overline{IOW}$，$\overline{CS}$和$\overline{XFER}$分别接两个端口的地址译码信号，此时芯片占用两个端口地址。接口程序为

```
MOV  AL,  DATA
MOV  DX,  PORT1
OUT  DX,  AL
MOV  DX,  PORT2
OUT  DX,  AL
```

3)直通工作方式

此时两个寄存器都处于直通状态，即 8 位数据一旦到达 D_0～D_7输入端，就会立即执行 D/A 转换，刷新输出。接法是：ILE 接高电平，$\overline{WR_1}$、$\overline{WR_2}$、$\overline{CS}$和$\overline{XFER}$接地。

6. DAC0832 与 CPU 的接口

8 位 D/A 转换器与 CPU 的连接方式有三种：用锁存器连接、用可编程并行接口 8255A 连接和直接连接。图 2.56 是 DAC0832 直接与 8088 CPU 相连的例子。从图中可以看出，ILE 直接接高电平，片选信号$\overline{CS}$接地址译码信号，$\overline{WR_1}$接 8088 CPU 的写信号，而$\overline{WR_2}$和$\overline{XFER}$直接接地，所以此时 DAC0832 工作在单缓冲工作方式。其输出是单极性输出的接法，所以 V_{out}是单极性的。

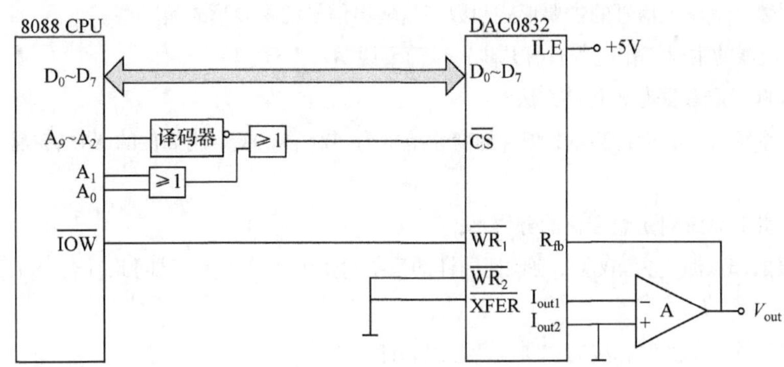

图 2.56　DAC0832 与 CPU 的接口示例

7. 应用

DAC0832 可应用于闭环控制系统中，当计算机输出的数字量信号需要转换成模拟量去驱动执行机构时，要加入 D/A 转换器，此时可以选择 DAC0832。DAC0832 还可以用作信号发生器，通过编程可以生成需要的波形信号。

假设 DAC0832 的片选地址为 0EH，则可以执行下列程序生成锯齿波或方波。

(1)锯齿波。

```
START: MOV  AL  00H
A1:    OUT  0EH  AL
```

```
        CALL DELAY
        INC  AL
        CMP  AL  07FH
        JNC  START
        JMP  A1
```

(2)方波。

```
START: MOV  AL  00H
A1:    OUT  0EH  AL
       CALL DELAY
       MOV  AL  07FH
       OUT  0EH  AL
       CALL DELAY
       JMP  START
```

习　题

2-1 试述计算机过程输入/输出通道的组成和主要功能。

2-2 总线的主要特性和性能指标有哪些?

2-3 简述模拟量输入、模拟量输出通道的组成及各自的任务。

2-4 简述数字量输入、数字量输出通道的主要组成及各自的任务。

2-5 试说明数字量输入信号的主要形式和数字量输出信号的主要形式有哪些。

2-6 A/D 转换器的主要工作过程有哪几步?试简要说明。

2-7 ADC0809 读取数据有哪几种方法?

2-8 已知某系统对炉温进行测量，炉温的变化范围为 200～800℃，用 8 位的 A/D 转换器进行转换后送入计算机。

(1)试给出此时系统对炉温变化的分辨率;

(2)若炉温的起点温度为 400℃，要保证同样的系统对炉温的分辨率，试问此时至少应采用几位的 A/D 转换器。

2-9 试给出三种数字滤波算法的主要设计思想和计算步骤。

2-10 在电动机速度闭环控制系统中，电动机速度传感器的可测范围为 50～2000r/s，线性输出电压范围为 0～5V，某时刻输出的转速值经 ADC0809 转换后对应数字量为 0E8H。

(1)求与当前数字量所对应的转速值;

(2)计算 ADC0809 对转速的分辨率。

2-11 DAC0832 有哪几种工作方式?推导 DAC0832 的单极性输出和双极性输出时 V_{out} 的表达式并分析输出电压的范围。

2-12 8 位 D/A 转换芯片，其输出电压范围为 0～5V，试求当 CPU 输出的数字量为 56H 时，对应的输出电压是多少?

第 3 章　计算机控制系统的数学描述

3.1　信号的类型与采样的形式

3.1.1　信号的类型

对于采样控制系统来说，其控制器是用计算机来实现的，计算机只能接收、识别和处理数字信号，而来自被控对象(生产过程)的信号又大都是连续信号。要将来自生产现场的连续信号传送给计算机，需要进行信号的采样，完成这一功能的装置称为采样器或采样开关；反之，计算机输出的控制量也不能直接作用于生产过程，需要经过保持器转换成连续信号后才能驱动执行机构工作；因此，整个计算机控制系统中有多种信号类型，各种信号的转换关系如图 3.1 所示，要送入计算机的模拟信号(连续信号)经过采样之后得到的信号为采样信号，再经过 A/D 转换后送入计算机的信号为数字信号；同样，计算机输出的信号为数字信号，首先经过 D/A 转换变换成采样信号，然后经过保持器之后又变成模拟信号。

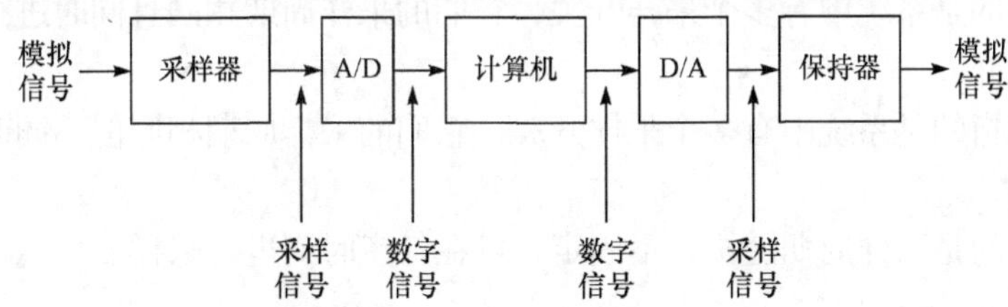

图 3.1　计算机前后的信号转换

图 3.1 中有三种基本的信号类型：模拟信号、采样信号和数字信号。如果对信号类型做更细致的分类，这三大类信号又可以细分为如下五种类型。

1) 连续信号

连续信号指的是在整个时间范围内都有定义的信号，即时间上连续的信号。其幅值可以是连续的，也可以是断续的。

2) 模拟信号

模拟信号指的是整个时间范围内都有定义，幅值在某一时间范围内是连续的信号。这类信号其实是连续信号的子集。

这两类信号实际上都属于第一大类，一般科技文献和大多数场合将二者等同，均指模拟信号。

3) 离散信号

离散信号指的是仅在各个离散时间瞬时有定义的信号，即时间上离散的信号。

4) 采样信号

采样信号是离散信号的子集，是取模拟信号在离散时间上的瞬时值构成的信号序列。所以其幅值可以是模拟信号的连续幅值范围内的任意值，它是时间上离散、幅值上连续的信号。离散信号和采样信号都属于第二大类。

5) 数字信号

数字信号指的是幅值整量化的离散信号，即时间上离散、幅值上也离散的信号。这个信号属于第三大类。

3.1.2 采样的形式

整个计算机控制系统对输入信号的采集、处理以及对控制信号的输出都是按照一定的时间间隔来完成的，采样由采样开关或采样器来实现。系统采样的形式大致可分为如下几类。

1) 周期采样

周期采样指的是相邻两次采样的时间间隔相等。这个时间间隔又称为采样周期，如果用 τ 来表示这个采样周期，则 $f_s = 1/\tau$ 表示采样的频率，而 $\omega_s = 2\pi f_s = 2\pi/\tau$ 表示采样角频率。

2) 多阶采样

多阶采样指的是每 $r\,(r>1)$ 次采样的时间间隔是固定的，但这 r 次采样中间的信号采样间隔可以是不同的。即 $t_{k+r}-t_k$=常量，$t_{k+r}-t_k$ 是周期性重复的。

3) 同步采样

同步采样指的是系统中有多个采样开关，它们的采样周期相同且同时进行采样。

4) 非同步采样

非同步采样指的是系统中有多个采样开关，它们的采样周期相同但不同时进行采样。

5) 随机采样

随机采样指的是采样周期随机，不固定，可在任意时刻进行采样。

6) 多速采样

多速采样指的是系统有多个采样开关，各自的采样周期不同，但都是周期采样。

3.2 信号的采样与重构

对于计算机控制系统，控制器是由计算机实现的，它只能接收、识别和处理数字信号，而对象的输入/输出又大多是连续信号，所以需要有相应的转换装置，即采样开关和保持器。采样开关用来把连续信号转换成采样信号，保持器可以把采样信号重构或复现成原连续信号。

3.2.1 采样过程及采样定理

采样或采样过程就是抽取连续信号在离散时间上的瞬时值序列的过程，有时也称为离散化过程。如图 3.2 所示，设采样开关每隔一定时间 τ（即采样周期）闭合一次，闭合时间为 τ_1，则模拟信号 $f(t)$ 经采样开关后的输出为 $f^*(t)$，它是连续信号 $f(t)$ 按 $t=k\tau\,(k=\cdots,-1,0,1,2,\cdots)$ 取出的离散时刻序列值，也就是说，$f^*(t)$ 是对 $f(t)$ 的取样。

对连续信号 $f(t)$ 进行采样后得到的信号 $f^*(t)$ 可用如下的时域表达式表示：

$$f^*(t)=\sum_{k=-\infty}^{+\infty} f(k\tau+\Delta t),\quad 0<\Delta t\leqslant \tau_1 \tag{3.1}$$

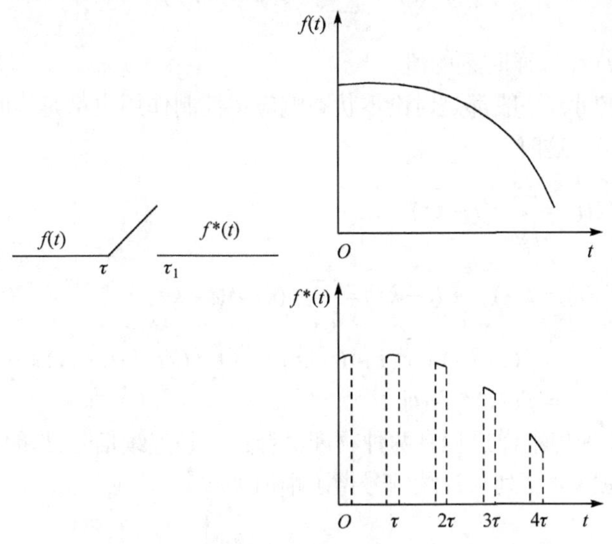

图 3.2　采样过程

当采样开关闭合时间 $\tau_1\leqslant\tau$，且 τ_1 远远小于系统连续部分惯性时间常数时，可以将采样开关看成理想采样开关。信号 $f(t)$ 经过理想采样开关即为理想采样过程，采样后的信号如图 3.3 所示。

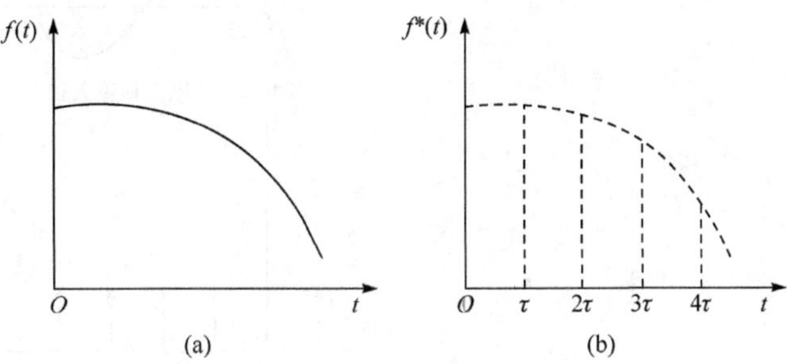

图 3.3　理想采样后的信号

理想采样开关可以用一个单位脉冲序列 $\delta_\tau(t)$ 来表示：

$$\delta_\tau(t)=\sum_{k=-\infty}^{+\infty}\delta(t-k\tau) \tag{3.2}$$

其中，$\delta(t-k\tau)$ 表示发生在 $t=k\tau$ 时刻具有单位强度的理想脉冲，工程上常将 δ 函数用一个长度等于 1 的有向线段来表示，这个线段的长度就是 δ 函数的积分或强度。δ 函数可以描述为

$$\delta(t)=\begin{cases}\infty, & t=0\\ 0, & t\neq 0\end{cases},\qquad \int_{-\infty}^{+\infty}\delta(t)\mathrm{d}t=1 \tag{3.3}$$

信号 $f(t)$ 经过理想采样开关之后的输出 $f^*(t)$ 为

$$f^*(t)=f(t)\delta_\tau(t)=f(t)\sum_{k=-\infty}^{+\infty}\delta(t-k\tau) \tag{3.4}$$

由于$t\neq k\tau$时刻$\delta_\tau(t)=0$，式(3.4)还可以表示为

$$f^*(t)=\sum_{k=-\infty}^{+\infty}f(k\tau)\delta(t-k\tau) \tag{3.5}$$

其中，$f(k\tau)$是$f^*(t)$在采样时刻的值。

在分析一个系统时，一般都是讨论零状态响应，控制作用也都是零时刻开始施加的，因此$f(t)$在$t<0$时为0，这时

$$\delta_\tau(t)=\sum_{k=0}^{+\infty}\delta(t-k\tau)$$

$$\begin{aligned}f^*(t)&=f(t)\sum_{k=0}^{+\infty}\delta(t-k\tau)=\sum_{k=0}^{+\infty}f(k\tau)\delta(t-k\tau)\\&=f(0)\delta(t)+f(\tau)\delta(t-\tau)+\cdots+f(k\tau)\delta(t-k\tau)+\cdots\\&=f(k\tau)*\delta_\tau(t)\end{aligned} \tag{3.6}$$

如图 3.4 所示，理想采样过程有两种物理解释：一是连续信号被单位脉冲序列做了离散时间调制；二是单位脉冲序列被连续信号做了幅值加权。

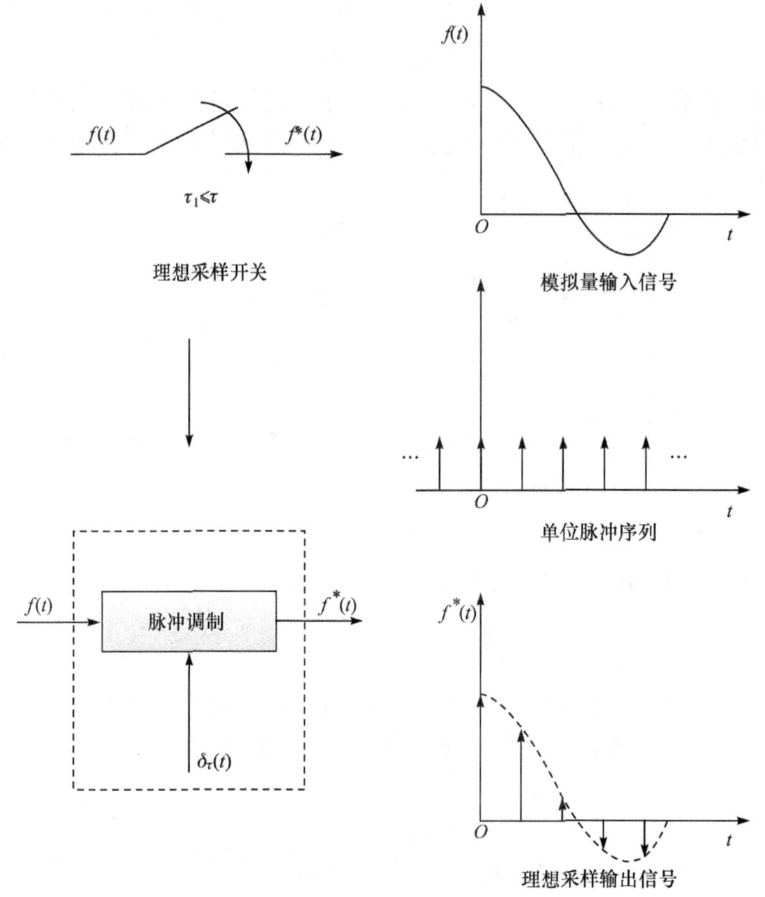

图 3.4　理想采样过程

对计算机系统的信号进行采样，采样周期τ的选择很关键，若不考虑计算机的负担，τ当然是越小越好，因为若τ足够小，就只损失很少的信息，这样就有可能从采样信号重构原连续信号。但计算机的算法实现等很多因素又使τ不能太小，但τ选得太大，采样信号含有的原连续信号的信息过少，就可能无法从采样信号看出原连续信号的特征，即无法通过采样信号重构原连续信号。图 3.5 是采用不同的采样周期对相同的信号进行采样后的结果，从图中可以看出，采样周期太大($\tau=\tau_1$)时，系统根本无法从采样后的信号复现原连续信号。

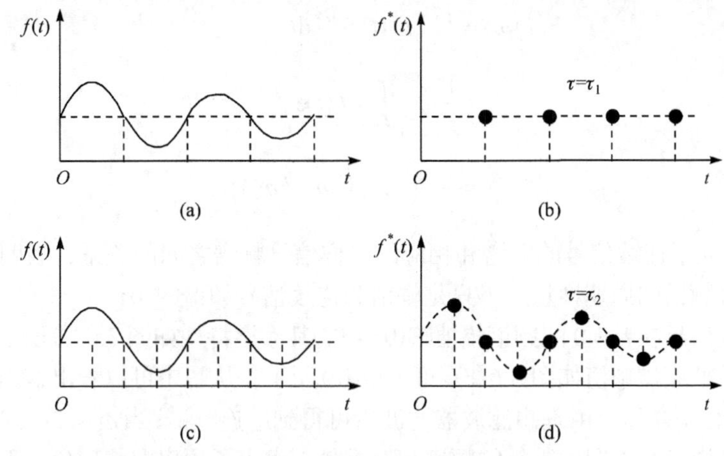

图 3.5　不同采样周期时的采样信号

下面的香农采样定理给出了采样频率$\omega_s = 2\pi/\tau$的选择原则。

采样定理：若ω_m是模拟信号上限频率，ω_s为采样频率，则当

$$\omega_s \geqslant 2\omega_m \tag{3.7}$$

时，经采样得到的信号便能无失真地再现原信号。

采样定理给出了采样频率的下限，通常称$\omega_N = \omega_s/2$为奈奎斯特(Nyquist)频率。下面对理想采样过程进行频域分析，并对采样定理进行解释性说明。

对$f(t)$和$f^*(t)$分别求傅里叶变换：

$$F(\mathrm{j}\omega) = \int_{-\infty}^{\infty} f(t)\mathrm{e}^{-\mathrm{j}\omega t}\mathrm{d}t \tag{3.8}$$

$$F^*(\mathrm{j}\omega) = \int_{-\infty}^{\infty} f^*(t)\mathrm{e}^{-\mathrm{j}\omega t}\mathrm{d}t \tag{3.9}$$

对理想采样开关，有

$$\delta_\tau(t) = \sum_{k=-\infty}^{+\infty} \delta(t-k\tau)$$

可展为如下的傅里叶级数：

$$\delta_\tau(t) = \sum_{k=-\infty}^{\infty} C_k \mathrm{e}^{\mathrm{j}k\omega_s t} \tag{3.10}$$

其中，C_k为傅里叶系数

$$C_k = \frac{1}{\tau}\int_{-\tau/2}^{\tau/2} \delta_\tau(t)\mathrm{e}^{-\mathrm{j}k\omega_s t}\mathrm{d}t \tag{3.11}$$

由于$t\in[-\tau/2,\tau/2]$，$\delta_\tau(t)$仅在$t=0$时刻有值，且$\mathrm{e}^{-\mathrm{j}k\omega_s t}\big|_{t=0}=1$，故

$$C_k=\frac{1}{\tau}\int_{0^-}^{0^+}\delta_\tau(t)\mathrm{d}t=\frac{1}{\tau} \tag{3.12}$$

所以有

$$\delta_\tau(t)=\frac{1}{\tau}\sum_{k=-\infty}^{\infty}\mathrm{e}^{\mathrm{j}k\omega_s t} \tag{3.13}$$

综合式(3.13)和式(3.9)，可以得到

$$\begin{aligned}F^*(\mathrm{j}\omega)&=\int_{-\infty}^{\infty}f^*(t)\mathrm{e}^{-\mathrm{j}\omega t}\mathrm{d}t\\&=\frac{1}{\tau}\sum_{k=-\infty}^{\infty}\int_{-\infty}^{\infty}f(t)\mathrm{e}^{-\mathrm{j}(\omega-k\omega_s)t}\mathrm{d}t\\&=\frac{1}{\tau}\sum_{k=-\infty}^{\infty}F\left(\mathrm{j}(\omega-k\omega_s)\right)\end{aligned} \tag{3.14}$$

式(3.14)建立了连续信号的频谱和相应的采样信号频谱之间的关系，表明采样信号的频谱是原连续信号频谱的周期性重复，只是幅值为连续信号频谱的 $1/\tau$。

假定原连续信号在 $\omega=0$ 的频谱幅值 $|F(0)|=1$，其频谱特性如图 3.6(a)所示，则不同采样频率时采样信号的频谱幅值如图 3.6(b)和图 3.6(c)所示。从图中可以看出，当 $\omega_s\geqslant 2\omega_m$ 时，如图 3.6(b)所示，采样信号由理想滤波器滤波后可得到原连续谱；当 $\omega_s<2\omega_m$ 时，如图 3.6(c)所示，采样信号中各个周期性重复的频谱相互重叠，发生了频率混叠现象，无法从采样信号中恢复出原连续信号。

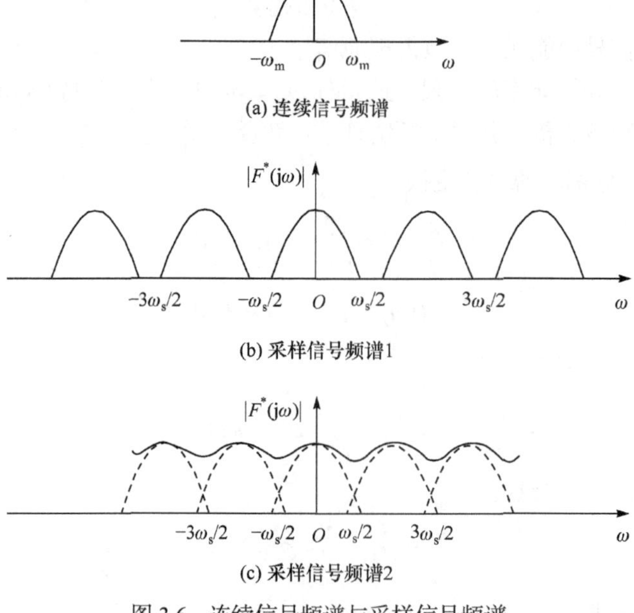

图 3.6　连续信号频谱与采样信号频谱

前面的香农采样定理给出了 ω_s 的下限，即采样周期 τ 的上限，理论上，ω_s 越大越好，即 τ 越小越好，当 $\tau\to 0$ 时，数字系统就接近于连续系统了，但 τ 过小，会加重计算机的负担，且可能达不到实时性的要求，所以要合理选择 τ。下面给出几种常用的采样周期选择方法和

经验公式。

1. 按系统闭环频带选取

若闭环的期望频带 ω_c 给定，则 ω_s 可取为 $(6\sim10)\omega_c$，即

$$\tau=\frac{2\pi}{(6\sim10)\omega_c} \tag{3.15}$$

2. 按系统开环传递函数选取

系统开环传递函数为

$$G_0(s)=\frac{N(s)}{\prod_{i=1}^{n_1}\left(s+\frac{1}{T_i}\right)\prod_{j=1}^{n_2}\left[\left(s+\frac{1}{\tau_j}\right)^2+\omega_j^2\right]} \tag{3.16}$$

其中，T_i、τ_j、ω_j 描述了单位脉冲响应的衰减速度和振荡频率。需要指出的是，这里没有考虑开环传递函数中存在积分环节的情况。如果系统中存在积分环节，可以将积分环节用大时间常数的惯性环节来近似，然后用式(3.16)来描述即可。

定义参数：

$$\theta_j=2\pi/\omega_j,\quad j=1,2,\cdots,n_2$$

$$\tau_{\min}=\min(T_1,T_2,\cdots,T_{n1},\tau_1,\tau_2,\cdots,\tau_{n2},\theta_1,\theta_2,\cdots,\theta_{n2})$$

则 τ 可以选为

$$\tau=\frac{\tau_{\min}}{2\sim4} \tag{3.17}$$

3. 按系统开环阶跃响应的上升时间选取

因为系统的阶跃响应反映了被控系统的动态性能，其初始阶段反映了信号的高频成分，所以按阶跃响应选择 τ 就相当于按系统中的最高频率的信号确定采样周期。对于没有超调的系统，其上升时间 t_r 是指响应从稳态值的 10%上升到 90%所需的时间，对于有超调的系统，上升时间 t_r 指响应从 0 第一次上升到稳态值所需的时间。按 t_r 来选择 τ 的经验公式为

$$\tau=\frac{t_r}{2\sim4} \tag{3.18}$$

4. 根据生产过程控制的经验选取

一般的被控对象中，起主要作用的往往只是一个时间常数，记为 T_d，则 τ 可选为

$$\tau=\frac{T_d}{2\sim4}$$

常用参数的采样周期选择范围如表 3.1 所示。

表 3.1　常用参数的采样周期选择范围

过程参数	采样周期 τ/s
流量	1～3
温度	10～20
液位	5～10
压力	1～5
成分	10～20

3.2.2　连续信号的重构

信号重构是采样过程的逆过程。在计算机系统中，计算机输出的数字信号经 D/A 转换后，还需要经过重构变成连续信号才能作用于对象。把离散信号变为连续信号的过程称为信号重构。信号重构有两种方法：第一种是香农重构法，但这种方法需要知道 $k=-\infty\rightarrow+\infty$的数据(过去和未来的数据)，物理上不可实现，因此不能应用于实际的数字控制系统；第二种是信号保持法，是一种仅由原来时刻的采样值实现信号重构的方法，在工程上用保持器来实现。从数学上说，保持器解决各采样点之间的插值问题，使用外推方法，由当前时刻及以前若干采样时刻的采样值外推当前的连续信号 $f(t)$，外推公式如下：

$$f(t)=f(k\tau+\Delta t)=a_0+a_1\Delta t+a_2\Delta t^2+\cdots+a_n\Delta t^n,\quad 0\leqslant\Delta t<\tau \tag{3.19}$$

其中，Δt 为以 $k\tau$ 时刻为原点的时间坐标。若 $a_i\neq 0(i=1,2,\cdots,n)$，则式(3.19)称为 n 阶保持器，各系数由过去各采样时刻的输入值 $f[(k-i)\tau]$来确定($i=0,1,\cdots,n$)，a_i的解唯一。常用的保持器有零阶保持器($n=0$)和一阶保持器($n=1$)，下面分别给出它们的外推公式，并给出各自的脉冲响应及传递函数。

1. 零阶保持器(ZOH)

ZOH 是指式(3.19)右边只有系数 a_0项，即

$$f(t)=f(k\tau+\Delta t)=a_0,\quad 0\leqslant\Delta t<\tau \tag{3.20}$$

下面来求解 a_0的值。令 $\Delta t=0$，代入上式，可以求出 $a_0=f(k\tau)$。因此 ZOH 的时域描述或外推公式为

$$f(t)=f(k\tau+\Delta t)=f(k\tau),\quad 0\leqslant\Delta t<\tau \tag{3.21}$$

图 3.7 给出了 ZOH 的输入/输出特性，可以看出，ZOH 是按常值进行外推，即把 $k\tau$ 时刻的输入信号保持到下一个采样时刻$(k+1)\tau$到来之前。

下面来看 ZOH 的脉冲响应，若 ZOH 的输入信号为如下离散单位脉冲函数：

$$\delta^*(t)=\begin{cases}1, & k=0\\ 0, & k\neq 0\end{cases} \tag{3.22}$$

则其输出称为脉冲响应。这里用 $h_0(t)$ 来表示这个脉冲响应输出，其脉冲响应如图 3.8 所示。

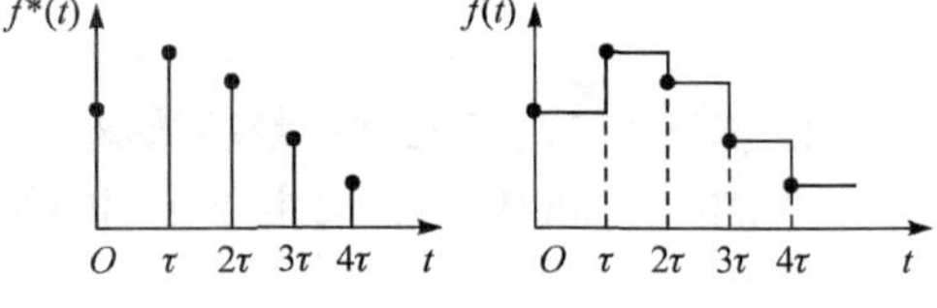

图 3.7　ZOH 的输入/输出特性

由图 3.8 可以看出，其脉冲响应可以分解为两个单位阶跃函数：

$$h_0(t)=1(t)-1(t-\tau) \tag{3.23}$$

对式(3.23)进行拉普拉斯变换，可以得到 ZOH 的传递函数为

$$G_{h0}(s)=\frac{1}{s}-\frac{1}{s}\mathrm{e}^{-\tau s}=\frac{1-\mathrm{e}^{-\tau s}}{s} \tag{3.24}$$

将 $s=\mathrm{j}\omega$ 代入式(3.24)中，求得其频率特性为

$$G_{h0}(\mathrm{j}\omega)=\frac{1-\mathrm{e}^{-\mathrm{j}\omega\tau}}{\mathrm{j}\omega}=\frac{2\mathrm{e}^{-\frac{\mathrm{j}\omega\tau}{2}}\left(\mathrm{e}^{\frac{\mathrm{j}\omega\tau}{2}}-\mathrm{e}^{-\frac{\mathrm{j}\omega\tau}{2}}\right)}{2\mathrm{j}\omega}=\tau\frac{\sin\left(\frac{\omega\tau}{2}\right)}{\frac{\omega\tau}{2}}\mathrm{e}^{\frac{-\mathrm{j}\omega\tau}{2}} \tag{3.25}$$

其幅频特性为

$$\left|H_0(\mathrm{j}\omega)\right|=\tau\left|\frac{\sin\left(\frac{\omega\tau}{2}\right)}{\frac{\omega\tau}{2}}\right| \tag{3.26}$$

相频特性为

$$\theta(\mathrm{j}\omega)=\arg\left(H_0(\mathrm{j}\omega)\right)=\arg\left(\frac{\sin\left(\frac{\omega\tau}{2}\right)}{\frac{\omega\tau}{2}}\right)-\frac{\omega\tau}{2} \tag{3.27}$$

图 3.8　ZOH 的脉冲响应

由于 $\omega_s=2\pi/\tau$，在 $\omega=k\omega_s\ (k=1,2,\cdots)$ 前后，$\sin\left(\frac{\omega\tau}{2}\right)$ 的值变号，相当于在这些频率处相频有 ±180° 的相位变化，这里假定是 180°的相位移，则 ZOH 的幅频和相频特性如图 3.9 实线所示，图中的虚线为理想低通滤波器的幅频特性。从幅频特性可见，零阶保持器为一个低通滤波器，与理想的低通滤波器相比，其不足之处是具有多个截止频率，所以能通过一定的高频分量；从相频特性可见，产生相位滞后。

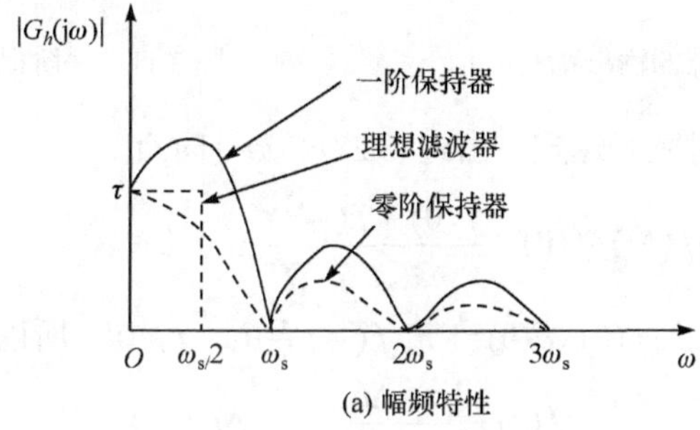

(a) 幅频特性

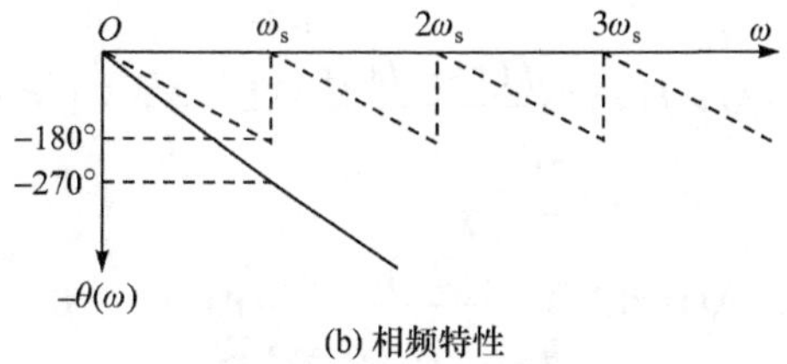

(b) 相频特性

图 3.9　ZOH 频率特性

2. 一阶保持器

一阶保持器的外推表达式为

$$f(t)=f(k\tau+\Delta t)=a_0+a_1\Delta t,\quad 0\leqslant\Delta t<\tau \tag{3.28}$$

下面求解 a_0 和 a_1 的值。分别令 $\Delta t=0$，$\Delta t=-\tau$ 代入式(3.28)，可以求解出 $a_0=f(k\tau)$，$a_1=\dfrac{f(k\tau)-f[(k-1)\tau]}{\tau}$。从而得到一阶保持器的时域描述或外推公式为

$$f(t)=f(k\tau+\Delta t)=f(k\tau)+\frac{f(k\tau)-f[(k-1)\tau]}{\tau}\Delta t,\quad 0\leqslant\Delta t<\tau \tag{3.29}$$

一阶保持器的输出特性如图 3.10 所示，可以看出，一阶保持器是用以前最近两个采样点的值进行直线外推的。

下面来看一阶保持器的脉冲响应特性，给一阶保持器加入式(3.22)的离散单位脉冲函数作为输入，其输出即脉冲响应用 $h_1(t)$ 表示，图 3.11 给出的是一阶保持器的脉冲响应特性。

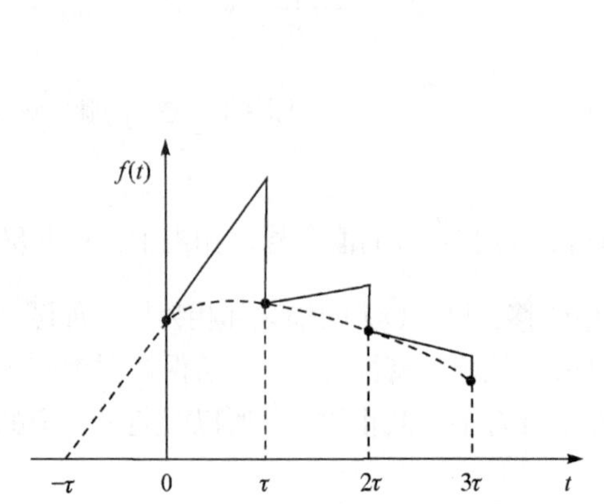

图 3.10　一阶保持器的输出特性

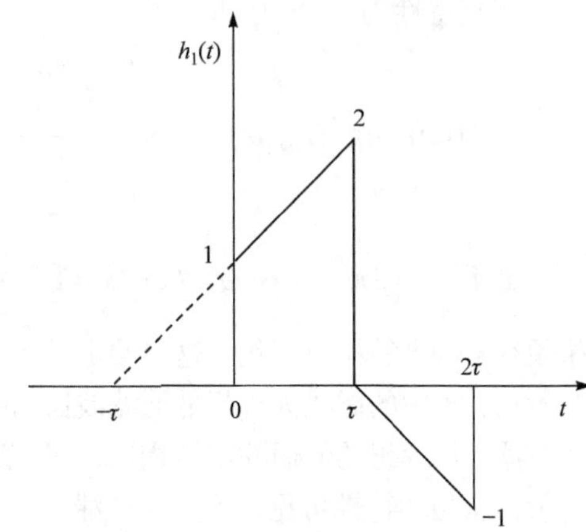

图 3.11　一阶保持器的脉冲响应特性

下面来推导 $h_1(t)$ 的时域表达式。由式(3.28)，k=0 时有

$$f(\Delta t)=f(0)+\frac{f(0)-f(-\tau)}{\tau}\Delta t,\quad 0\leqslant\Delta t<\tau$$

根据脉冲函数的特点，$f(0)=\delta(0)=1$，$f(-\tau)=\delta(-\tau)=0$，所以有

$$f(\Delta t)=\frac{\tau+\Delta t}{\tau},\quad 0\leqslant\Delta t<\tau \tag{3.30}$$

类似地，当 k=1 时有

$$f(\tau+\Delta t)=f(\tau)+\frac{f(\tau)-f(0)}{\tau}\Delta t=-\frac{\Delta t}{\tau},\quad 0\leqslant\Delta t<\tau \tag{3.31}$$

当 k=2 时有

$$f(2\tau+\Delta t)=f(2\tau)+\frac{f(2\tau)-f(\tau)}{\tau}\Delta t=0,\quad 0\leqslant\Delta t<\tau \tag{3.32}$$

将 $\Delta t=t-k\tau$ 代入式(3.30)、式(3.31)，可以得到 $h_1(t)=f(t)$ 的时域表达式为

$$h_1(t)=\begin{cases}\dfrac{\tau+t}{\tau}, & 0\leqslant t<\tau\\ -\dfrac{\tau-t}{\tau}, & \tau\leqslant t<2\tau\\ 0, & 2\tau\leqslant t\end{cases} \tag{3.33}$$

式(3.33)可分解为如下形式:

$$\begin{aligned}h_1(t) &= 1(t)\frac{\tau+t}{\tau} - 1(t-\tau)\left(2+2\frac{t-\tau}{\tau}\right) + 1(t-2\tau)\left(1+\frac{t-2\tau}{\tau}\right) \\ &= 1(t) + \frac{t}{\tau}1(t) - 2\left[1(t-\tau)\right] - 2\frac{t-\tau}{\tau}\left[1(t-\tau)\right] + 1(t-2\tau) \\ &\quad + \frac{t-2\tau}{\tau}\left[1(t-2\tau)\right]\end{aligned} \tag{3.34}$$

对式(3.34)进行拉普拉斯变换，可以得到一阶保持器的传递函数为

$$\begin{aligned}G_{h1}(s) &= \frac{1}{s} + \frac{1}{\tau s^2} - \frac{2\mathrm{e}^{-\tau s}}{s} - \frac{2\mathrm{e}^{-\tau s}}{\tau s^2} + \frac{\mathrm{e}^{-2\tau s}}{s} + \frac{\mathrm{e}^{-2\tau s}}{\tau s^2} \\ &= \tau(1+s\tau)\left(\frac{1-\mathrm{e}^{-\tau s}}{s\tau}\right)^2\end{aligned} \tag{3.35}$$

同样将 $s = \mathrm{j}\omega$ 代入式(3.35)中，可以求得其频率特性，如图 3.9 中实线所示。对比图 3.9 的曲线可知，一阶保持器的幅频特性较高，高频分量滤波效果较差，且产生的相位滞后也比零阶保持器的大，对系统的稳定性不利。

3.3　z 变换与 z 逆变换

3.3.1　脉冲响应和卷积和

脉冲响应(impulse response)是线性离散系统时域描述的又一种形式。设系统输入为单位脉冲序列 $\delta^*(t)$：

$$\delta^*(t) = \begin{cases}1, & k=0 \\ 0, & k\neq 0\end{cases}$$

其输出脉冲序列 $h^*(t)$ 称为系统的脉冲响应，也称为权序列(weighting sequence)。

若已知系统的脉冲响应 $h^*(t)$，就可求出对应于任一输入脉冲序列 $u^*(t)$ 下系统的输出。

我们把输入序列 $u^*(t)$ 分解为各分序列，由于是线性系统，可应用叠加原理，则输出响应等于系统对各分序列响应之和：

$$y(k) = \sum_{j=0}^{k} u(j)h(k-j) \tag{3.36}$$

作变量代换 $k-j=m$，则式(3.36)又可写作：

$$y(k) = \sum_{m=0}^{k} h(m)u(k-m) \tag{3.37}$$

式(3.36)和式(3.37)可用如下表达式描述：

$$y(k) = u(k) * h(k) \tag{3.38}$$

则称 $y(k)$ 为 $u(k)$ 与 $h(k)$ 的卷积和(convolution summation)。

上面各式中 $y(k)$、$u(k)$、$h(k)$ 中的 k 是采样时刻 $k\tau$ 的简写，分别为对应的脉冲序列 $y^*(t)$、$u^*(t)$、$h^*(t)$ 采样点上的值。

3.3.2 z 变换

z 变换与连续系统中拉普拉斯变换(简称拉氏变换)的作用相似，它是分析离散系统的重要工具，也是数字控制系统分析和综合的重要工具。

1. z 变换定义

设连续信号 $f(t)$ 的拉氏变换为 $F(s)$，$f(t)$ 经采样开关之后信号为 $f^*(t)$，采样周期为 τ，设 $t<0$ 时，$f(t)=0$，则由式(3.5)可知：

$$f^*(t)=\sum_{k=0}^{\infty} f(k\tau)\delta(t-k\tau) \tag{3.39}$$

对式(3.39)进行拉氏变换得

$$F^*(s)=\sum_{k=0}^{\infty} f(k\tau)\mathrm{e}^{-k\tau s} \tag{3.40}$$

引入一个新的变量 z：

$$z=\mathrm{e}^{s\tau} \tag{3.41}$$

并将 $F^*(s)$ 记为 $F(z)$，则

$$F(z)=F^*(s)=\sum_{k=0}^{\infty} f(k\tau)z^{-k} \tag{3.42}$$

在 z 变换中，我们只考虑 $f(t)$ 在采样点的信号，因此 $f(t)$ 的 z 变换与 $f^*(t)$ 的 z 变换是相同的，记为

$$Z[f(t)]=Z[f^*(t)]=F(z)=\sum_{k=0}^{\infty} f(k\tau)z^{-k} \tag{3.43}$$

因为 z 变换只给出信号在采样点上的信息，因此如果两个信号 $f_1(t)$ 与 $f_2(t)$ 在采样点上具有相同的值，则其 z 变换相同。

z 变换必须满足收敛性：只有表示函数 z 变换的无穷级数 $F(z)$ 在 z 平面的某个区域内是收敛的，即

$$\lim_{k\to\infty}\sum_{i=0}^{k} f(i\tau)z^{-i}$$

存在，则这个函数的 z 变换才存在。

2. 求 z 变换

求一个函数的 z 变换，有如下三种方法：级数求和法、部分分式法和留数计算法，下面分别予以阐述。

1)级数求和法

这种方法是从 z 变换的定义，也就是由式(3.43)来求函数的 z 变换的。

【例 3.1】　求单位阶跃函数 $f(t)=1(t)$ 的 z 变换。

解
$$z[1(t)]=\sum_{k=0}^{\infty}1(k\tau)z^{-k}=1+z^{-1}+z^{-2}+\cdots=\frac{z}{z-1},\quad |z|>1$$

【例 3.2】　求 $f(t)=\mathrm{e}^{-at}(t\geqslant 0)$ 的 z 变换。

解
$$Z[f(t)]=\sum_{k=0}^{\infty}\mathrm{e}^{-ak\tau}z^{-k}=1+\mathrm{e}^{-a\tau}z^{-1}+\mathrm{e}^{-2a\tau}z^{-2}+\cdots=\frac{z}{z-\mathrm{e}^{-a\tau}},\quad |z|>\mathrm{e}^{-a\tau}$$

2）部分分式法

已知连续函数 $f(t)$ 的拉氏变换 $F(s)$，若可分解为部分分式，则由 z 变换表，可求得 $f(t)$ 的 z 变换。

【例 3.3】　求 $F(s)=1/[s(s+1)]$ 的 z 变换。

解
$$F(z)=Z[F(s)]=Z\left[\frac{1}{s}-\frac{1}{s+1}\right]$$

查表得
$$F(z)=\frac{z}{z-1}-\frac{z}{z-\mathrm{e}^{-\tau}}=\frac{z(1-\mathrm{e}^{-\tau})}{z^2-(1+\mathrm{e}^{-\tau})z+\mathrm{e}^{-\tau}}$$

3）留数计算法

若已知连续函数 $f(t)$ 的拉氏变换及全部极点 $s_i(i=1,2,3,\cdots,n)$，则可用如下的留数计算式求得 $f(t)$ 的 z 变换：
$$F(z)=\sum_{i=1}^{n}\mathrm{res}\left[F(s_i)\frac{z}{z-\mathrm{e}^{s_i\tau}}\right]=\sum_{i=1}^{n}\left\{\frac{1}{(m-1)!}\frac{\mathrm{d}^{m-1}}{\mathrm{d}s^{m-1}}\left[(s-s_i)^m F(s)\frac{z}{z-\mathrm{e}^{s\tau}}\right]\right\}_{s=s_i}\tag{3.44}$$

其中，m 为 s_i 的个数；n 为彼此不等的极点个数。

【例 3.4】　求 $F(s)=a/[s(s+a)]$ 的 z 变换。

解
$$\begin{aligned}F(z)&=\left[s\frac{a}{s(s+a)}\frac{z}{z-\mathrm{e}^{\tau s}}\right]_{s=0}+\left[(s+a)\frac{a}{s(s+a)}\frac{z}{z-\mathrm{e}^{\tau s}}\right]_{s=-a}\\&=\frac{z}{z-1}-\frac{z}{z-\mathrm{e}^{-a\tau}}\end{aligned}$$

3. z 变换的性质

z 变换的基本性质如下。

1）叠加原理

设连续函数 $f_1(t)$、$f_2(t)$ 的 z 变换为 $F_1(z)$、$F_2(z)$，则
$$Z[f_1(t)+f_2(t)]=F_1(z)+F_2(z)\tag{3.45}$$

2）初值定理

设 $f(t)$ 的 z 变换为 $F(z)$，且 $\lim\limits_{z\to\infty}F(z)$ 存在，则
$$f(0)=\lim_{z\to\infty}F(z)\tag{3.46}$$

证明 因为

$$F(z)=f(0)+f(1)z^{-1}+\cdots$$

当$z\to\infty$时，上式右端第二项之后都为 0，从而得证。

3) 移位定理

设函数$f(t)$的z变换为$F(z)$，且$t<0$时，$f(t)=0$，则z变换具有如下的移位定理：

(1) 超前一步移位定理。

$$Z[f(k+1)]=zF(z)-zf(0) \tag{3.47}$$

证明 由z变换定义，有

$$Z[f(k+1)]=\sum_{k=0}^{\infty}f(k+1)z^{-k}=\sum_{k=1}^{\infty}f(k)z^{-k+1}$$

$$=z\left[\sum_{k=0}^{\infty}f(k)z^{-k}-f(0)\right]=zF(z)-zf(0)$$

(2) 超前m步的移位定理。

$$Z[f(k+m)]=z^{m}F(z)-z^{m}f(0)-z^{m-1}f(1)-z^{m-2}f(2)-\cdots-zf(m-1) \tag{3.48}$$

(3) 滞后一步移位定理。

$$Z[f(k-1)]=z^{-1}F(z) \tag{3.49}$$

证明 由z变换定义，有

$$Z[f(k-1)]=\sum_{k=0}^{\infty}f(k-1)z^{-k}=\sum_{k=0}^{\infty}f(k)z^{-k-1}+f(-1)=z^{-1}F(z)$$

(4) 滞后m步移位定理。

$$Z[f(k-m)]=z^{-m}F(z) \tag{3.50}$$

4) 终值定理

设函数$f(t)$的z变换为$F(z)$，且$f(k)$为有限值，则其终值为

$$\lim_{k\to\infty}f(k)=\lim_{t\to\infty}f(t)=\lim_{z\to1}[(z-1)F(z)] \tag{3.51}$$

证明 由z变换定义及超前一步移位定理，有

$$Z[f(k+1)]-Z[f(k)]=\sum_{k=0}^{\infty}f(k+1)z^{-k}-\sum_{k=0}^{\infty}f(k)z^{-k}$$

$$=zF(z)-zf(0)-F(z)=(z-1)F(z)-zf(0)$$

整理可得

$$(z-1)F(z)=zf(0)+\sum_{k=0}^{\infty}[f(k+1)-f(k)]z^{-k}$$

$$\lim_{z\to1}[(z-1)F(z)]=f(0)+[f(\infty)-f(0)]=f(\infty)$$

从而定理得证。

3.3.3 z 逆变换

与 z 变换相反，z 逆变换是将 z 域函数 $F(z)$ 变换为时间序列 $f(k)$ 或采样信号 $f^*(t)$。求 z 逆变换的方法有三种：长除法、部分分式法和留数计算法。

1. 长除法

对于

$$F(z)=\frac{a_0+a_1z^{-1}+\cdots+a_mz^{-m}}{b_0+b_1z^{-1}+b_2z^{-2}+\cdots+b_nz^{-n}},\quad m\leqslant n$$

通过长除法得到如下的幂级数展开式：

$$F(z)=f(0)z^0+f(\tau)z^{-1}+f(2\tau)z^{-2}+\cdots+f(k\tau)z^{-k}+\cdots$$

其中，z^{-k} 的系数就是时间序列中 $f(k)$ 的值。

【例 3.5】 求 $F(z)=\dfrac{10z}{(z-1)(z-2)}$ 的 z 逆变换。

解

$$F(z)=\frac{10z^{-1}}{1-3z^{-1}+2z^{-2}}=10z^{-1}+30z^{-2}+70z^{-3}+\cdots$$

所以可以得到各采样时刻的值 $f(0)=0$，$f(1)=10$，$f(2)=30\cdots$

2. 部分分式法

具体做法是首先将 $F(z)/z$ 展开成部分分式，然后用 z 乘以各部分分式，最后查表求各部分的 z 逆变换。

【例 3.6】 求 $F(z)=\dfrac{5z}{(z-10)(z-5)}$ 的 z 逆变换。

解

$$\frac{F(z)}{z}=\frac{1}{z-10}-\frac{1}{z-5}$$

$$F(z)=\frac{z}{z-10}-\frac{z}{z-5}$$

查表可得

$$f(k)=10^k-5^k$$

3. 留数计算法

$$f(k)=\sum_{i=1}^{l}\frac{1}{(m-1)!}\frac{\mathrm{d}^{m-1}}{\mathrm{d}z^{m-1}}\left[(z-p_i)^mF(z)z^{k-1}\right]_{z=p_i}\tag{3.52}$$

其中，l 为彼此不相等的极点的个数；p_i 为不相等的极点；m 为重极点 p_i 的个数。

【例 3.7】 求 $F(z)=\dfrac{2z}{(z-6)(z-4)}$ 的 z 逆变换。

解 系统没有重极点，只有两个彼此不相等的极点 $p_1=6$，$p_2=4$，于是有

$$f(k)=\left[(z-6)\frac{2z}{(z-6)(z-4)}z^{k-1}\right]_{z=6}+\left[(z-4)\frac{2z}{(z-6)(z-4)}z^{k-1}\right]_{z=4}$$

$$=\left.\frac{2z^k}{z-4}\right|_{z=6}+\left.\frac{2z^k}{z-6}\right|_{z=4}=6^k-4^k$$

3.4 z 差分方程与离散传递函数

3.4.1 线性差分方程

线性常系数差分方程是描述线性时不变离散系统的时域表达式。

1. 表达式

设 $u(k\tau)$ 、 $y(k\tau)$ 分别为离散系统输入/输出脉冲序列 $u^*(t)$ 、 $y^*(t)$ 采样点的值，简记为 $u(k)$ 、 $y(k)$ ，则输入与输出之间的关系可用如下两种形式表示。

第一种形式为

$$\begin{aligned}&y(k)+a_1y(k-1)+a_2y(k-2)+\cdots+a_ny(k-n)\\&=b_0u(k)+b_1u(k-1)+b_2u(k-2)+\cdots+b_mu(k-m)\end{aligned}\tag{3.53}$$

式(3.53)为 n 阶常系数差分方程，是在输入/输出的最高阶上统一的。式中， a_i 、 b_i 为常系数； $k-i$ 是采样时刻 $(k-i)\tau$ 的简写。第二种形式为

$$\begin{aligned}&y(k+n)+a_1y(k+n-1)+a_2y(k+n-2)+\cdots+a_ny(k)\\&=b_0u(k+m)+b_1u(k+m-1)+b_2u(k+m-2)+\cdots+b_mu(k)\end{aligned}\tag{3.54}$$

式(3.54)称为 $(n,\ m)$ 阶的差分方程，其中 $m\leqslant n$ ，是在输入/输出的最低阶上统一的。

2. 差分方程求解

差分方程的解由两部分组成：通解和特解。

通解：对应于齐次方程，其物理意义是系统在无外力作用情况下的自由运动，反映了离散系统自身的特性。

特解：对应于非齐次方程，反映了系统在外力作用下的强迫运动。求解差分方程特解的方法是试探法，在此从略。求解差分方程可以采用解析法，也可以采用递推法，还可以采用 z 变换法。下面分别介绍这几种方法的具体思路。

1)解析法

首先给出用解析法求解差分方程通解的具体思路。

与式(3.54)对应的齐次方程为

$$y(k+n)+a_1y(k+n-1)+\cdots+a_{n-1}y(k+1)+a_ny(k)=0\tag{3.55}$$

与微分方程求解法类似，我们可用 n 阶代数方程表示其特征方程：

$$r^n+a_1r^{n-1}+a_2r^{n-2}+\cdots+a_n=0\tag{3.56}$$

(1)若特征方程的解为 n 个单根 $r_1,r_2,\cdots,r_n$ ，则式(3.37)的解为

$$y(k)=c_1r_1^k+c_2r_2^k+\cdots+c_nr_n^k\tag{3.57}$$

(2)若特征方程的解有重根，则解的形式为 r^k,kr^k,k^2r^k 的线性组合。

设有一个三重根 r_1，则解可写成

$$y(k)=c_1r_1^k+c_2kr_1^k+c_3k^2r_1^k+c_4r_2^k+\cdots+c_nr_{n-2}^k \tag{3.58}$$

式(3.57)和式(3.58)中的系数 c_l 由系统的初始条件确定。

【例 3.8】 已知 $y(k+2)+5y(k+1)+6y(k)=0$，初始条件：$y(0)=0$，$y(1)=1$，求通解。

解 特征方程为

$$r^2+5r+6=0$$

有两个单根 $r_1=-2$，$r_2=-3$，所以该差分方程的通解为

$$y(k)=c_1(-2)^k+c_2(-3)^k$$

将初始条件 $y(0)=0$，$y(1)=1$ 代入上式，得到如下的方程组：

$$\begin{cases}c_1+c_2=0\\-2c_1-3c_2=1\end{cases}$$

求解可以得到，$c_1=1$，$c_2=-1$。

所以通解为

$$y(k)=(-2)^k-(-3)^k$$

【例 3.9】 已知 $y(k+2)+6y(k+1)+9y(k)=0$，求通解。

解 特征方程为

$$r^2+6r+9=0$$

有一个二重根 $r_1=r_2=-3$，所以该差分方程的通解为

$$y(k)=c_1(-3)^k+c_2k(-3)^k$$

2)递推法

接下来给出用递推法求解差分方程通解的具体思路。对于式(3.53)的差分方程，又可以写为

$$\begin{aligned}y(k)&=b_0u(k)+b_1u(k-1)+b_2u(k-2)+\cdots+b_mu(k-m)\\&\quad-a_1y(k-1)-a_2y(k-2)-\cdots-a_ny(k-n)\\&=\sum_{i=0}^{m}b_iu(k-i)-\sum_{i=1}^{n}a_iy(k-i)\end{aligned} \tag{3.59}$$

式(3.59)就是求解 $y(k)$ 的递推公式，可以通过计算机程序来实现这个递推算法，具体算法的求解步骤如下：

(1)存储 $m+1$ 个输入量 $u(k-i)$ $(i=0,1,\cdots,m)$，存储 n 个输出量 $y(k-i)$ $(i=1,2,\cdots,n)$。

(2)进行 $m+n+1$ 次乘法操作。

(3)做 $m+n$ 次加减法运算，求解出 $y(k)$。

(4)移位操作

$$\begin{gathered}u(k-m)\leftarrow u(k-m+1)\\u(k-m+1)\leftarrow u(k-m+2)\\\vdots\end{gathered}$$

$$
\begin{aligned}
&u(k-1) \leftarrow u(k) \\
&y(k-n) \leftarrow y(k-n+1) \\
&y(k-n+1) \leftarrow y(k-n+2) \\
&\quad\vdots \\
&y(k-1) \leftarrow y(k)
\end{aligned}
$$

(5)采集新的采样值 $u(k)$，然后返回第二步，继续求下一采样时刻输出。

3) z 变换法

用 z 变换法来求解差分方程，是直接对差分方程两边进行 z 变换，需要已知系统的初始条件，下面通过一个简单的例子来看一下如何进行求解。

【例 3.10】 已知 $y(k+2)+3y(k+1)+2y(k)=0$，初始条件：$y(0)=0$，$y(1)=1$，用 z 变换法求解。

解 对差分方程两端进行 z 变换，由超前移位定理，可以得到

$$z^2Y(z)-z^2y(0)-zy(1)+3zY(z)-3zy(0)+2Y(z)=0$$

代入初始条件后可得

$$Y(z)=\frac{z}{z^2+3z+2}=\frac{z}{z+1}-\frac{z}{z+2}$$

经过查表，可以得到

$$y(k)=(-1)^k-(-2)^k$$

3.4.2 脉冲传递函数(z 传递函数)

1. 脉冲传递函数的定义

脉冲传递函数(pulse transfer function)也称为 z 传递函数。线性离散系统的 z 传递函数定义为：零初始条件下，输出信号的 z 变换与输入信号的 z 变换之比，即

$$G(z)=\frac{Y(z)}{U(z)}=\frac{\text{输出脉冲序列}y(k)\text{的}z\text{变换}}{\text{输入脉冲序列}u(k)\text{的}z\text{变换}}\ (\text{零初始条件下}) \tag{3.60}$$

z 传递函数仅取决于系统本身的特性，与输入无关。

2. 求 z 传递函数

(1)已知线性离散系统的差分方程，求 z 传递函数：

$$y(k)+a_1y(k-1)+a_2y(k-2)+\cdots+a_ny(k-n)=b_0u(k)+b_1u(k-1)+b_2u(k-2)+\cdots+b_mu(k-m)$$

利用滞后移位定理，在零初始条件下，上式两端求 z 变换：

$$Y(z)+a_1z^{-1}Y(z)+a_2z^{-2}Y(z)+\cdots+a_nz^{-n}Y(z)=b_0U(z)+b_1z^{-1}U(z)+b_2z^{-2}U(z)+\cdots+b_mz^{-m}U(z)$$

上式整理可得

$$(1+a_1z^{-1}+a_2z^{-2}+\cdots+a_nz^{-n})Y(z)=(b_0+b_1z^{-1}+b_2z^{-2}+\cdots+b_mz^{-m})U(z)$$

z 传递函数为

$$G(z)=\frac{Y(z)}{U(z)}=\frac{(b_0+b_1z^{-1}+b_2z^{-2}+\cdots+b_mz^{-m})}{(1+a_1z^{-1}+a_2z^{-2}+\cdots+a_nz^{-n})}=\frac{\sum_{i=0}^{m}b_iz^{-i}}{1+\sum_{i=1}^{n}a_iz^{-i}} \tag{3.61}$$

系统特征方程为

$$1+a_1z^{-1}+a_2z^{-2}+\cdots+a_nz^{-n}=0$$

(2)已知离散系统的脉冲响应，求 z 传递函数。

在离散单位脉冲 $\delta^*(t)$ 序列输入下的输出序列 $h^*(t)$ 称为系统的脉冲响应。而根据 z 传递函数的定义：

$$G(z)=\frac{Z[h^*(t)]}{Z[\delta^*(t)]}=\frac{Z[h(t)]}{Z[\delta(t)]} \tag{3.62}$$

因为

$$Z[\delta(k)]=1$$

所以有

$$G(z)=Z[h(k)] \tag{3.63}$$

式(3.63)表明离散系统的 z 传递函数等于脉冲响应 $h(k)$ 的 z 变换。

若 $h^*(t)$ 在采样点的值为 $h(0),h(1),h(2),\cdots$，则 z 传递函数为

$$G(z)=h(0)+h(1)z^{-1}+h(2)z^{-2}+\cdots \tag{3.64}$$

这样，可以根据系统的脉冲响应得到 z 传递函数。

(3)已知系统的连续传递函数 $G(s)$，求 z 传递函数，步骤如下：

① 用拉氏逆变换求系统的脉冲响应：

$$h(t)=L^{-1}[G(s)]$$

② 对 $h(t)$ 进行采样，给出以 τ 为采样周期的各采样点的值 $h(0),h(1),h(2),\cdots$

③ 由 z 变换定义求系统的 z 传递函数，即

$$G(z)=\sum_{k=0}^{\infty}h(k)z^{-k}$$

3.5　计算机控制系统的离散化模型

3.5.1　连续对象的 ZOH 离散化

对于采样控制系统，离散控制器输出的信号 $u(k)$ 要经过保持器转换成连续信号 $u(t)$ 才能送给连续被控对象，而对象输出的连续信号 $y(t)$ 又要经过采样开关采样后才能转换成离散信号 $y(k)$ 再反馈到控制器上。由于工程上广泛使用的保持器为零阶保持器(ZOH)，下面将给出这个带保持器的对象的离散化传递函数，即 z 传递函数。

设连续对象的传递函数为$G(s)$，由式(3.24)，零阶保持器的传递函数为

$$G_{h0}(s)=\frac{1-\mathrm{e}^{-\tau s}}{s}$$

用$G_{\mathrm{d}}(z)$表示带零阶保持器的连续对象的z传递函数，则有

$$\begin{aligned}G_{\mathrm{d}}(z)&=Z\left[\frac{1-\mathrm{e}^{-\tau s}}{s}G(s)\right]=Z\left[\frac{1}{s}G(s)-\frac{\mathrm{e}^{-\tau s}}{s}G(s)\right]\\&=(1-z^{-1})Z\left[\frac{G(s)}{s}\right]\end{aligned}\tag{3.65}$$

下面来看一个简单的算例。

【例 3.11】 已知连续对象$G(s)=\dfrac{a}{s+a}$，求$G_{\mathrm{d}}(z)$。

解 由式(3.65)，有

$$G_{\mathrm{d}}(z)=(1-z^{-1})Z\left[\frac{G(s)}{s}\right]$$

将上式中的连续部分用部分分式法进行分解，有

$$\frac{G(s)}{s}=\frac{a}{s(s+a)}=\frac{1}{s}-\frac{1}{s+a}$$

对上式进行拉氏逆变换，有

$$L^{-1}\left\{\frac{G(s)}{s}\right\}=1(t)-\mathrm{e}^{-at}1(t)$$

相应的采样信号为$1(k\tau)-\mathrm{e}^{-ak\tau}1(k\tau)$，这一采样信号的$z$传递函数为

$$Z\left[\frac{1}{s}-\frac{1}{s+a}\right]=\frac{z}{z-1}-\frac{z}{z-\mathrm{e}^{-a\tau}}=\frac{z(1-\mathrm{e}^{-a\tau})}{(z-1)(z-\mathrm{e}^{-a\tau})}$$

这样，最终的$G_{\mathrm{d}}(z)$为

$$G_{\mathrm{d}}(z)=(1-z^{-1})\frac{z(1-\mathrm{e}^{-a\tau})}{(z-1)(z-\mathrm{e}^{-a\tau})}=\frac{1-\mathrm{e}^{-a\tau}}{z-\mathrm{e}^{-a\tau}}$$

对于一些实际的控制系统，在设计时也常常将带有 ZOH 的对象部分的频率特性近似为一个简单的连续特性，下面将从采样和离散化的基本定义出发，给出这个近似过程。

若用 SGH 表示对连续对象G的 ZOH 离散化，则有

$$\mathrm{S}G\mathrm{H}(s)\Big|_{s=\mathrm{j}\omega}=\frac{1}{\tau}\sum_{k=-\infty}^{\infty}\frac{1-\mathrm{e}^{-\mathrm{j}(\omega+k\omega_{\mathrm{s}})\tau}}{\mathrm{j}\omega+\mathrm{j}k\omega_{\mathrm{s}}}G(\mathrm{j}\omega+\mathrm{j}k\omega_{\mathrm{s}})\tag{3.66}$$

因为$\omega_{\mathrm{s}}=2\pi/\tau$，有

$$\mathrm{e}^{-\mathrm{j}(\omega+k\omega_{\mathrm{s}})\tau}=\mathrm{e}^{-\mathrm{j}\omega\tau}\cdot\mathrm{e}^{-\mathrm{j}(\frac{2k\pi}{\tau})\tau}=\mathrm{e}^{-\mathrm{j}\omega\tau}\cdot\mathrm{e}^{-\mathrm{j}2k\pi}=\mathrm{e}^{-\mathrm{j}\omega\tau}\tag{3.67}$$

将式(3.67)代入式(3.66)，有

$$SGH(s)\big|_{s=\mathrm{j}\omega}=\frac{1-\mathrm{e}^{-\mathrm{j}\omega\tau}}{\tau}\sum_{k=-\infty}^{\infty}\frac{G(\mathrm{j}\omega+\mathrm{j}k\omega_{\mathrm{s}})}{\mathrm{j}\omega+\mathrm{j}k\omega_{\mathrm{s}}} \tag{3.68}$$

式(3.68)的求和项中包含了沿频率轴的所有项，但由于一般系统中都有抗混叠滤波器 F，可以滤掉高频分量，所以在设计中一般只考虑主频段，即求和项中只取 k=0 的项，即

$$\sum_{k=-\infty}^{\infty}\frac{G(\mathrm{j}\omega+\mathrm{j}k\omega_{\mathrm{s}})}{\mathrm{j}\omega+\mathrm{j}k\omega_{\mathrm{s}}}=\frac{G(\mathrm{j}\omega)}{\mathrm{j}\omega} \tag{3.69}$$

这样，式(3.68)可写为

$$SGH(s)\big|_{s=\mathrm{j}\omega}=\frac{1}{\tau}\cdot\frac{1-\mathrm{e}^{-\mathrm{j}\omega\tau}}{\mathrm{j}\omega}\cdot G(\mathrm{j}\omega) \tag{3.70}$$

式(3.70)中第一项 $1/\tau$ 可以视为采样开关的作用，第二项是 ZOH 的频率特性 $G_{h0}(\mathrm{j}\omega)$，还可以描述为

$$G_{h0}(\mathrm{j}\omega)=\frac{1-\mathrm{e}^{-\mathrm{j}\omega\tau}}{\mathrm{j}\omega}=\tau\frac{\sin(\omega\tau/2)}{\omega\tau/2}\mathrm{e}^{-\mathrm{j}\omega\tau/2} \tag{3.71}$$

考虑到一般系统工作频带都在 $0.1\omega_{\mathrm{N}}$ 即 $0.1\pi/\tau$ 以内，将 $\omega\tau=0.1\omega_{\mathrm{N}}\tau$ 代入式(3.71)可得 $\left|G_{h0}(\mathrm{j}\omega)\right|=0.9958\tau$，即 ZOH 的增益在工作频带内衰减得很小，可视为不变，即视为常数 τ，这样 $G_{h0}(\mathrm{j}\omega)$ 可近似为

$$G_{h0}(\mathrm{j}\omega)\approx\tau\mathrm{e}^{-\mathrm{j}\omega\tau/2}$$

当采样周期 τ 很小时，上式还可以进一步近似为

$$G_{h0}(\mathrm{j}\omega)\approx\frac{\tau}{1+\mathrm{j}\omega\tau/2}=\tau\cdot\frac{2/\tau}{\mathrm{j}\omega+2/\tau} \tag{3.72}$$

将上式代入式(3.70)，有

$$SGH(s)\big|_{s=\mathrm{j}\omega}\approx\frac{2/\tau}{\mathrm{j}\omega+2/\tau}\cdot G(\mathrm{j}\omega) \tag{3.73}$$

上式就是对象 ZOH 离散化后的近似频率特性，在实际系统的设计中常常会用到。

3.5.2 具有连续时滞对象的改进 z 变换

改进的 z 变换(modified z-transform method)也称为广义 z 变换或扩展 z 变换。由式(3.42)和式(3.43)可知，连续信号 $f(t)$ 和采样信号 $f^*(t)$ 的 z 变换为

$$\begin{aligned}F(z)&=z[f(t)]=z[f^*(t)]=z[f(k\tau)]=F^*(s)=z[F(s)]\\&=\sum_{k=0}^{\infty}f(k\tau)z^{-k}\end{aligned}$$

上式表明 z 变换中只考虑信号在采样点的值。

下面讨论 $f(t)$ 的超前信号 $f_1(t)$ 与滞后信号 $f_2(t)$ 的 z 变换。对于超前与滞后时间为采样周期整数倍的情形，其 z 变换可以利用移位定理得到，所以下面讨论的是非整数倍的情况。设 $f_1(t)$、$f_2(t)$ 分别为

$$f_1(t)=f(t+\tau_1), \qquad 0 \leqslant \tau_1 < \tau \tag{3.74}$$

$$f_2(t)=f(t-\tau_2), \qquad 0 \leqslant \tau_2 < \tau \tag{3.75}$$

$f_1(t)$ 相当于是在 $f(t)$ 之后加一个超前环节 $\mathrm{e}^{\tau_1 t}$ 得到的，$f_2(t)$ 相当于是在 $f(t)$ 之后加一个滞后环节 $\mathrm{e}^{-\tau_2 t}$ 得到的。设

$$\tau_1=\Delta\tau, \qquad \tau_2=l\tau, \qquad m=1-l$$

则

$$0 \leqslant \Delta < 1, \qquad 0 \leqslant l < 1, \qquad 0 < m \leqslant 1$$

对于超前改进 z 变换，做如下定义：

$$F(Z,\Delta)=Z[F(s)\mathrm{e}^{\Delta\tau s}], \qquad 0 \leqslant \Delta < 1 \tag{3.76}$$

对于式(3.74)的 $f_1(t)$，其拉氏变换 $F_1(s)=F(s)\mathrm{e}^{\Delta\tau s}$，所以式(3.76)的 z 变换就是 $f_1(t)$ 在采样点上的 z 变换，因此式(3.76)也可以写成

$$F(z,\Delta)=\sum_{k=0}^{\infty} f(k\tau+\Delta\tau)z^{-k} \tag{3.77}$$

上式可以用来计算超前改进 z 变换。超前改进 z 变换可用来求连续信号在两个采样时刻之间任一点的值。

对于滞后改进 z 变换，式(3.75)所给 $f_2(t)$ 的拉氏变换为

$$F_2(s)=F(s)\mathrm{e}^{-l\tau s}=F(s)\mathrm{e}^{-(1-m)\tau s}=F(s)\mathrm{e}^{-\tau s}\mathrm{e}^{m\tau s}, \quad 0 < m \leqslant 1$$

对上式进行 z 变换，有

$$F(z,m)=z^{-1}Z[F(s)\mathrm{e}^{m\tau s}], \quad 0 < m \leqslant 1$$

$$F(z,m)=\sum_{k=0}^{\infty} f(k\tau-l\tau)z^{-k} \tag{3.78}$$

上式就是滞后改进 z 变换的定义及计算公式。上式也说明 $f_2(t)$ 可看作在 $f(t)$ 之后串上一个滞后一步的环节 $\mathrm{e}^{-\tau s}$ 和一个超前不到一步的环节 $\mathrm{e}^{m\tau s}$ 得到的。滞后改进 z 变换可用于具有纯滞后特性的连续对象的 z 传递函数求解。

习　题

3-1 计算机控制系统中有哪几种基本的信号类型？

3-2 计算机控制系统中连续信号的采样形式有哪些？什么是周期采样？

3-3 试给出零阶保持器和一阶保持器的传递函数，并绘制它们的幅频和相频特性。

3-4 求一个连续信号的 z 变换有哪三种方法？试用其中的一种方法求 $f(t)=\sin(\omega t)$ 的 z 变换。

3-5 求 z 域传递函数 $F(z)$ 的 z 逆变换有哪几种方法？试求 $F(z)=\dfrac{z}{(z-2)(z-3)}$ 的 z 逆变换。

3-6 设系统的初始条件为 $y(0)=0$，$y(1)=1$，试用解析法求如下差分方程的通解：

$$y(k+2)+2y(k+1)+5y(k)=0$$

3-7 已知离散系统的脉冲响应 $h(k)$，求 $u^*(t)=1^*(t)$ 输入作用下的输出 $y^*(t)$。

$$y(k+2)+2y(k+1)+5y(k)=0$$

第 4 章　计算机控制系统的特性分析

对控制系统来说，稳定性是其设计的基础和前提，而稳态性能和动态特性则是评价一个系统是否满足要求的设计准则和评价指标。计算机控制系统不同于连续系统，它的控制是按照采样周期离散进行的，所以应该采用离散的控制理论对其进行稳定性等性能的分析。

4.1　计算机控制系统的稳定性

4.1.1　稳定性条件及稳定性判据

连续系统的稳定性分析是在 s 平面进行的，而计算机控制系统的稳定性分析则是在 z 平面进行的。这里稳定的含义都是指系统在有界输入作用下，输出也是有界的。在对连续系统进行稳定性分析时，是根据其闭环极点在 s 平面的左半平面还是右半平面来判定其是否稳定，当其全部的极点都在 s 平面的左半平面上时，该连续系统是稳定的。这个 s 平面的变量 s 和 z 平面的变量 z 之间满足 $z=\mathrm{e}^{\tau s}$（τ 为采样周期），根据这个指数关系，可以建立 s 平面和 z 平面的映射关系，这样可以找出 s 平面的虚轴及稳定域在 z 平面的映射区域，从而得到计算机控制系统的稳定性条件。

1. s 平面到 z 平面的映射

令复变量 $s=\sigma+\mathrm{j}\omega$，则有

$$z=\mathrm{e}^{\tau s}=\mathrm{e}^{\tau(\sigma+\mathrm{j}\omega)}=\mathrm{e}^{\tau\sigma}\mathrm{e}^{\mathrm{j}\omega\tau} \tag{4.1}$$

因此，复变量 z 的模和相角分别为 $R=|z|=\mathrm{e}^{\tau\sigma}$，$\theta=\omega\tau$。

由于 $\mathrm{e}^{\mathrm{j}\omega\tau}=\cos(\omega\tau)+\mathrm{j}\sin(\omega\tau)$ 是 2π 的周期函数，复变量 z 的相角也可以写为 $\theta=\omega\tau+2k\pi$（k 为整数）。这说明 s 平面中频率相差采样频率的 $2k\pi/\tau$ 倍的极点和零点都被映射到 z 平面中的同一个位置，也就是说 z 平面上的一个点可能对应着 s 平面的多个点，这些 s 平面的点具有相同的实部（σ），虚部相差 $2k\pi$。图 4.1 是 s 平面上的一对共轭极点映射到 z 平面后的位置示例。

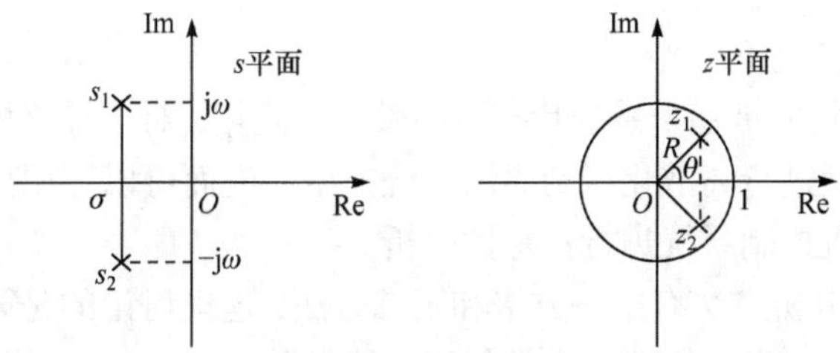

图 4.1　s 平面上的一对共轭极点映射到 z 平面后的位置示例

下面来分析 s 平面到 z 平面的具体映射关系。

(1) s 平面的原点：映射到 z 平面是单位圆与正实轴的交点，其模 R 为 1，相角 θ 为 0，即正实轴上的+1 点。

(2) s 平面的虚轴：即 $s=\pm \mathrm{j}\omega, \omega \in(-\infty, \infty)$，映射到 z 平面后是以原点为圆心的单位圆。s 平面从原点出发至 $\pm \mathrm{j}\infty$，对应的是 z 平面从+1 点沿着单位圆分别逆或顺时针不停地转圈。所以 z 平面单位圆上的一点，对应于 s 平面虚轴上多点。

(3) s 平面左半平面：映射到 z 平面的单位圆内部，是一对多的映射关系。

(4) s 平面右半平面：映射到 z 平面的单位圆外部，也是一对多的映射关系。

(5) s 平面负实轴上无穷远处的点，即 $\sigma \rightarrow-\infty$，映射到 z 平面的原点。

(6) s 平面平行于实轴的直线：ω 是固定值，σ 此时由 $-\infty$ 变到 $+\infty$，映射到 z 平面的轨迹是一条从原点出发，幅角为 $\theta=\omega \tau$ 的射线。因为 $\pm \omega_{\mathrm{s}} \tau / 2=\pm \pi$，所以 s 平面上 $\omega=\pm k \omega_{\mathrm{s}} / 2\ (k=1,3,5, \cdots)$ 的平行线，映射到 z 平面的负实轴。s 平面上 $\omega=\pm k \omega_{\mathrm{s}} / 2\ (k=0,2, 4, \cdots)$ 的平行线，映射到 z 平面的正实轴。

(7) s 平面的主频带：对于实际的计算机控制系统，当采样频率 $\omega_{\mathrm{s}}=2 \pi / \tau$ 远远大于被采样信号的最高频率 $\omega_{\max}$ 时，系统的主要工作频带是 $\omega \in[-\omega_{\mathrm{s}} / 2,+\omega_{\mathrm{s}} / 2]=[-\pi / \tau,+\pi / \tau]$，这个区域称为系统的主频带，在这个 s 平面主频带的点与 z 平面的各点之间是一对一的映射关系。s 平面主频带的左半平面映射到 z 平面是以原点为圆心的单位圆内部，s 平面的虚轴对应的是 z 平面的单位圆周，因为 s 平面左半平面的极点都是稳定的，所以 z 平面的单位圆内部的极点都是稳定的，而这个单位圆内部区域就是 z 平面的稳定区域，z 平面的单位圆周为临界稳定区域，单位圆外是不稳定区域。图 4.2 给出了主频带到 z 平面的映射关系。

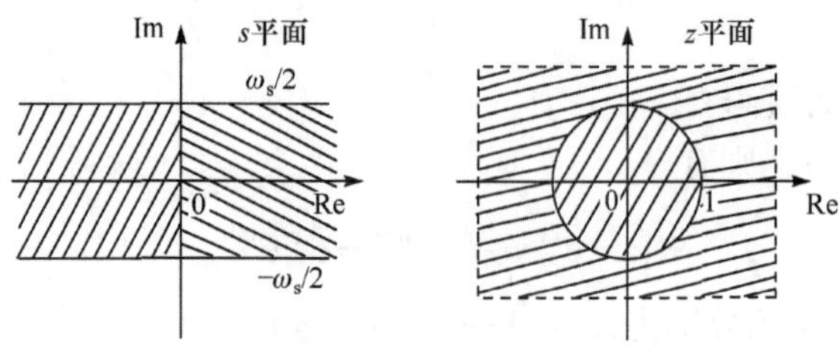

图 4.2　主频带的映射

综合上述分析可知，对于计算机控制系统，可以根据其闭环极点在 z 平面的单位圆内还是单位圆外来判定其是否稳定，当其全部的极点都在 z 平面的单位圆内时，称该计算机控制系统是稳定的。

2. 稳定性判据

1) Lyapunov 稳定性判据

Lyapunov 稳定性判据是基于系统状态空间模型的判据，对于计算机控制系统，可以通过对连续的状态空间模型进行离散化得到离散系统模型，进而可以应用离散的 Lyapunov 稳定性分析方法来对计算机控制系统进行稳定性分析。

Lyapunov 稳定性分析方法有第一方法和第二方法，这里讨论的是第二方法，它的特点是直接由系统的运动方程出发，构造一个类似于“能量”的 Lyapunov 函数 $V(x)>0$，然后根据 $V(x)$ 一阶导数，即 $V(x)$ 的变化率是否小于 0，来判定系统在平衡状态（一般指原点）是否是大范围渐近稳定的。

设离散化的计算机控制系统的状态方程为

$$x(k+1) = Hx(k), \quad x(0) = 0, \quad k = 0,1,2,\cdots \tag{4.2}$$

下面给出的 Lyapunov 稳定性判据是针对式(4.2)的线性定常离散系统的。

定理 4.1　Lyapunov 稳定性判据：对于式(4.2)的系统，在平衡点 x_e=0 处渐近稳定的充分必要条件是，对于任意的正定对称矩阵 Q，如下的离散型 Lyapunov 方程

$$H^{\mathrm{T}}PH - P = -Q \tag{4.3}$$

有唯一正定对称解。

证明　令

$$V[x(k)] = x^{\mathrm{T}}(k)Px(k)$$

则根据式(4.2)，有

$$\begin{aligned}\Delta V[x(k)] &= V[x(k+1)] - V[x(k)] \\ &= x^{\mathrm{T}}(k+1)Px(k+1) - x^{\mathrm{T}}(k)Px(k) \\ &= [Hx(k)]^{\mathrm{T}}P[Hx(k)] - x^{\mathrm{T}}(k)Px(k) \\ &= x^{\mathrm{T}}(k)(H_{\mathrm{T}}PH - P)x(k)\end{aligned}$$

令 $H^{\mathrm{T}}PH - P = -Q$，显然，如果 Q 是正定的，$H^{\mathrm{T}}PH - P$ 就是负定的，从而 $\Delta V[x(k)]$ 也是负定的，根据 Lyapunov 稳定性分析的第二方法的判别条件可知，系统在平衡点 x_e=0 处是渐近稳定的，定理证明完毕。

2) 劳斯稳定性判据

上面的 Lyapunov 稳定性判据是根据状态空间模型得到的，劳斯判据是根据系统的闭环特征方程来判定稳定性，此时，需要将计算机控制系统用闭环 z 传递函数来描述。首先需要离散化对象，将采样开关、保持器和连续对象合并到一起，用一个广义离散化对象来表示，称 $G_{\mathrm{d}}(z)$ 为这个广义对象的 z 传递函数。设控制器的 z 传递函数为 $D(z)$，则计算机控制系统可以用图 4.3 的离散系统结构来描述。对于图 4.3 所示的系统，其闭环 z 传递函数为

$$H(z) = \frac{Y(z)}{R(z)} = \frac{D(z)G_{\mathrm{d}}(z)}{1 + D(z)G_{\mathrm{d}}(z)} \tag{4.4}$$

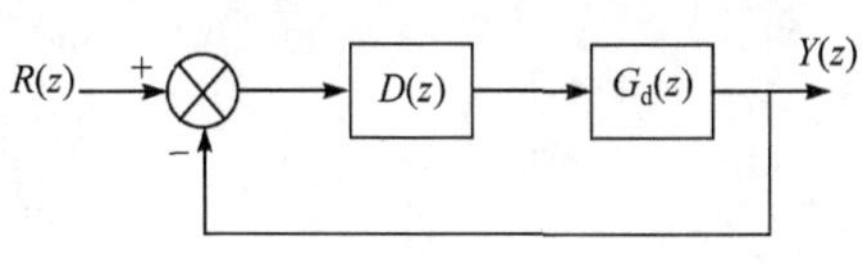

图 4.3 所示系统的特征方程为

$$1 + D(z)G_{\mathrm{d}}(z) = 0 \tag{4.5}$$

图 4.3　离散化的闭环计算机控制系统

特征方程的根即为系统的闭环极点，所以要保证该系统稳定，要求特征方程的根即系统的闭环极点 z_i 都必须在单位圆内，即对于

$$1 + D(z)G_{\mathrm{d}}(z) = (z - z_1)(z - z_2)\cdots(z - z_n) = 0 \tag{4.6}$$

要求 $|z_i| < 1$。

连续系统的劳斯判据是通过判断系统特征方程的根是否都在 s 平面左半平面来确定系统是否稳定。为了将连续系统的劳斯判据应用于计算机控制系统，需要对 z 变量进行一定的变换，通过引入 w 变换，把相应的 z 平面的稳定域(单位圆内)再映射到新的 w 平面的左半平面，z 平面的临界稳定区域(单位圆)映射到 w 平面的虚轴，不稳定区域(单位圆外部)映射到 w 平

面的右半平面。这样，得到以 w 为变量的特征方程后，就可以应用劳斯判据来进行稳定性分析了。w 变换有两种常用的形式，下面分别介绍。

第一种变换形式：

$$z = \frac{1+\frac{\tau}{2}w}{1-\frac{\tau}{2}w} \tag{4.7}$$

其中，τ 为采样周期，上式也可以表示为

$$w = \frac{2}{\tau}\frac{z-1}{z+1} \tag{4.8}$$

第二种变换形式：

$$z = \frac{1+w}{1-w} \tag{4.9}$$

即

$$w = \frac{z-1}{z+1} \tag{4.10}$$

这两种形式的 w 变换具有相同的性质，都是把 z 平面稳定域映射到了 w 平面的左半平面。下面给出计算机控制系统的劳斯判据的应用步骤。

(1) 建立以 w 为变量的系统特征方程：

$$F(w) = b_n w^n + b_{n-1}w^{n-1} + \cdots + b_1 w + b_0 \tag{4.11}$$

(2) 给出如下的劳斯阵列：

$$\begin{array}{lllll}
w^n & b_n & b_{n-2} & b_{n-4} & \cdots \\
w^{n-1} & b_{n-1} & b_{n-3} & b_{n-5} & \cdots \\
w^{n-2} & c_1 & c_2 & c_3 & \cdots \\
w^{n-3} & d_1 & d_2 & d_3 & \cdots \\
w^{n-4} & e_1 & e_2 & e_3 & \cdots \\
\vdots & \vdots & \vdots & \vdots & \\
w^1 & j_1 & & & \\
w^0 & k_1 & & &
\end{array}$$

劳斯阵列的前两行是由特征方程的系数得到的，其余行计算如下：

$$c_1 = \frac{-1}{b_{n-1}}\begin{vmatrix} b_n & b_{n-2} \\ b_{n-1} & b_{n-3} \end{vmatrix}, \quad c_2 = \frac{-1}{b_{n-1}}\begin{vmatrix} b_n & b_{n-4} \\ b_{n-1} & b_{n-5} \end{vmatrix}, \quad c_3 = \frac{-1}{b_{n-1}}\begin{vmatrix} b_n & b_{n-6} \\ b_{n-1} & b_{n-7} \end{vmatrix}, \quad \cdots$$

$$d_1 = \frac{-1}{c_1}\begin{vmatrix} b_{n-1} & b_{n-3} \\ c_1 & c_2 \end{vmatrix}, \quad d_2 = \frac{-1}{c_1}\begin{vmatrix} b_{n-1} & b_{n-5} \\ c_1 & c_3 \end{vmatrix}, \quad d_3 = \frac{-1}{c_1}\begin{vmatrix} b_{n-1} & b_{n-7} \\ c_1 & c_4 \end{vmatrix}, \quad \cdots$$

$$e_1 = \frac{-1}{d_1}\begin{vmatrix} c_1 & c_2 \\ d_1 & d_2 \end{vmatrix}, \quad e_2 = \frac{-1}{d_1}\begin{vmatrix} c_1 & c_3 \\ d_1 & d_3 \end{vmatrix}, \quad e_1 = \frac{-1}{d_1}\begin{vmatrix} c_1 & c_4 \\ d_1 & d_4 \end{vmatrix}, \quad \cdots$$

(3) 若劳斯阵列中第一列各元素均为正，则所有特征根均分布在 w 平面左半平面，系统是稳定的。若劳斯阵列中第一列出现负数，表明系统不稳定。第一列各元素符号变化的次数

就是右半平面特征根，即系统不稳定极点的个数。

【例 4.1】　给定系统的特征方程：

$$z^3+3z^2+2z+1=0$$

试用劳斯判据分析系统的稳定性。

解　令 $z=\dfrac{1+w}{1-w}$，进行 w 变换，可以得到如下的特征方程：

$$\left(\frac{1+w}{1-w}\right)^3+3\left(\frac{1+w}{1-w}\right)^2+2\left(\frac{1+w}{1-w}\right)+1=0$$

整理可得特征方程为

$$F(w)=-w^3+w^2+w+7=0$$

列出如下的劳斯阵列：

$$\begin{array}{lll} w^3 & -1 & 1 \\ w^2 & 1 & 7 \\ w^1 & 8 & \\ w^0 & 7 & \end{array}$$

可以看出，劳斯阵列第一列的元素不全大于 0，有一次符号的变化，所以系统有一个不稳定极点。

【例 4.2】　给定系统的特征方程：

$$z^2+0.7z+0.1=0$$

试用劳斯判据分析系统的稳定性。

解　令 $z=\dfrac{1+w}{1-w}$，进行 w 变换，可以得到如下的特征方程：

$$\left(\frac{1+w}{1-w}\right)^2+0.7\left(\frac{1+w}{1-w}\right)+0.1=0$$

整理可得特征方程为

$$F(w)=0.4w^2+1.8w+1.8=0$$

列出如下的劳斯阵列：

$$\begin{array}{lll} w^2 & 0.4 & 1.8 \\ w^1 & 1.8 & \\ w^0 & 1.8 & \end{array}$$

可以看出，劳斯阵列第一列的元素全大于 0，所以系统是稳定的。

3) 朱利稳定性判据

朱利稳定性判据也是根据特征方程的系数判定系统的稳定性，它和劳斯判据相比的优点就是不用进行 w 变换，直接在 z 域进行，但朱利判据只能判定系统的稳定性，不能判断不稳定极点的个数。

朱利稳定性判据判断稳定性的步骤如下：

(1) 设系统的特征方程为

$$F(z) = a_n z^n + a_{n-1} z^{n-1} + \cdots + a_1 z + a_0 \tag{4.12}$$

根据特征方程得到朱利判据阵列表如表 4.1 所示。

表 4.1　朱利判据阵列表

z^0	z^1	z^2	…	z^{n-2}	z^{n-1}	z^n
a_0	a_1	a_2	…	a_{n-2}	a_{n-1}	a_n
a_n	a_{n-1}	a_{n-2}	…	a_2	a_1	a_0
b_0	b_1	b_2	…	b_{n-2}	b_{n-1}	
b_{n-1}	b_{n-2}	b_{n-3}	…	b_1	b_0	
c_0	c_1	c_2	…	c_{n-2}		
c_{n-2}	c_{n-3}	c_{n-4}	…	c_0		
⋮	⋮	⋮	⋮	⋮		
l_0	l_1	l_2	l_3			
l_3	l_2	l_1	l_0			
m_0	m_1	m_2				

表 4.1 中第一行各元素是特征方程 $F(z)$ 按 z 的升幂排列的各项系数，第二行是 $F(z)$ 按 z 的降幂排列的各项系数，阵列的特点是偶数行的元素是其前一行元素的倒序排列，第三行开始各行元素的计算公式如下：

$$b_k = \begin{vmatrix} a_0 & a_{n-k} \\ a_n & a_k \end{vmatrix}, \quad k = 0,1,2,\cdots,n-1$$

$$c_k = \begin{vmatrix} b_0 & b_{n-1-k} \\ b_{n-1} & b_k \end{vmatrix}, \quad k = 0,1,2,\cdots,n-2$$

$$\vdots$$

$$m_k = \begin{vmatrix} l_0 & l_{3-k} \\ l_3 & l_k \end{vmatrix}, \quad k = 0,1,2$$

(2) 给出稳定性判别条件。特征方程 $F(z)$ 的根都在 z 平面单位圆内，即系统是稳定的充要条件是

$$\begin{aligned} &F(z)\big|_{z=1} > 0 \\ &(-1)^n F(z)\big|_{z=-1} > 0 \\ &|a_0| < |a_n| \\ &|b_0| > |b_{n-1}| \\ &|c_0| > |c_{n-2}| \\ &\qquad\vdots \\ &|m_0| > |m_2| \end{aligned} \tag{4.13}$$

需要强调的是只有当上述条件都满足时，系统才是稳定的，只要有任何一个条件不满足，

系统都是不稳定的。

【例 4.3】　给定系统的特征方程：

$$z^2+1.3z+0.4=0$$

试用朱利判据分析系统的稳定性。

解　因为 n=2，朱利判据阵列表只有两行，即

$$\begin{array}{ccc} z^0 & z^1 & z^2 \\ 0.4 & 1.3 & 1 \\ 1 & 1.3 & 0.4 \end{array}$$

下面来判定各条件是否满足：

$$F(z)\big|_{z=1}=2.7>0$$

$$(-1)^n F(z)\big|_{z=-1}=0.1>0$$

$$|a_0|=0.4,\quad |a_n|=1,\quad |a_0|<|a_n|$$

所以系统是稳定的。

4) 舒尔-科恩稳定性判据

舒尔-科恩判据也是根据 z 域系统特征的系数行列式来判断系统的稳定性的。

假设系统的特征方程为

$$F(z)=a_n z^n+a_{n-1}z^{n-1}+\cdots+a_1 z+a_0$$

将 $F(z)$ 的系数排成如下阵列：

$$\begin{array}{ccccc} a_n & a_{n-1} & \cdots & a_1 & a_0 \\ a_0 & a_1 & \cdots & a_{n-1} & a_n \\ b_{n-1} & b_{n-2} & \cdots & b_0 & \\ b_0 & b_1 & \cdots & b_{n-1} & \\ \vdots & \vdots & \vdots & & \\ l_1 & l_0 & & & \\ l_0 & l_1 & & & \\ m_0 & & & & \end{array}$$

阵列的特点是所有偶数行的系数是其前一行奇数行系数的倒序排列，第 1、2 行中的系数 a_i 就是特征方程中的各系数(i=0,1,2,…,n)。其他行系数的计算公式如下：

$$b_{n-1}=a_n-\frac{a_0}{a_n}a_0,\quad b_{n-2}=a_{n-1}-\frac{a_0}{a_n}a_1\quad ,\cdots,\quad b_0=a_1-\frac{a_0}{a_n}a_{n-1} \tag{4.14}$$

以此类推可以得到上面的阵列表。舒尔-科恩判据的判定准则是若阵列奇数行第一列中所有的系数 $a_n,b_{n-1},\cdots,l_1,m_0$ 均为正，则系统稳定。

【例 4.4】　给定系统的特征方程：

$$z^3+2z^2+1.5z+0.4=0$$

试用舒尔-科恩判据分析系统的稳定性。

解　$F(z)$ 的系数阵列为

1	2	1.5	0.4
0.4	1.5	2	1
0.84	1.4	0.7	
0.7	1.4	0.84	
0.257	0.233		
0.233	0.257		
0.046			

根据舒尔-科恩判据，阵列奇数行第一列中所有的系数均大于 0，所以系统是稳定的。

4.1.2　采样周期对系统稳定性的影响

对计算机控制系统进行分析时，首先通过一定的离散化方法把对象进行离散化，再在离散域分析其稳定性和其他性能。这一变换过程中，连续对象传递函数的极点与对应的离散化对象传递函数的极点之间有着确定的对应关系，零点之间却没有这种对应关系。但这个对象的零点恰恰直接影响着闭环系统极点的位置，从而影响着离散化后闭环系统的稳定性和其他性能。这个离散化对象的零点除了与原连续对象本身的特性有关，很大程度上还和采样周期及系统中所采用的保持器的类型有很大关系。所以即使连续闭环系统是稳定的，离散化后的闭环系统也不一定稳定。下面通过一个具体的例子来分析采样周期对稳定性的影响。

【例 4.5】　设某计算机控制系统连续对象的传递函数为

$$G(s)=\frac{1}{s(s+1)}$$

设对系统进行纯比例控制，且控制器增益为 K=1，采样周期为τ，试分析该计算机控制系统的稳定性。

解　首先来看纯连续系统的情形，此时闭环系统的特征方程为

$$s(s+1)+K=0$$

可以看出，此时无论 K 值是多少，连续系统都是稳定的。

现在将控制器的功能用计算机来实现，如图 4.4 所示，假设采用的保持器为零阶保持器，则根据第 3 章的 ZOH 离散化公式，离散化后对象的 z 传递函数为

$$G_{\mathrm{d}}(z)=\left(1-z^{-1}\right)Z\left[\frac{1}{s^2(s+1)}\right]=\frac{(\mathrm{e}^{-\tau}+\tau-1)z+(1-\mathrm{e}^{-\tau}-\tau\mathrm{e}^{-\tau})}{z^2-(1+\mathrm{e}^{-\tau})z+\mathrm{e}^{-\tau}}$$

这样，计算机控制系统的离散闭环特征方程为

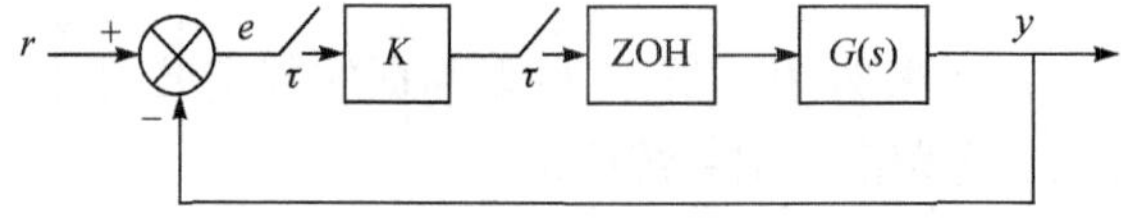

图 4.4　纯比例控制的计算机系统

$$z^2-(\tau-2)z+(1-\tau\mathrm{e}^{-\tau})=0$$

下面来分析不同采样周期时系统的稳定性。首先取τ=3s，此时系统的特征方程为

$$z^2 - z + 0.8506 = 0$$

闭环系统的极点为 z_1=0.5+0.775j，z_2=0.5−0.775j。闭环极点的模$|z_1|=|z_2|<1$，所以系统是稳定的。

再来看采样周期τ=4s 的情形，此时系统的特征方程为

$$z^2 - 2z + 0.9267 = 0$$

闭环系统的极点为 z_1=1.2707，z_2=0.7293。显然由于闭环极点的模$|z_1|>1$，所以系统是不稳定的。

经过测试可知，采样周期为τ=3.922s 时，系统仍为稳定的，当再增大至τ=3.923s 时，就会导致系统不稳定。

事实上，如果 K 不为 1，一旦 K 或采样周期τ超过其临界值，都会导致离散闭环系统不稳定。

4.2　计算机控制系统的稳态性能

4.2.1　稳态误差的定义

和连续系统一样，计算机控制系统的稳态性能指标用稳态误差来表示。稳态误差是指系统过渡过程结束后，期望的稳态输出量与实际的稳态输出量之间的偏差。控制系统的稳态误差越小就说明控制精度越高，因此，稳态误差是衡量计算机控制系统准确性的一项重要指标。

在连续系统中，稳态误差的计算有两种方法：一种是建立在拉氏变换终值定理基础上的计算方法，此方法可以求出系统的终值误差；另一种是从系统稳态误差传递函数出发的动态误差系数法，此方法可以求出系统的动态误差的稳态分量。这两种计算稳态误差的方法，在一定条件下可以推广到离散系统和计算机控制系统。

考虑到计算机控制系统的特点，第一种稳态误差计算方法应用起来比较简单，这里仅介绍该方法。下面给出计算机控制系统利用 z 变换终值定理的稳态误差计算方法。

当计算机控制系统中的连续对象与采样开关和零阶保持器合到一起用广义的 z 传递函数 $G_d(z)$ 来表示时，整个系统为离散的，如图 4.4 所示。定义稳态误差为

$$E(z) = R(z) - Y(z) = R(z) - D(z)G_d(z)E(z) \tag{4.15}$$

所以有

$$E(z) = \frac{1}{1+D(z)G_d(z)}R(z) \tag{4.16}$$

定义误差传递函数 $\Phi_e(z) = \dfrac{E(z)}{R(z)}$，则有

$$\Phi_e(z) = \frac{1}{1+D(z)G_d(z)} \tag{4.17}$$

根据 z 变换的终值定理，系统的稳态误差为

$$e(\infty)=\lim_{z\to 1}(z-1)E(z)=\lim_{z\to 1}(z-1)\frac{R(z)}{1+D(z)G_{\rm d}(z)} \tag{4.18}$$

从式(4.18)可以看出，系统的稳态误差不仅与系统自身的结构和参数有关，还与输入信号有关。

4.2.2 典型输入信号下的稳态误差分析

下面分别以三种典型的输入信号为例，给出系统稳态误差的计算公式。

1. 单位阶跃输入

对于单位阶跃信号 $r(t)=1(t)$，其 z 变换为

$$R(z)=\frac{z}{z-1} \tag{4.19}$$

代入式(4.18)，可得单位阶跃输入信号作用下系统的稳态误差为

$$\begin{aligned}e(\infty)&=\lim_{z\to 1}(z-1)\frac{1}{1+D(z)G_{\rm d}(z)}\frac{z}{z-1}\\&=\lim_{z\to 1}\frac{1}{1+D(z)G_{\rm d}(z)}=\frac{1}{1+K_{\rm p}}\end{aligned} \tag{4.20}$$

其中

$$K_{\rm p}=\lim_{z\to 1}\left[D(z)G_{\rm d}(z)\right] \tag{4.21}$$

$K_{\rm p}$ 称为静态位置误差系数，当开环 z 传递函数 $D(z)G_{\rm d}(z)$ 中有 $z=1$ 的极点时，$K_{\rm p}=\infty$，此时系统稳态误差 $e(\infty)$ 为 0。当 $D(z)G_{\rm d}(z)$ 中没有 $z=1$ 的极点时，$K_{\rm p}\neq\infty$，从而 $e(\infty)\neq 0$。

2. 单位速度输入

对于单位速度输入信号 $r(t)=t$，其 z 变换为

$$R(z)=\frac{\tau z}{(z-1)^2} \tag{4.22}$$

代入式(4.18)，可得单位速度输入信号作用下系统的稳态误差为

$$\begin{aligned}e(\infty)&=\lim_{z\to 1}(z-1)\frac{1}{1+D(z)G_{\rm d}(z)}\frac{\tau z}{(z-1)^2}\\&=\lim_{z\to 1}\frac{\tau}{(z-1)\left[1+D(z)G_{\rm d}(z)\right]}\\&=\lim_{z\to 1}\frac{\tau}{(z-1)D(z)G_{\rm d}(z)}=\frac{1}{K_{\rm v}}\end{aligned} \tag{4.23}$$

其中

$$K_{\rm v}=\lim_{z\to 1}\frac{(z-1)D(z)G_{\rm d}(z)}{\tau} \tag{4.24}$$

$K_{\rm v}$ 称为速度误差系数，当开环 z 传递函数 $D(z)G_{\rm d}(z)$ 中有两个以上 $z=1$ 的极点时，$K_{\rm v}=\infty$，此时系统稳态误差 $e(\infty)$ 为 0。

3. 单位加速度输入

对于单位加速度输入信号 $r(t)=0.5t^2$，其 z 变换为

$$R(z)=\frac{\tau^2 z(z+1)}{2(z-1)^3} \tag{4.25}$$

代入式(4.18)，可得单位加速度输入信号作用下系统的稳态误差为

$$\begin{aligned} e(\infty) &= \lim_{z\to 1}(z-1)\frac{1}{1+D(z)G_{\rm d}(z)}\frac{\tau^2 z(z+1)}{2(z-1)^3} \\ &= \lim_{z\to 1}\frac{\tau^2}{(z-1)^2\left[1+D(z)G_{\rm d}(z)\right]} \\ &= \lim_{z\to 1}\frac{\tau^2}{(z-1)^2 D(z)G_{\rm d}(z)}=\frac{1}{K_{\rm a}} \end{aligned} \tag{4.26}$$

其中

$$K_{\rm a}=\lim_{z\to 1}\frac{(z-1)^2 D(z)G_{\rm d}(z)}{\tau^2} \tag{4.27}$$

$K_{\rm a}$ 称为加速度误差系数，当开环 z 传递函数 $D(z)G_{\rm d}(z)$ 中有三个以上 $z=1$ 的极点时，$K_{\rm a}=\infty$，此时系统稳态误差 $e(\infty)$ 为 0。

根据上述稳态误差的计算公式可知，系统的稳态误差和开环 z 传递函数有关，还和输入信号的类型有关，实际上，计算机控制系统或离散系统也可以像连续系统一样，按照开环 z 传递函数中包含积分环节(离散的积分环节为 $1/(z-1)$)的个数来定义其型别，不同型别的系统在不同的典型输入下，会有不同的稳态误差，下面来进行详细的分析。

定义开环 z 传递函数为 $G_l(z)=D(z)G_{\rm d}(z)$，设其可以表示为

$$G_l(z)=D(z)G_{\rm d}(z)=\frac{G_0(z)}{(z-1)^r} \tag{4.28}$$

其中，$G_0(z)$ 是指分子、分母均不包含 $z-1$ 的因子的开环 z 传递函数部分，因此 r 表示出了开环 z 传递函数 $G_l(z)$ 的积分环节的个数。当 $r=0$ 时，称系统为 0 型系统；$r=1$ 时，称系统为Ⅰ型系统；$r=2$ 时，称系统为Ⅱ型系统，以此类推。

下面来讨论不同类型的系统在三种典型输入信号下的稳态误差。

1) 0 型系统

0 型系统开环不包含积分环节，在单位阶跃信号输入下，其误差系数和稳态误差为

$$K_{\rm p}=\lim_{z\to 1}G_l(z)=G_0(1),\quad e(\infty)=\frac{1}{1+K_{\rm p}}=\frac{1}{1+G_0(1)}$$

0 型系统在单位速度信号输入下，其误差系数和稳态误差为

$$K_{\rm v}=\lim_{z\to 1}\frac{(z-1)G_l(z)}{\tau}=0,\quad e(\infty)=\frac{1}{K_{\rm v}}=\infty$$

0 型系统在单位加速度信号输入下，其误差系数和稳态误差为

$$K_a = \lim_{z\to 1}\frac{(z-1)^2 G_l(z)}{\tau^2} = 0, \quad e(\infty) = \frac{1}{K_a} = \infty$$

综上可知，0 型系统在单位阶跃输入下，存在稳态误差。而在单位速度和加速度输入下，稳态误差为无穷大，所以无法实现对单位速度和加速度输入信号的跟踪。

2) Ⅰ型系统

Ⅰ型系统开环包含一个积分环节，在单位阶跃信号输入下，其误差系数和稳态误差为

$$K_p = \lim_{z\to 1} G_l(z) = \lim_{z\to 1}\frac{G_0(z)}{z-1} = \infty, \quad e(\infty) = \frac{1}{1+K_p} = 0$$

Ⅰ型系统在单位速度信号输入下，其误差系数和稳态误差为

$$K_v = \lim_{z\to 1}\frac{(z-1)G_l(z)}{\tau} = \lim_{z\to 1}\frac{(z-1)G_0(z)}{\tau(z-1)} = \frac{G_0(1)}{\tau}, \quad e(\infty) = \frac{1}{K_v} = \frac{\tau}{G_0(1)}$$

Ⅰ型系统在单位加速度信号输入下，其误差系数和稳态误差为

$$K_a = \lim_{z\to 1}\frac{(z-1)^2 G_l(z)}{\tau^2} = \lim_{z\to 1}\frac{(z-1)G_0(z)}{\tau^2} = 0, \quad e(\infty) = \frac{1}{K_a} = \infty$$

综上可知，Ⅰ型系统在单位阶跃输入下，没有稳态误差。在单位速度输入下，存在稳态误差，在单位加速度输入下，稳态误差为无穷大，所以无法实现对加速度输入信号的跟踪。

3) Ⅱ型系统

Ⅱ型系统开环包含两个积分环节，在单位阶跃信号输入下，其误差系数和稳态误差为

$$K_p = \lim_{z\to 1} G_l(z) = \lim_{z\to 1}\frac{G_0(z)}{(z-1)^2} = \infty, \quad e(\infty) = \frac{1}{1+K_p} = 0$$

Ⅱ型系统在单位速度信号输入下，其误差系数和稳态误差为

$$K_v = \lim_{z\to 1}\frac{(z-1)G_l(z)}{\tau} = \lim_{z\to 1}\frac{G_0(z)}{\tau(z-1)} = \infty, \quad e(\infty) = \frac{1}{K_v} = 0$$

Ⅱ型系统在单位加速度信号输入下，其误差系数和稳态误差为

$$K_a = \lim_{z\to 1}\frac{(z-1)^2 G_l(z)}{\tau^2} = \lim_{z\to 1}\frac{G_0(z)}{\tau^2} = \frac{G_0(1)}{\tau^2}, \quad e(\infty) = \frac{1}{K_a} = \frac{\tau^2}{G_0(1)}$$

综上可知，Ⅱ型系统在单位阶跃和单位速度输入下，均没有稳态误差。在单位加速度输入下，存在稳态误差。

不同型别系统在三种典型输入下的稳态误差如表 4.2 所示。

表 4.2　不同型别系统在三种典型输入下的稳态误差

系统型别	单位阶跃	单位速度	单位加速度
0 型	$1/[1+G_0(1)]$	∞	∞
Ⅰ型	0	$\tau/G_0(1)$	∞
Ⅱ型	0	0	$\tau^2/G_0(1)$

4.2.3　采样周期对稳态性能的影响

采样周期对计算机控制系统的稳态性能——稳态误差是否有影响，需要通过一定的分析和校验来判断，下面的讨论和分析中针对的是如图 4.5 所示的连续对象前面具有零阶保持器的系统。将采样开关、保持器和连续对象特性合到一起后得到的广义对象 z 传递函数用 $G_{\mathrm{d}}(z)$ 表示，系统的开环 z 传递函数为 $G_l(z)=D(z)G_{\mathrm{d}}(z)$。

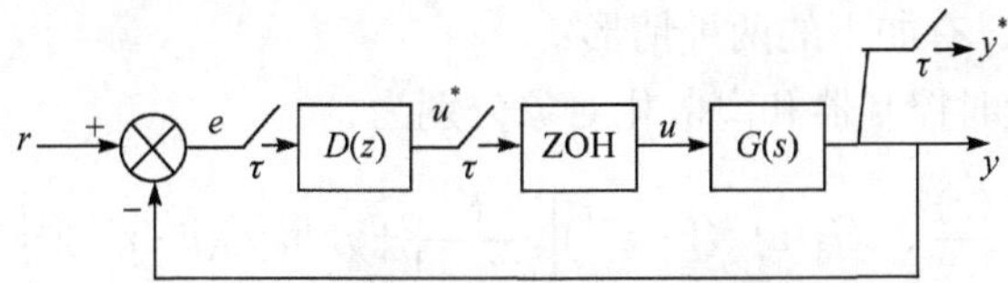

图 4.5　具有零阶保持器的计算机控制系统结构

根据上面的分析，不同输入下的误差系数和系统的型别有关系，这里的型别指的是整个开环对象 $G_l(z)$ 中所包含的积分环节的个数，是控制器中的积分环节和广义离散化对象中积分环节的总和，下面假设控制器 $D(z)$ 和连续对象 $G(s)$ 中的积分环节个数分别为 l_1 和 l_2，然后详细讨论三种典型输入下的误差系数及稳态误差与采样周期的关系。

假设控制器为如下的结构：

$$D(z)=\frac{K_{\mathrm{D}}\cdot D_0(z)}{(1-z^{-1})^{l_1}}=\frac{K_{\mathrm{D}}(z+z_1)(z+z_2)\cdots(z+z_{m_{\mathrm{D}}})}{(1-z^{-1})^{l_1}(z+p_1)(z+p_2)\cdots(z+p_{n_{\mathrm{D}}})} \tag{4.29}$$

其中，$D_0(z)$ 为不包含积分因子的环节。

假设连续对象表示为

$$G(s)=\frac{K(a_1s+1)(a_2s+1)\cdots(a_ms+1)}{s^{l_2}(b_1s+1)(b_2s+1)\cdots(b_ns+1)} \tag{4.30}$$

则广义离散化对象，即 ZOH 离散化对象为

$$\begin{aligned}G_{\mathrm{d}}(z)&=(1-z^{-1})Z\left(\frac{G(s)}{s}\right)\\&=(1-z^{-1})Z\left(\frac{K(a_1s+1)(a_2s+1)\cdots(a_ms+1)}{s^{l_2+1}(b_1s+1)(b_2s+1)\cdots(b_ns+1)}\right)\\&=(1-z^{-1})Z\left[\frac{K}{s^{l_2+1}}+\frac{K_1}{s^{l_2}}+\cdots+\frac{K_{l_2}}{s}+\text{分母无积分环节的各因式}\right]\end{aligned} \tag{4.31}$$

(1) 对于 0 型系统，$l_1=l_2=0$，此时控制器和离散化对象分别为

$$D(z)=K_{\mathrm{D}}\cdot D_0(z)\text{，}\quad G_{\mathrm{d}}(z)=(1-z^{-1})\left[\frac{K}{(1-z^{-1})}+\text{分母无}(1-z^{-1})\text{因子的各因式}\right]$$

系统在单位阶跃信号输入下的误差系数和稳态误差分别为

$$K_{\mathrm{p}}=\lim_{z\to1}D(z)G_{\mathrm{d}}(z)=K_{\mathrm{D}}\cdot K\cdot D_0(1)\text{，}\quad e(\infty)=\frac{1}{1+K_{\mathrm{p}}}=\frac{1}{1+K_{\mathrm{D}}\cdot K\cdot D_0(1)}$$

系统在单位速度信号输入下的误差系数和稳态误差分别为

$$K_{\mathrm{v}}=\lim_{z\to1}\frac{(z-1)D(z)G_{\mathrm{d}}(z)}{\tau}=0,\quad e(\infty)=\frac{1}{K_{\mathrm{v}}}=\infty$$

系统在单位加速度信号输入下的误差系数和稳态误差分别为

$$K_{\mathrm{a}}=\lim_{z\to1}\frac{(z-1)^2D(z)G_{\mathrm{d}}(z)}{\tau^2}=0,\quad e(\infty)=\frac{1}{K_{\mathrm{a}}}=\infty$$

(2) 对于 I 型系统，有如下的两种情形：

① $l_1=1$，$l_2=0$，此时控制器和离散化对象分别为

$$D(z)=\frac{K_{\mathrm{D}}\cdot D_0(z)}{1-z^{-1}},\quad G_{\mathrm{d}}(z)=(1-z^{-1})\left[\frac{K}{1-z^{-1}}+\text{分母无}(1-z^{-1})\text{因子的各因式}\right]$$

系统在单位阶跃信号输入下的误差系数和稳态误差分别为

$$K_{\mathrm{p}}=\lim_{z\to1}D(z)G_{\mathrm{d}}(z)=\infty,\quad e(\infty)=\frac{1}{1+K_{\mathrm{p}}}=0$$

系统在单位速度信号输入下的误差系数和稳态误差分别为

$$K_{\mathrm{v}}=\lim_{z\to1}\frac{(z-1)D(z)G_{\mathrm{d}}(z)}{\tau}=\frac{K\cdot K_{\mathrm{D}}\cdot D_0(1)}{\tau},\quad e(\infty)=\frac{\tau}{K\cdot K_{\mathrm{D}}\cdot D_0(1)}$$

系统在单位加速度信号输入下的误差系数和稳态误差分别为

$$K_{\mathrm{a}}=\lim_{z\to1}\frac{(z-1)^2D(z)G_{\mathrm{d}}(z)}{\tau^2}=0,\quad e(\infty)=\frac{1}{K_{\mathrm{a}}}=\infty$$

综上可知，此情形下系统在单位速度信号输入下的稳态误差受到了采样周期的影响，采样周期越小，稳态误差越小，反之则越大。

② $l_1=0$，$l_2=1$，此时控制器和离散化对象分别为

$$D(z)=K_{\mathrm{D}}\cdot D_0(z)$$

$$G_{\mathrm{d}}(z)=(1-z^{-1})\left[\frac{K\tau z}{(1-z^{-1})^2}+\frac{K_1}{1-z^{-1}}+\text{分母无}(1-z^{-1})\text{因子的各因式}\right]$$

系统在单位阶跃信号输入下的误差系数和稳态误差分别为

$$K_{\mathrm{p}}=\lim_{z\to1}D(z)G_{\mathrm{d}}(z)=\infty,\quad e(\infty)=\frac{1}{1+K_{\mathrm{p}}}=0$$

系统在单位速度信号输入下的误差系数和稳态误差分别为

$$K_{\mathrm{v}}=\lim_{z\to1}\frac{(z-1)D(z)G_{\mathrm{d}}(z)}{\tau}=K\cdot K_{\mathrm{D}}\cdot D_0(1),\quad e(\infty)=\frac{1}{K\cdot K_{\mathrm{D}}\cdot D_0(1)}$$

系统在单位加速度信号输入下的误差系数和稳态误差分别为

$$K_{\mathrm{a}}=\lim_{z\to1}\frac{(z-1)^2D(z)G_{\mathrm{d}}(z)}{\tau^2}=0,\quad e(\infty)=\frac{1}{K_{\mathrm{a}}}=\infty$$

综上可知，此情形下系统的稳态误差与采样周期无关。

(3) 对于 II 型系统，有如下的三种情形：

① l_1=2，l_2=0，此时控制器和离散化对象分别为

$$D(z)=\frac{K_{\mathrm{D}}\cdot D_0(z)}{(1-z^{-1})^2}$$

$$G_{\mathrm{d}}(z)=(1-z^{-1})\left[\frac{K}{1-z^{-1}}+\text{分母无}(1-z^{-1})\text{因子的各因式}\right]$$

系统在单位阶跃信号输入下的误差系数和稳态误差分别为

$$K_{\mathrm{p}}=\lim_{z\to1}D(z)G_{\mathrm{d}}(z)=\infty\text{，}\quad e(\infty)=\frac{1}{1+K_{\mathrm{p}}}=0$$

系统在单位速度信号输入下的误差系数和稳态误差分别为

$$K_{\mathrm{v}}=\lim_{z\to1}\frac{(z-1)D(z)G_{\mathrm{d}}(z)}{\tau}=\infty,\quad e(\infty)=0$$

系统在单位加速度信号输入下的误差系数和稳态误差分别为

$$K_{\mathrm{a}}=\lim_{z\to1}\frac{(z-1)^2D(z)G_{\mathrm{d}}(z)}{\tau^2}=\frac{K\cdot K_{\mathrm{D}}\cdot D_0(1)}{\tau^2},\quad e(\infty)=\frac{\tau^2}{K\cdot K_{\mathrm{D}}\cdot D_0(1)}$$

综上可知，此情形下系统在单位加速度信号输入下的稳态误差受到了采样周期的影响，采样周期越小，稳态误差越小，反之则越大。

② l_1=1，l_2=1，此时控制器和离散化对象分别为

$$D(z)=\frac{K_{\mathrm{D}}\cdot D_0(z)}{1-z^{-1}}$$

$$G_{\mathrm{d}}(z)=(1-z^{-1})\left[\frac{K\tau z}{(1-z^{-1})^2}+\frac{K_1}{1-z^{-1}}+\text{分母无}(1-z^{-1})\text{因子的各因式}\right]$$

系统在单位阶跃信号输入下的误差系数和稳态误差分别为

$$K_{\mathrm{p}}=\lim_{z\to1}D(z)G_{\mathrm{d}}(z)=\infty\text{，}\quad e(\infty)=\frac{1}{1+K_{\mathrm{p}}}=0$$

系统在单位速度信号输入下的误差系数和稳态误差分别为

$$K_{\mathrm{v}}=\lim_{z\to1}\frac{(z-1)D(z)G_{\mathrm{d}}(z)}{\tau}=\infty,\quad e(\infty)=0$$

系统在单位加速度信号输入下的误差系数和稳态误差分别为

$$K_{\mathrm{a}}=\lim_{z\to1}\frac{(z-1)^2D(z)G_{\mathrm{d}}(z)}{\tau^2}=\frac{K\cdot K_{\mathrm{D}}\cdot D_0(1)}{\tau},\quad e(\infty)=\frac{\tau}{K\cdot K_{\mathrm{D}}\cdot D_0(1)}$$

综上可知，此情形下系统在单位加速度信号输入下的稳态误差受到了采样周期的影响，采样周期越小，稳态误差越小，反之则越大。

③ l_1=0，l_2=2，此时控制器和离散化对象分别为

$$D(z)=K_{\mathrm{D}}\cdot D_0(z)$$

$$G_{\mathrm{d}}(z)=(1-z^{-1})\left[\frac{K\tau^2z(z+1)}{2(1-z^{-1})^3}+\frac{K_1\tau z}{(1-z^{-1})^2}+\frac{K_2}{1-z^{-1}}+\text{分母无}(1-z^{-1})\text{因子的各因式}\right]$$

系统在单位阶跃信号输入下的误差系数和稳态误差分别为

$$K_{\mathrm{p}}=\lim_{z\to 1}D(z)G_{\mathrm{d}}(z)=\infty, \quad e(\infty)=\frac{1}{1+K_{\mathrm{p}}}=0$$

系统在单位速度信号输入下的误差系数和稳态误差分别为

$$K_{\mathrm{v}}=\lim_{z\to 1}\frac{(z-1)D(z)G_{\mathrm{d}}(z)}{\tau}=\infty, \quad e(\infty)=0$$

系统在单位加速度信号输入下的误差系数和稳态误差分别为

$$K_{\mathrm{a}}=\lim_{z\to 1}\frac{(z-1)^2 D(z)G_{\mathrm{d}}(z)}{\tau^2}=K\cdot K_{\mathrm{D}}\cdot D_0(1), \quad e(\infty)=\frac{1}{K\cdot K_{\mathrm{D}}\cdot D_0(1)}$$

综上可知，此情形下系统在单位加速度信号输入下的稳态误差与采样周期无关。

综合上述分析结果可得出结论：当被控对象中所包含的积分环节个数与系统开环 z 传递函数的型别一致时，采样周期对稳态误差没有影响；当被控对象中包含的积分环节的个数不够多时，稳态误差将受到采样周期的影响，而且采样周期越小，稳态误差越小。

4.3　计算机控制系统的动态特性

4.3.1　零极点分布与系统的动态响应

和连续系统类似，计算机控制系统的响应特性也可以用单位阶跃输入信号作用下的响应特性来描述。在单位阶跃信号输入下，系统的输出响应由两部分组成，一部分是由输入信号所引起的稳态响应，一部分是由闭环极点引起的暂态响应，这个暂态响应和输入信号无关，完全由闭环极点在 z 平面的位置所决定。下面我们根据闭环系统的 z 传递函数，来分析闭环极点的取值和位置对系统暂态响应的影响。设计算机控制系统的闭环 z 传递函数为 $H(z)$，并且将其分子、分母多项式分别用零极点形式来表示：

$$H(z)=\frac{Y(z)}{R(z)}=\frac{N(z)}{M(z)}=K\cdot\frac{(z-z_1)(z-z_2)\cdots(z-z_m)}{(z-p_1)(z-p_2)\cdots(z-p_n)} \tag{4.32}$$

则在单位阶跃输入 $R(z)=z/(z-1)$ 的作用下，输出可以表示为

$$Y(z)=\frac{N(z)}{M(z)}\cdot\frac{z}{z-1}=K\cdot\frac{(z-z_1)(z-z_2)\cdots(z-z_m)}{(z-p_1)(z-p_2)\cdots(z-p_n)}\cdot\frac{z}{z-1} \tag{4.33}$$

整理后可得

$$\frac{Y(z)}{z}=\frac{N(z)}{(z-1)M(z)}=\frac{K_0}{z-1}+\sum_{i=1}^{n}\frac{K_i}{z-p_i} \tag{4.34}$$

其中

$$K_0=\frac{N(1)}{M(1)}, \qquad K_i=\left.\frac{(z-p_i)N(z)}{(z-1)M(z)}\right|_{z=p_i}$$

对式(4.34)进行 z 逆变换，可以得到

$$y(k)=K_0\cdot 1(k)+\sum_{i=1}^{n}K_i(p_i)^k \tag{4.35}$$

其中，第一项 $y_1(k)=K_0\cdot 1(k)$ 是系统输出的稳态响应分量，它是与输入信号有关的分量；第二项 $y_2(k)=\sum_{i=1}^{n}K_i(p_i)^k$ 是系统输出的暂态响应分量，这个暂态响应特性的形状则是由系统的闭环极点决定的。

设闭环极点：

$$p_i=r_i\mathrm{e}^{\mathrm{j}\theta_i}=r_i(\cos\theta_i+\mathrm{j}\sin\theta_i) \tag{4.36}$$

则该极点对应的暂态响应为

$$A_i(p_i)^k=A_ir_i^k(\cos k\theta_i+\mathrm{j}\sin k\theta_i) \tag{4.37}$$

下面根据闭环极点 p_i 是实数极点和共轭复数极点两种情况下，以及极点分布在 z 平面单位圆的不同位置时的情形来分析系统的暂态特性。

首先来看 z 平面极点 p_i 为实数极点的情形，图 4.6 给出了极点在 z 平面实轴上不同位置时系统的暂态响应 $y_2(k)$。

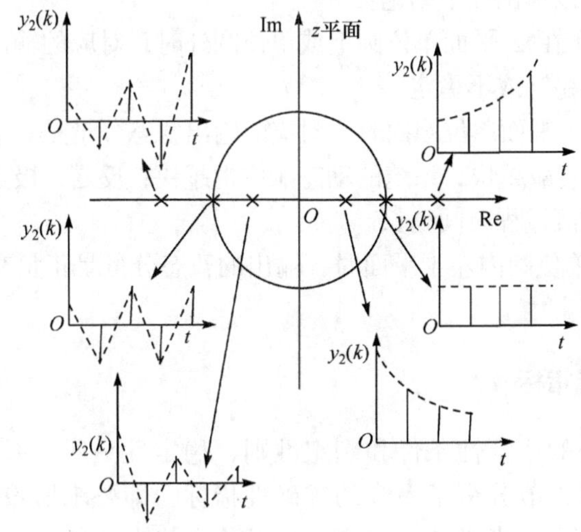

图 4.6　实数极点时系统的脉冲响应

(1) 当 $0<p_i<1$ 时，极点位于 z 平面单位圆内的正实轴上，$y_2(k)$ 为单调衰减序列，且越靠近原点，其值越小，收敛得越快。

(2) 当 $-1<p_i<0$ 时，极点位于单位圆内的负实轴上，此时 $y_2(k)$ 是正负交替的衰减序列。

(3) 当 $p_i>1$ 或 $p_i<-1$ 时，极点为单位圆外的实根，且 $p_i>1$ 为正实根，对应的 $y_2(k)$ 为单调发散序列；当 $p_i<-1$ 时，为负实根，对应的 $y_2(k)$ 为正负交替的发散序列。

(4) 当 $p_i=1$ 或 $p_i=-1$ 时，极点位于单位圆与实轴的交点。当 $p_i=1$ 时，对应的 $y_2(k)$ 为等幅脉冲序列；当 $p_i=-1$ 时，对应的 $y_2(k)$ 为正负交替的等幅振荡。

当 z 平面极点 p_i 和 p_{i+1} 为一对共轭复数极点时，它们在不同位置时系统的暂态响应 $y_2(k)$ 如图 4.7 所示。

(1) 当 $|p_i|>1$ 时，极点在单位圆外，$y_2(k)$ 为发散振荡的脉冲序列。

(2) 当$|p_i|$=1 时，极点在单位圆上，$y_2(k)$ 为等幅振荡的脉冲序列。

(3) 当$|p_i|$<1 时，极点在单位圆内，$y_2(k)$ 为衰减振荡的脉冲序列，且极点越靠近原点，即 r_i 越小，衰减越快；振荡的频率与 θ_i 有关，θ_i 越大，振荡频率($\omega=\theta_i/\tau$)越高。

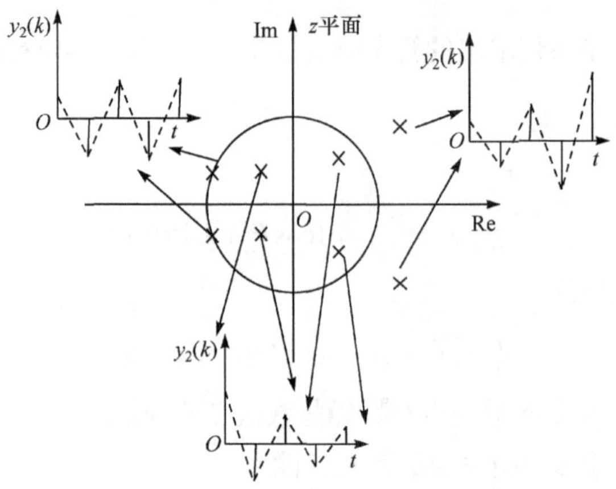

图 4.7　复数极点时系统的脉冲响应

综合上述分析，可以得出如下结论：

(1) 当闭环极点分布在 z 平面单位圆上或单位圆外时，对应的输出暂态分量是等幅的或发散的序列，系统临界稳定或不稳定。

(2) 当极点分布在 z 平面单位圆内时，对应的输出暂态分量是衰减序列，而且极点越接近 z 平面的原点，输出衰减越快，系统的动态响应也越快；反之，极点越靠近单位圆周，输出衰减越慢，系统的过渡过程时间越长。

(3) 当极点分布在单位圆内左半平面时，输出的暂态分量是正负交替的衰减振荡序列，所以过渡过程特性不好。

4.3.2　系统的动态性能指标

4.1 节分析了系统的稳定性条件和判定准则，稳定性是所有系统设计的前提，可以用稳定裕度来描述。4.2 节分析了系统的准确性指标，即要求所设计的系统满足一定的精度要求，用稳态误差 e_{ss} 来表征，这个指标是一个稳态性能指标。对于一个实际的控制系统来说，除了稳定性和稳态性能，其动态过程也很重要，也需要满足一定的指标要求。系统在给定值作用下或受到干扰作用时，其输出量变化的全过程称为系统的动态过程。下面以图 4.8 的一个阶跃输入下的二阶系统的输出响应曲线为例，来分析系统的动态性能指标。

表征系统动态特性的指标如下：

(1) 上升时间：是指响应曲线从 0 到第一个稳态值所需要的时间，如图 4.8 中的 t_r。

(2) 峰值时间：是指响应曲线从 0 到第一个峰值所需要的时间，如图 4.8 中的 t_p。

(3) 调节时间：是指响应曲线从 0 到达并停留在稳态值的 ±5% 或 ±2% 的误差范围内所需要的最小时间，如图 4.8 中的 t_s。

(4) 超调量：是指响应曲线的最大值超过稳态值的百分数，用σ% 来表示，即

$$\sigma\% = \frac{y(t_p) - y(\infty)}{y(\infty)} \times 100\%$$

(5) 衰减比 η：是指响应曲线过渡过程的衰减快慢程度，即响应曲线第一个峰值与第二个峰值的比值，如图 4.8 所示，$\eta = L_1/L_2$。

(6) 振荡次数 N：是指响应曲线到达稳态之前，穿越稳态值 $y(\infty)$ 的次数的一半。例如，图 4.8 中，N=3/2=1.5。

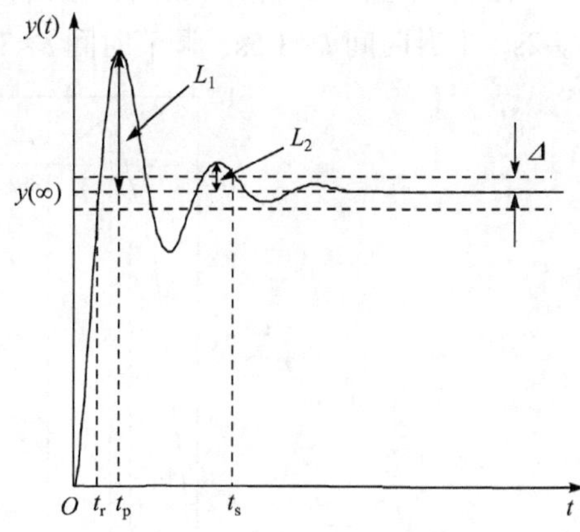

图 4.8　系统的动态响应特性

对于实际的计算机控制系统，系统的动态性能会受到采样和保持器的影响，下面通过一个简单的例子来进行说明。

【例 4.6】 设单位反馈闭环计算机控制系统的结构如图 4.9 所示，采样周期为 τ=1s，连续对象的传递函数为

$$G(s) = \frac{5}{s(s+5)}$$

试给出系统在单位阶跃输入信号作用下的动态响应特性，并计算各动态性能指标。

解　为了对系统进行分析，首先要将采样开关、保持器和对象合并到一起，给出离散的广义对象 z 传递函数：

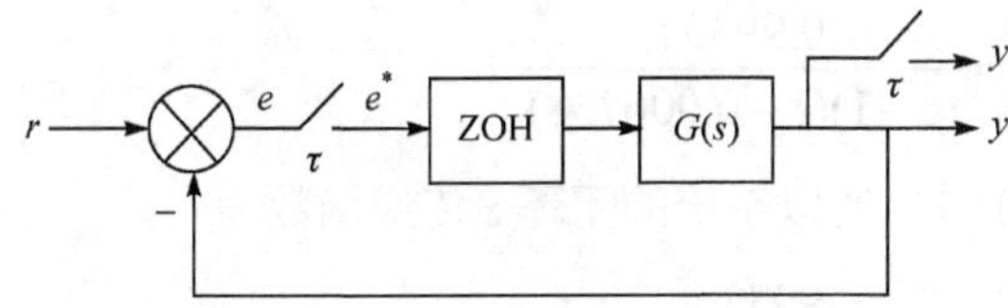

图 4.9　单位反馈计算机控制系统

$$G_d(z) = \frac{Y(z)}{E(z)} = (1 - z^{-1}) Z\left(\frac{5}{s^2(s+5)}\right) = \frac{0.8013z + 0.1919}{(z-1)(z-0.006738)}$$

因为是单位反馈，控制器的 z 传递函数 $D(z)$=1，所以系统的闭环 z 传递函数为

$$\Phi(z) = \frac{Y(z)}{R(z)} = \frac{G_d(z)}{1 + G_d(z)} = \frac{0.8013z + 0.1919}{z^2 - 0.2054z + 0.1987}$$

从而系统在单位阶跃输入下的输出为

$$\begin{aligned} Y(z) = \Phi(z)R(z) &= \frac{0.8013z + 0.1919}{z^2 - 0.2054z + 0.1987} \cdot \frac{z}{z-1} \\ &= \frac{0.8013z^{-1} + 0.1919z^{-2}}{1 - 1.2054z^{-1} + 0.4041z^{-2} - 0.1987z^{-3}} \\ &= 0.8013z^{-1} + 1.158z^{-2} + 1.0722z^{-3} + 0.9837z^{-4} + 0.9826z^{-5} \\ &\quad + 0.9999z^{-6} + 1.0037z^{-7} + 1.001z^{-8} + 0.9997z^{-9} + z^{-10} + 1.0003z^{-11} + \cdots \end{aligned}$$

根据上式，可以得到各采样时刻的输出 $y(k)$ 为

$$y(0) = 0,\quad y(1) = 0.8013,\quad y(2) = 1.158,\quad y(3) = 1.0722,\quad y(4) = 0.9837$$

$$y(5) = 0.9826,\quad y(6) = 0.9999,\quad y(7) = 1.0037,\quad y(8) = 1.001$$

$$y(9) = 0.9997,\quad y(10) = 1,\quad y(11) = 1.0003, \cdots$$

图 4.10 给出了输出 $y(k)$ 的阶跃响应特性，从图中近似可以得到各动态指标，峰值时间 t_p=2s，上升时间 $t_r \approx$1.5s，调节时间 $t_r \approx$3.5s，超调量 $\sigma\% = 15.8\%$。

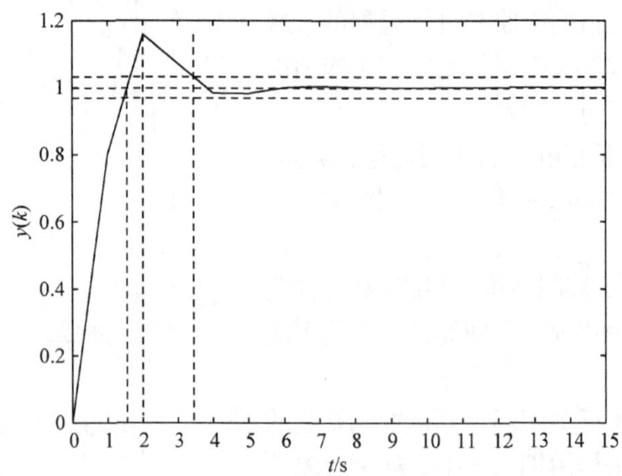

图 4.10　系统的阶跃响应特性

上面的例子中，在连续对象前面加入了 ZOH，因此保持器自身的动态特性对系统的动态会有一定的作用，下面就来分析一下 ZOH 的加入对系统动态性能及各个指标的影响。

假设图 4.9 中只有采样开关，没有 ZOH，则离散的广义对象 z 传递函数变为

$$G_d(z) = \frac{Y(z)}{E(z)} = Z\left(\frac{5}{s(s+5)}\right) = \frac{0.9933z}{(z-1)(z-0.006738)}$$

因为是单位反馈，控制器的 z 传递函数 $D(z)$=1，所以系统的闭环 z 传递函数为

$$\Phi(z) = \frac{Y(z)}{R(z)} = \frac{G_d(z)}{1+G_d(z)} = \frac{0.9933z}{z^2 - 0.01348z + 0.006738}$$

从而系统在单位阶跃输入下的输出为

$$\begin{aligned}
Y(z) = \Phi(z)R(z) &= \frac{0.9933z}{z^2 - 0.01348z + 0.006738} \cdot \frac{z}{z-1} \\
&= \frac{0.9933z^{-1}}{1 - 1.013z^{-1} + 0.0202z^{-2} - 0.006738z^{-3}} \\
&= 0.9933z^{-1} + 1.0069z^{-2} + 1.0004z^{-3} + 1.0002z^{-4} + 1.0003z^{-5} \\
&\quad + 1.0003z^{-6} + 1.0003z^{-7} + 1.0003z^{-8} + 1.0003z^{-9} + \cdots
\end{aligned}$$

根据上式，可以得到各采样时刻的输出 $y(k)$ 为

$$y(0) = 0,\quad y(1) = 0.9933,\quad y(2) = 1.0069,\quad y(3) = 1.0004$$
$$y(4) = 1.0002,\quad y(5) = 1.0003,\quad y(6) = 1.0003,\quad y(7) = 1.0003$$
$$y(8) = 1.0003,\quad y(9) = 1.0003, \cdots$$

图 4.11 给出了无 ZOH 时输出 $y(k)$ 的阶跃响应特性，从图中可以看出，系统的动态特性要比图 4.10 所示的特性好很多，系统的超调量明显减小，上升时间、峰值时间和调节时间也明显缩短，也就是说保持器的加入会使系统的动态特性变坏，这是由于 ZOH 自身的动态和

其相角的滞后作用所引起的。

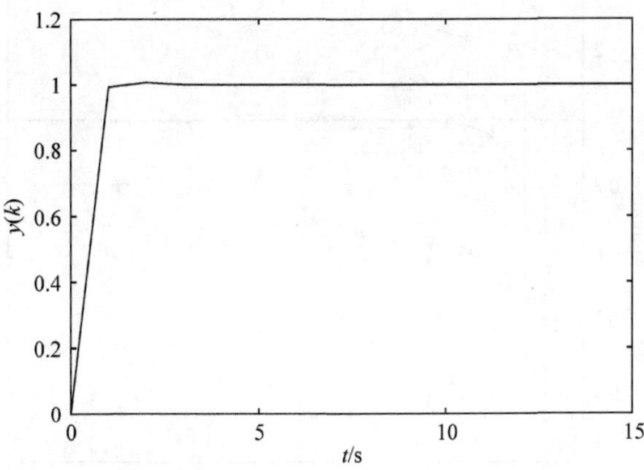

图 4.11　无 ZOH 时系统的阶跃响应特性

4.3.3　采样周期对系统动态特性的影响

事实上，采样周期的值对系统的动态特性影响也不小，下面依然针对图 4.9 所示的系统，分析采样周期 τ 取不同值时系统的动态性能。

首先减小采样周期的值，τ 取为 0.1s，此时离散的广义对象 z 传递函数变为

$$G_{\mathrm{d2}}(z)=\frac{Y(z)}{E(z)}=(1-z^{-1})Z\left(\frac{5}{s^2(s+5)}\right)=\frac{0.02131z+0.01804}{(z-1)(z-0.6065)}$$

系统的闭环 z 传递函数为

$$\varPhi_2(z)=\frac{Y(z)}{R(z)}=\frac{G_{\mathrm{d2}}(z)}{1+G_{\mathrm{d2}}(z)}=\frac{02131z+0.01804}{z^2-1.585z+0.6246}$$

接下来增大采样周期的值，τ 取为 1.5s，此时离散的广义对象 z 传递函数变为

$$G_{\mathrm{d3}}(z)=\frac{Y(z)}{E(z)}=(1-z^{-1})Z\left(\frac{5}{s^2(s+5)}\right)=\frac{1.3z+0.1991}{(z-1)(z-0.0005531)}$$

系统的闭环 z 传递函数为

$$\varPhi_3(z)=\frac{Y(z)}{R(z)}=\frac{G_{\mathrm{d3}}(z)}{1+G_{\mathrm{d3}}(z)}=\frac{1.3z+0.1991}{z^2+0.2996z+0.1996}$$

采样周期为 0.1s 时系统输出的阶跃响应如图 4.12 中实线所示，采样周期为 1.5s 时的输出曲线如图 4.12 中点线所示，为了对比，加入了采样周期为 1s 时的输出特性，见图 4.12 中的虚线。可以看出，采样周期越小，系统的动态特性也越好，随着采样周期逐渐增大，系统的超调量、调节时间、上升时间和峰值时间等都随之增大，动态性能变得越来越差。

前面的分析中指出，采样周期对系统的稳定性和稳态性能都有影响，而本节又验证了采样周期对动态特性的影响。因此在对计算机控制系统进行设计时，应该合理地选择采样周期的值，以保证满足系统的稳定性要求、稳态以及动态性能指标。

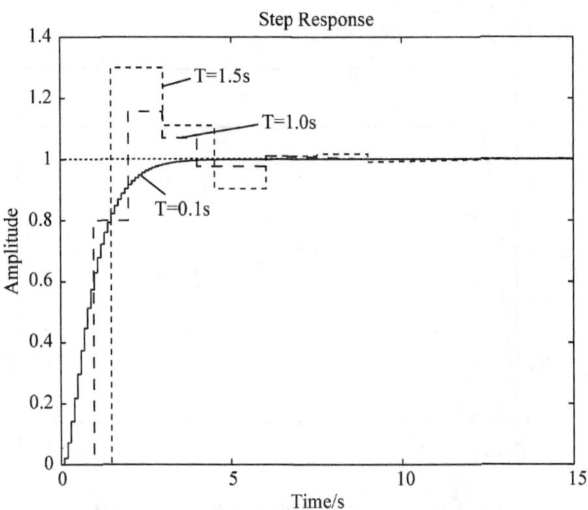

图 4.12　不同采样周期时系统的阶跃响应输出

习　题

4-1 设某计算机控制系统的闭环特征方程为 $F(z)=z^3+0.7z^2+0.5z-0.3$，试用劳斯判据判断系统的稳定性。

4-2 设某计算机控制系统的闭环特征方程为 $F(z)=z^3+4z^2+3z+1$，试用朱利稳定判据判断系统的稳定性。

4-3 设计算机控制系统的被控对象为

$$G(s)=\frac{1}{s(s+2)}$$

设控制器为增益为 1 的纯比例控制，采样周期 $\tau=0.5\text{s}$，计算系统分别在单位阶跃输入和单位速度输入下的稳态误差。

4-4 设计算机控制系统的控制器和被控对象分别为

$$D(z)=\frac{K}{1-z^{-1}},\quad G(s)=\frac{s+5}{s+10}$$

设系统的采样周期 $\tau=0.5\text{s}$，计算并绘制系统的单位阶跃响应输出曲线，并给出上升时间、峰值时间、超调量、调节时间等动态指标的近似值。

第 5 章　计算机控制系统的频率响应

5.1　基于时间域提升技术的频率响应计算

对于时间域提升技术，“提升”是指将一个连续信号 $f(t)$ 按采样时间切成互相衔接的各段信号 $\hat{f}_i(t)$：

$$\hat{f}_i(t) = f(\tau i + t), \quad 0 \leqslant t \leqslant \tau \tag{5.1}$$

这个 $\hat{f}_i(t)$ 序列 $\left\{\hat{f}_i\right\}$ 也是一种离散信号，只是在函数空间 $L_2[0,\ \tau)$ 取值。

对于图 5.1 所示的标准计算机控制系统结构，设用线性分式变换 $F(G, HK_{\mathrm{d}}S)$ 来表示从输入 w 到输出 z 的闭环映射。应用提升技术，将原连续对象、采样开关和保持器合到一起等价离散化为一个离散对象 G_{d}，从而将计算机控制系统的输入/输出关系等价为纯离散的输入/输出关系，即

$$\left\|F(G, HK_{\mathrm{d}}S)\right\| < \gamma \Leftrightarrow \left\|F(G_{\mathrm{d}}, K_{\mathrm{d}})\right\| < \gamma \tag{5.2}$$

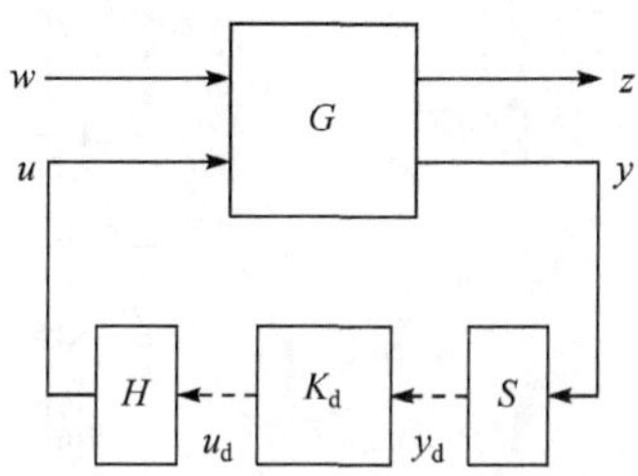

图 5.1　标准计算机控制系统结构

其中，$F(G, HK_{\mathrm{d}}S)$ 表示 L_2 诱导范数；$\left\|F(G_{\mathrm{d}}, K_{\mathrm{d}})\right\|$ 表示 H_∞ 范数。因此，一旦得到了 G_{d}，这个采样控制系统的求解问题就可以转化成常规的离散系统的 H_∞ 问题来进行求解了。从某种意义上说，G_{d} 是 G 的“离散化”，因此提升变换有时也称为 H_∞ 离散化。

时间域提升技术是 Bamieth 首先提出的，其给出的算法现已公认为是标准算法。Chen 等进一步将算法归纳为矩阵指数运算，并给出了当 $D_{12} \neq 0$ 时的提升运算的 γ 迭代公式，扩大了提升处理的范围。L. Mirkin 也根据时间域提升的概念给出了一种等价离散化算法。这些文献的出发点都是用提升技术来求计算机控制系统的 L_2 诱导范数。由于直接应用提升技术来求计算机控制系统的 L_2 诱导范数缺乏物理概念，又出现了先计算频率响应，再从频率响应来求取计算机控制系统的 L_2 诱导范数的方法。

日本学者 Yamamoto 根据频率响应的概念，将正弦信号 $u(t) = \mathrm{e}^{\mathrm{j}\omega t}v_0$ 进行提升：

$$\{\hat{u}_k\} = \left\{\left(\mathrm{e}^{\mathrm{j}\omega t}\right)^k v(\theta)\right\} \quad , \quad v(\theta) = \mathrm{e}^{\mathrm{j}\omega\theta}v_0 \tag{5.3}$$

然后将这个 $\{\hat{u}_k\}$ 作为输入，计算系统提升输出的稳态解，并将这个输入/输出的映射定义为频率响应(算子)(frequency response operator)：

$$G(\mathrm{e}^{\mathrm{j}\omega\tau}): L_2[0,\tau) \to L_2[0,\tau) \tag{5.4}$$

并定义下式为该算子在频率 ω 时的增益：

$$\left\|G(\mathrm{e}^{\mathrm{j}\omega\tau})\right\| = \sup_{v \in L_2[0,\tau)} \frac{\left\|G(\mathrm{e}^{\mathrm{j}\omega\tau})v\right\|}{\|v\|} \tag{5.5}$$

当 ω 从 0 到 ω_{s} 变化时该增益 $\left\|G(\mathrm{e}^{\mathrm{j}\omega\tau})\right\|$ 的上界就是 G 的 H_∞ 范数。

式(5.5)是目前文献公认的计算机控制系统的频率响应的定义。Yamamoto 还给出了此频率响应$\left\|\boldsymbol{G}(\mathrm{e}^{\mathrm{j}\omega\tau})\right\|$的计算公式。下面的例 5.1 就是按 Yamamoto 的方法计算的例子。

【例 5.1】 设二阶对象：

$$G(s)=\frac{50^2}{s^2+10s+50^2} \tag{5.6}$$

给定采样时间$\tau=0.1\,\mathrm{s}$，用 Yamamoto 的算法逐点求得系统的频率响应，如图 5.2 所示。图中实线是原连续系统式(5.6)的频率响应特性，虚线是算得的 Yamamoto 定义的频率响应。由图 5.2 可以看出，原系统的静态增益是 0dB，其谐振峰值出现在频率$\omega=50\,\mathrm{rad/s}$处。但是 Yamamoto 的频率响应的静态增益却是将近 4dB，其谐振峰值则出现在频率$\omega=13\,\mathrm{rad/s}$附近。

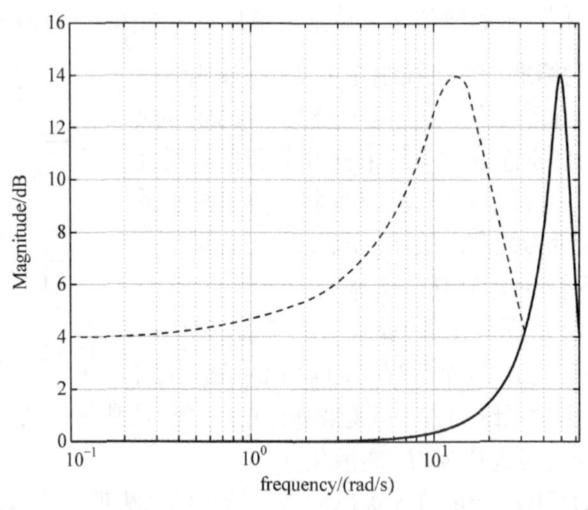

图 5.2　提升系统的频率响应

这说明用该方法所计算出的频率特性(图 5.2 中的虚线)并不是原系统的频率特性。实际上 Yamamoto 所定义的频率响应是在提升的概念下提出来的，实质上是提升系统的频率响应，并不是真正的计算机控制系统的频率响应。

5.2　基于频域提升技术的频率响应计算

频域提升技术是一种基于计算机控制系统对正弦信号稳态响应的纯频率域分析方法。频域提升技术和 5.1 节的连续时间域提升技术等价，只不过是直接在频率域进行运算。

设 y 是定义在信号空间$L_2[0,\infty)$上的信号，则它的傅里叶变换$\boldsymbol{Y}(\mathrm{j}\omega)$属于信号空间$L_2(-\infty,\infty)$。频域提升是指将这个傅里叶变换$\boldsymbol{Y}(\mathrm{j}\omega)$沿频率轴切成各个片段$\{Y_k(\mathrm{j}\omega)\}=\{Y(\mathrm{j}(\omega+k\omega_\mathrm{s})\}$，并构成一个无限维的向量$\boldsymbol{y}$：

$$\boldsymbol{y}(\omega)\triangleq[\cdots,Y_1^\mathrm{T}(\mathrm{j}\omega),Y_0^\mathrm{T}(j\omega),Y_{-1}^\mathrm{T}(\mathrm{j}\omega),\cdots]^\mathrm{T} \tag{5.7}$$

这个$\boldsymbol{y}$就是$\boldsymbol{Y}$的提升，其中$\omega\in\Omega_\mathrm{N}\triangleq[-\omega_\mathrm{s}/2,\omega_\mathrm{s}/2]$，$k$是整数。

y 是一个定义在几乎每一个频率点 $\omega \in \Omega_N$ 上的且在 l_2 空间取值的函数。这些在 l_2 空间取值的函数在如下的范数和内积定义下，构成一个 Hilbert 空间。

$$\|\boldsymbol{y}\| \triangleq \left(\int_{\Omega_N} \|\boldsymbol{y}(\omega)\|_{l_2}^2 \,\mathrm{d}\omega \right)^{1/2}$$

$$\langle \boldsymbol{y}, \boldsymbol{x} \rangle \triangleq \int_{\Omega_N} \langle \boldsymbol{y}(\omega), \boldsymbol{x}(\omega) \rangle_{l_2} \,\mathrm{d}\omega$$

这里用 $L_2(\Omega_N;l_2)$ 来表示这个空间。因为这个 $L_2(\Omega_N;l_2)$ 空间中的元素实际上是 $L_2(-\infty,\infty)$ 中元素的重新排列，因此两个空间是等距同构的且范数等价。

这个 $\{Y_k(\mathrm{j}\omega)\}$ 序列是能量有限的，即

$$\sum_{k=-\infty}^{\infty} \|Y_k\|^2 < \infty \tag{5.8}$$

这里用 $\mathcal{F}$ 来表示频域提升运算，如果 $\boldsymbol{G}$ 是定义在 L_2 上的有界算子，并且 $\mathcal{G}=\mathcal{F}G\mathcal{F}^{-1}$ 是与其相对应的 $L_2(\Omega_N;l_2)$ 算子，即 $(\mathcal{G}\boldsymbol{y})(\omega)=\boldsymbol{G}_\omega \boldsymbol{y}(\omega)$。

算子 $\boldsymbol{G}_\omega$ 为频率响应矩阵描述，称为提升后采样系统的频率响应(FR)算子，$\boldsymbol{G}_\omega$ 的 L_2 诱导范数可以根据如下式子进行计算：

$$\| \mathcal{G} \| = \sup_{\omega \in \Omega_N} \|\boldsymbol{G}_\omega\|_{l_2} \tag{5.9}$$

式(5.9)右项的标量函数 $\|\boldsymbol{G}_\omega\|_{l_2} : \Omega_N \to \mathrm{R}_0^+$ 就是算子 $\boldsymbol{G}_\omega$ 的频率响应增益。

对于线性时不变系统 $\boldsymbol{y}(t)=\boldsymbol{G}\boldsymbol{u}(t)$，其频域表示为 $\boldsymbol{Y}(\omega)=\boldsymbol{G}(\omega)\boldsymbol{U}(\omega)$。定义 $\omega_k := \omega + k\omega_s,\ k \in \mathbf{Z},\ \omega \in [0,\omega_s)$，则有

$$\boldsymbol{Y}(\mathrm{j}\omega_k) = \boldsymbol{G}(\mathrm{j}\omega_k)\boldsymbol{U}(\mathrm{j}\omega_k) \tag{5.10}$$

频域提升后的系统可以表示为 $\boldsymbol{y}_\omega = \boldsymbol{G}_\omega \boldsymbol{u}_\omega$，这里 $\boldsymbol{u}_\omega = \mathcal{F}\boldsymbol{u}(t)$ 和 $\boldsymbol{y}_\omega = \mathcal{F}\boldsymbol{y}(t)$ 是提升后的系统输入和输出信号，$\boldsymbol{G}_\omega$ 为无穷维列向量，为无穷维的对角矩阵，这样提升后的系统可以表示成如下的矩阵形式：

$$\begin{bmatrix} \vdots \\ \boldsymbol{Y}(\mathrm{j}\omega_k) \\ \vdots \end{bmatrix} = \begin{bmatrix} \ddots & & \\ & \boldsymbol{G}(\mathrm{j}\omega_k) & \\ & & \ddots \end{bmatrix} \begin{bmatrix} \vdots \\ \boldsymbol{U}(\omega_k) \\ \vdots \end{bmatrix} \tag{5.11}$$

根据频域提升算法，理想的采样开关 S 和零阶保持器 H 提升后的频率响应算子可以用如下的矩阵形式来表示：

$$\boldsymbol{S}_\omega = [\cdots \ \ \boldsymbol{I} \ \ \cdots] \tag{5.12}$$

$$\boldsymbol{H}_\omega = \frac{1-\mathrm{e}^{-\mathrm{j}\omega\tau}}{\tau} \begin{bmatrix} \vdots \\ \dfrac{\boldsymbol{I}}{\mathrm{j}\omega_k} \\ \vdots \end{bmatrix} \tag{5.13}$$

【例 5.2】 设图 5.3 系统中的对象 P 为

$$P(s) = \frac{1}{s^2+1} \tag{5.14}$$

本例以系统的输入端灵敏度 $S(\mathrm{j}\omega)$ 的计算为例，系统的采样周期为 1s。这里要说明的

是，图 5.3 的系统只能用正反馈才能镇定，即图 5.3 中的 $K_d = 0.75$。

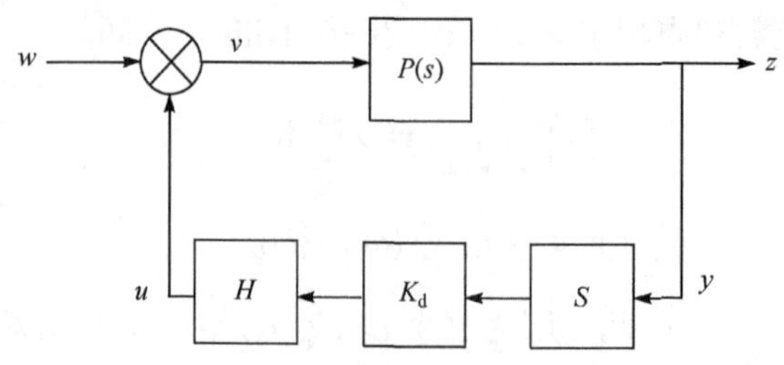

图 5.3　采样控制系统示例

注意到图 5.3 系统的闭环回路是带采样开关和保持器的单回路，这个单回路的特性应该是与经典的离散化的概念相符合的。对象 $P(s)$ 离散化后为

$$P(z) = \frac{(z+1)(1-\cos(\tau))}{z^2 - 2z\cos(\tau) + 1} \tag{5.15}$$

根据式(5.15)可得 $\omega = 1$ 的频率特性为

$$P(e^{j\omega\tau})\Big|_{\omega=1} = \infty$$

即这个离散回路的增益在 $\omega = 1$ 时为 ∞，对应的灵敏度 $S(j1)$ 就是零。这对应图 5.4 横坐标上 $\omega/\omega_N = 1/3.14 = 0.32$ 的点。但图中实线，即采用频域提升法所得的频率特性在此频率点上却等于 1，显然与实际的系统性能不一致。图 5.4 中虚线所示则是用 5.3 节所提出的直接计算方法得到的真实的频率响应曲线。

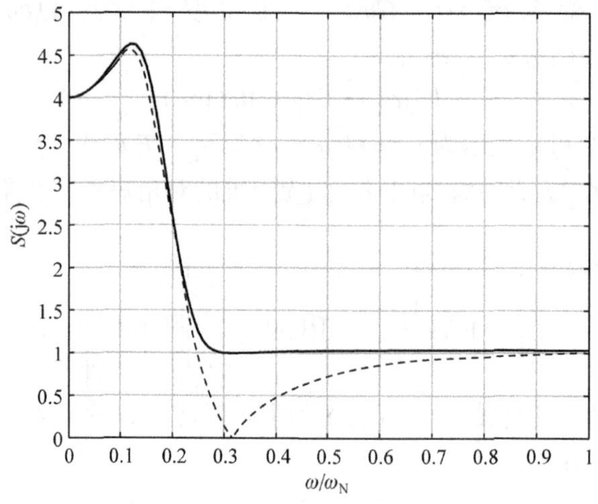

图 5.4　例 5.2 的输入端灵敏度 $S(j\omega)$，$\omega_N = \pi$

上面的算例表明，按现有的采样系统频率响应的定义，所得的结果无法与实际系统的性能结合起来。

5.3　计算机控制系统频率响应的直接计算

本节将介绍一种采样系统频率响应的算法，所算得的频率响应幅值的最大值就是系统

的 L_2 诱导范数，不存在混叠效应，且方法简单直观，物理概念清楚。

下面先通过一个具体问题来说明方法的实质，再推广到一般情形。图 5.5 所示是一个采样控制系统的扰动抑制问题。

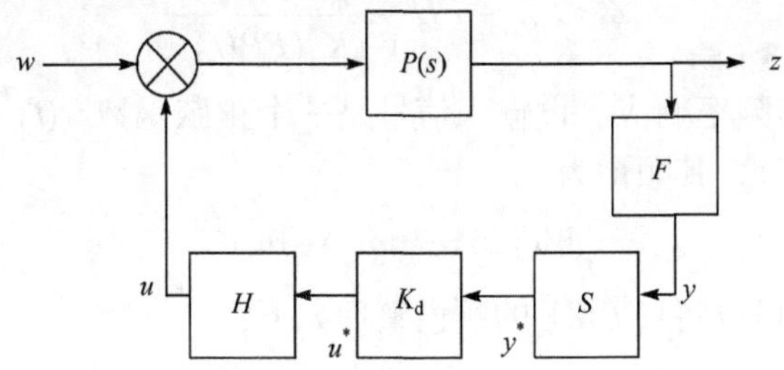

图 5.5　采样控制系统的扰动抑制问题

图 5.5 中 P 为对象；H 为保持器；S 为采样器；K_d 为数字控制器，K_d 前后的开关是为了强调控制器前后的信号都是离散的；F 为抗混叠滤波器(低通滤波器)。现在要计算的是从扰动信号 w 到输出 z 的系统的扰动抑制特性。

为了便于说明问题，这里将系统看成算子 T，将 w 到 z 看成是从 L_2 信号到 L_2 信号的映射。结合图 5.5，这个算子 T 形式上可写成

$$T = P + PHK_{\mathrm{d}}(\boldsymbol{I} - SFPHK_{\mathrm{d}})^{-1}SFP \tag{5.16}$$

式(5.16)表明采样系统的响应是由两部分组成的，右侧的第一项 P 表示有一部分信号是直通过去的，并未经过采样，就是连续系统的响应。第二项则是经过采样的，经典的采样控制理论应该是完全适用的。这种由两部分频率特性分别计算并相加的观点，就是本方法与现在流行的提升变换的根本区别。

这里在推导具体的计算关系式时，要用到一些标准的表示式：用“*”号表示采样信号，$Y^*(s)$ 表示采样信号的拉氏变换：

$$Y^*(s) = \frac{1}{\tau}\sum_{k=-\infty}^{\infty} Y(s + \mathrm{j}k\omega_{\mathrm{s}}) \tag{5.17}$$

$Y^*(\mathrm{j}\omega)$ 表示其频谱。其中，τ 为采样时间。

图 5.5 中各信号的变换式如下(注：在不需要特殊表明时，书中仅用大写字母来表示拉氏变换或频谱)。

$$Z(s) = P(s)W(s) + P(s)H(s)U^*(s) \tag{5.18}$$

$$Y^*(s) = (FPW)^*(s) + (FPH)^*(s)U^*(s) \tag{5.19}$$

$$U^*(s) = K_{\mathrm{d}}^*(s)Y^*(s) \tag{5.20}$$

其中，K_d 为数字控制器；H 为保持器

$$H(s) = \frac{1 - \mathrm{e}^{-\tau s}}{s} \tag{5.21}$$

式(5.19)中用括号括起来的部分表示乘在一起以后再离散化，例如，输入信号 w 到 P 再到 F 之间没有采样开关，所以应该将这三个拉氏变换/传递函数乘到一起后再离散化，表

示为$(FPW)^*$。

根据式(5.18)～式(5.20)可得输出信号的拉氏变换式：

$$Z = PW + PH\frac{K_{\rm d}^*(FPW)^*}{1-K_{\rm d}^*(FPH)^*} \tag{5.22}$$

现在来计算系统的频率响应。设输入信号是一个正弦函数$w(t)=\exp(\mathrm{j}\omega_0 t)$。这种函数也称为复数正弦(phasor)，其频谱为

$$W(\mathrm{j}\omega) = 2\pi\delta(\omega-\omega_0) \tag{5.23}$$

所以根据式(5.17)可以将$(FPW)^*$的频谱整理如下：

$$(FPW)^* = \frac{1}{\tau}\sum_{k=-\infty}^{\infty} F(\mathrm{j}\omega-\mathrm{j}k\omega_{\rm s})P(\mathrm{j}\omega-\mathrm{j}k\omega_{\rm s})2\pi\delta(\omega-\omega_0-k\omega_{\rm s})$$

因为输入信号的频率ω_0小于$\omega_{\rm s}/2$，而F为低通滤波，故信号$(FPW)^*$的频谱并没有重叠，它的频谱就只有主频段上ω_0处的脉冲函数，为

$$(FPW)^* = \frac{1}{\tau}F(\mathrm{j}\omega_0)P(\mathrm{j}\omega_0)2\pi\delta(\omega-\omega_0) \tag{5.24}$$

式(5.24)表明$(FPW)^*$也是一个正弦信号，其频谱等于输入正弦信号的频谱乘以相应的传递函数$F(\mathrm{j}\omega_0)P(\mathrm{j}\omega_0)/\tau$，因此可以将式(5.24)写成

$$(FPW)^* = \frac{1}{\tau}FPW \tag{5.25}$$

当然式(5.25)只对正弦输入有效。

将式(5.25)代入式(5.22)，整理后得

$$\begin{aligned} Z &= PW + P\frac{K_{\rm d}^*\left(\dfrac{1}{\tau}FPH\right)}{1-K_{\rm d}^*(FPH)^*}W \\ &= \left(P + P\frac{K_{\rm d}^*(FPH)^*}{1-K_{\rm d}^*(FPH)^*}\right)W \end{aligned} \tag{5.26}$$

式(5.26)的第二个等式是因为系统中存在抗混叠滤波器F，当$|\omega|>\omega_{\rm s}/2$时$|FPH|=0$，即频率特性没有重叠。因此根据式(5.17)，对于$\omega<\omega_{\rm s}/2$的正弦输入来说：

$$(FPH)^* = \frac{1}{\tau}FPH$$

如果换成通用的广义对象的符号，则式(5.26)可写成

$$\boldsymbol{Z} = (\boldsymbol{G}_{11} + \boldsymbol{G}_{12}\boldsymbol{K}_{\rm d}^*(\boldsymbol{I}-\boldsymbol{G}_{22}^*\boldsymbol{K}_{\rm d}^*)^{-1}\boldsymbol{G}_{21}^*)\boldsymbol{W} \tag{5.27}$$

或者改用现在文献中通用的符号，用脚标 d 来表示相应的离散化传递函数，则式(5.27)可写成

$$\boldsymbol{Z} = (\boldsymbol{G}_{11} + \boldsymbol{G}_{12}\boldsymbol{K}_{\rm d}(\boldsymbol{I}-\boldsymbol{G}_{22\rm d}\boldsymbol{K}_{\rm d})^{-1}\boldsymbol{G}_{21\rm d})\boldsymbol{W} \tag{5.28}$$

式(5.28)表明，采样控制系统的频率响应可根据如下的线性分式关系$F(\boldsymbol{G},\boldsymbol{K}_{\rm d})$来进行计算：

$$\boldsymbol{Z} = F(\boldsymbol{G},\boldsymbol{K}_{\rm d})\boldsymbol{W} \tag{5.29}$$

其中

$$G=\begin{bmatrix} G_{11}(\mathrm{j}\omega) & G_{12}(\mathrm{j}\omega) \\ G_{21\mathrm{d}}(\mathrm{e}^{\mathrm{j}\omega T}) & G_{22\mathrm{d}}(\mathrm{e}^{\mathrm{j}\omega T}) \end{bmatrix} \tag{5.30}$$

式(5.29)、式(5.30)表明，采样系统的频率响应可根据传递函数和离散化传递函数直接算得。由于频率响应的幅值最大值就是采样系统的 L_2 诱导范数，因而在计算系统的频率响应的同时，就可以很容易地得到采样控制系统的 L_2 诱导范数。这个方法比通过提升变换来计算范数简单直观，且易于掌握。

【例 5.3】　设图 5.5 中对象 P 为

$$P(s)=\frac{20-s}{(5s+1)(s+20)}$$

滤波器 F 为

$$F(s)=\frac{25\pi^2}{(s+5\pi)^2}$$

并取控制器 K_d 为

$$K_\mathrm{d}(z)=\frac{-8.3868(z-0.918)(z-0.1246)}{(z-0.9998)(z+0.07344)}$$

取采样周期 $\tau=0.1\mathrm{s}$，根据本节的方法(式(5.27))可以计算出采样系统的频率响应如图 5.6 所示。频率响应上的峰值就是该采样系统的 L_2 诱导范数，为 0.1729(等于−15.244dB)。

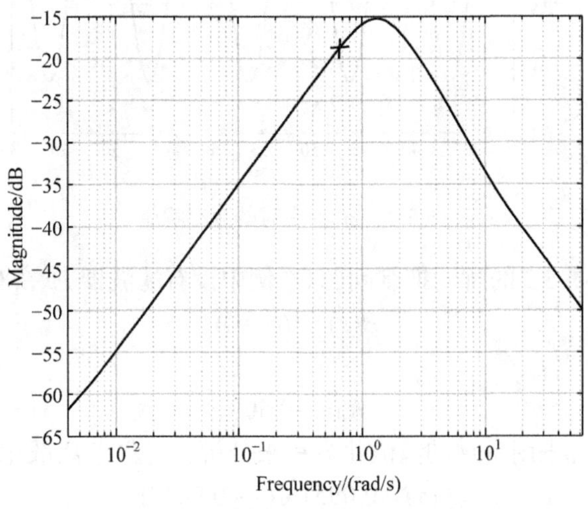

图 5.6　采样系统的频率响应

为了进行比较，这里还用 5.1 节提到的时间域提升法计算系统的 L_2 诱导范数，也是 0.1729，与上面根据式(5.27)算出的频率响应上读取最大幅值所得的结果是相同的。显然本节的方法简单、直观。

现在再来看正弦输入下的输出。一般来说，采样系统是时变的周期性系统，如果输入正弦信号，则其输出响应是非平稳的。这个概念对“全采样”的系统来说是对的，而对这里的采样控制问题来说(见图 5.5 和式(5.16))，有一个主要的信号通道是不经过采样的，所以系统的输出并不呈现明显的时变特性，尤其是低频段(此时误差信号(与离散回路有关)较小)，系统的响应呈现出平稳的(stationary)特性。图 5.7 所示就是本例中正弦频率高达 $\omega=0.628\text{rad/s}$ 时的输出响应曲线，这与一般的时不变系统的响应一样，看不出有时变特性。对本例的扰动抑制问题来说，峰值频率对应于系统过 0dB 线的频率 ω_c，因为那时回路增益已衰减到 1，误差最大。本例中峰值频率为 1.3rad/s，故图 5.7 的信号频率 0.628rad/s 对这个系统来说已经是相当高了，覆盖了决定系统性能(performance)的整个低频段。也就是说，在反映系统性能的频段上，这个采样系统呈现出时不变系统的特性。从图 5.7 可读得正弦的幅值为 0.1108。因为输入正弦的幅值为 1，所以输出与输入之比为 0.1108。而根据式(5.27)算得的频率响应(图 5.6)在 $\omega=0.628$ 处的读数为 0.1107(19.117dB，图中标“+”号的点)，可见所算得的频率响应与实际正弦输入下的响应在低频段是一致的，是可以实验测定和验证的。与前人的工作相比较，本书所计算的频率响应具有明确的物理意义。

图 5.7 的响应曲线是用 Simulink 混合仿真所得的曲线。仿真时对象 P 和滤波器 F 都是连续的环节，控制器是离散的。

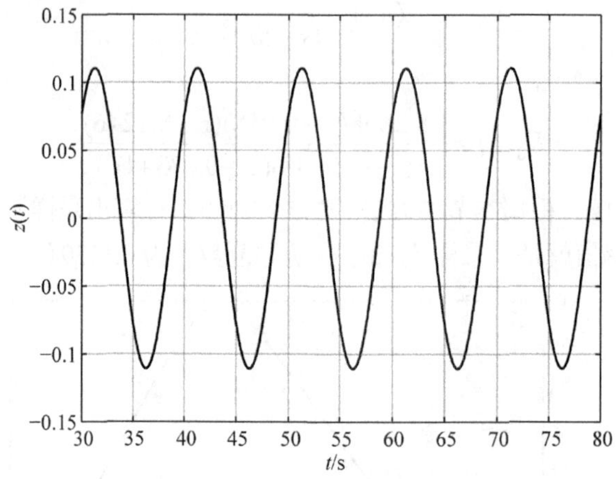

图 5.7　$\omega=0.2\pi$ 时的频率响应

【例 5.4】　考虑图 5.5 的扰动抑制问题(本例中没有滤波器 F)，对象 P 为

$$P(s)=1/(s+1)$$

并取控制器为比例控制器：

$$K_\mathrm{d}=-9.508$$

如果对本例的系统采用常规的离散化方法来分析，对象 P 离散化后为

$$P(z)=0.09516/(z-0.9048)$$

系统的闭环 z 传递函数为

$$T_{zw}(z)=\frac{P(z)}{1-K_\mathrm{d}P(z)}=\frac{0.09516}{z}$$

其对应的幅频特性 $\left|T_{zw}(\mathrm{e}^{\mathrm{j}\omega\tau})\right|=0.09516$，见图 5.8 中虚线 d。这表明离散化方法所得的频率特性(幅值)是一条水平线，并不衰减。

现在再用本节提出的采样控制系统的频率响应法来进行计算。根据式(5.27)来求此系统的频率响应，可得采样控制系统的频率响应如图 5.8 中实线所示，这条频率响应特性在低频段与离散的频率特性(虚线 d)是重合的，到高频段则衰减下来，这才是图 5.5 所示系统的真正的频率特性。

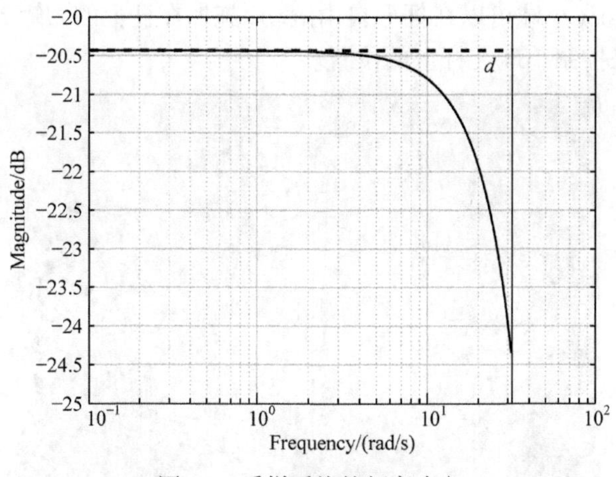

图 5.8　采样系统的频率响应

本例中用常规的离散化方法算得的频率响应(虚线 d)到高频段并不衰减，显然是不符合实际情况的。这说明简单地根据离散时刻的值来分析采样系统会得到不正确的结果。这也许就是当初要采用提升法的原因。但是提升法存在诸多问题，还需要从多方面来解决采样控制系统的分析和设计问题。

5.4　典型应用 I ——球杆系统

5.3 节给出的计算频率响应的方法不仅可以用来计算采样控制系统的 L_2 诱导范数，其本身也是有应用价值的，例如还可以用于非线性系统的分析。因为当用描述函数法来分析时，需要将系统分为线性部分和非线性部分。系统的非线性特性一般是连续的，故与其相连接的线性部分的输入/输出信号也都是连续的。如果所研究的是计算机控制系统，那么这个线性部分就是图 5.9 所示包含离散控制器 K_d 反馈回路的从 $w(t)$ 到 $z(t)$ 的系统。过去由于不能计算这个从 $w \to z$ 的频率响应，所以描述函数法只能用来分析连续系统与离散控制器结合部分的非线性，例如量化非线性、功放级饱和。现在可以利用本章给出的方法来计算计算机控制系统的线性部分频率响应，推广了描述函数法的应用范围。

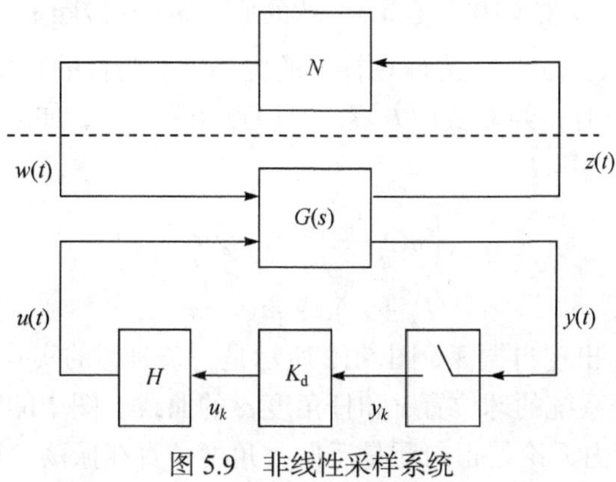

图 5.9　非线性采样系统

现结合一个球-杆系统的实例来进行分析。图 5.10 和图 5.11 是德国 Amira 公司生产的 BW500 球-杆实验系统，小球可以在杆上自由滚动，施加在杆上的力矩 τ 是系统的控制输入，通过控制杆的转动来控制小球在杆上的位置。

图 5.10　球-杆系统(实物)

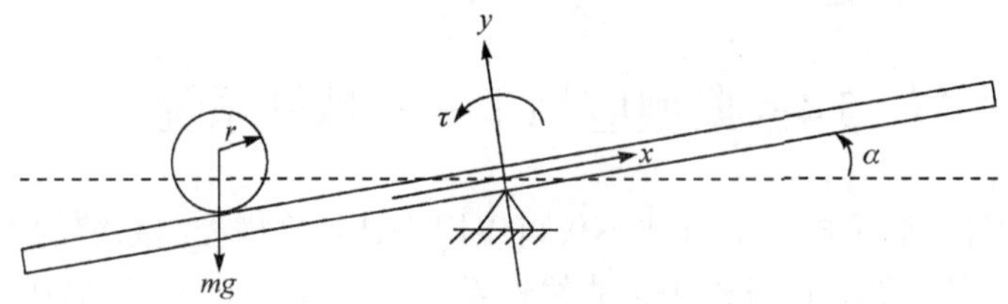

图 5.11　球-杆系统

球-杆系统的运动方程式为

$$\left(m+\frac{I_\mathrm{b}}{r^2}\right)\ddot{x}-mx\dot{\alpha}^2+mg\sin\alpha=0 \tag{5.31}$$

$$(mx^2+I_\mathrm{w}+I_\mathrm{b})\ddot{\alpha}+2mx\dot{x}\dot{\alpha}+mgx\cos\alpha=\tau \tag{5.32}$$

其中，球的转动惯量 $I_\mathrm{b}=4.32\times10^{-5}\mathrm{kg\cdot m^2}$；球的质量 $m=0.27\mathrm{kg}$；球的半径 $r=0.02\mathrm{m}$；杆的转动惯量 $I_\mathrm{w}=0.1402\mathrm{kg\cdot m^2}$； x 为球在杆上的位移； α 为杆的转角。

式(5.31)和式(5.32)是一组非线性方程。设原点为平衡点，如果按原点展开，其小偏差线性化方程为

$$\left(m+\frac{I_\mathrm{b}}{r^2}\right)\ddot{x}=-mg\alpha \tag{5.33}$$

$$(I_\mathrm{w}+I_\mathrm{b})\ddot{\alpha}+mgx=\tau \tag{5.34}$$

这个球-杆系统极易出现自振荡，图 5.12 所示是一条典型的实验记录曲线，是参考信号为 ±0.10 m 方波时球-杆系统的球位置 x 和杆角度 α 的曲线。图中的第一个方波周期内系统是稳定的，第二个周期内无论是正向还是反向，角度一直在振荡，球则围绕着平衡点来回

滚动，系统存在着自振荡。分析表明，这是因为比较重的钢球压在边缘较薄的铝槽上产生弹性变形致使系统中存在一种滞环特性。此球-杆系统的结构框图如图 5.13 所示。这里的非线性是杆偏转(式(5.34))到球真正滚动(式(5.33))之间的滞环特性，是夹在式(5.33)和式(5.34)两个动态方程式之间的非线性。

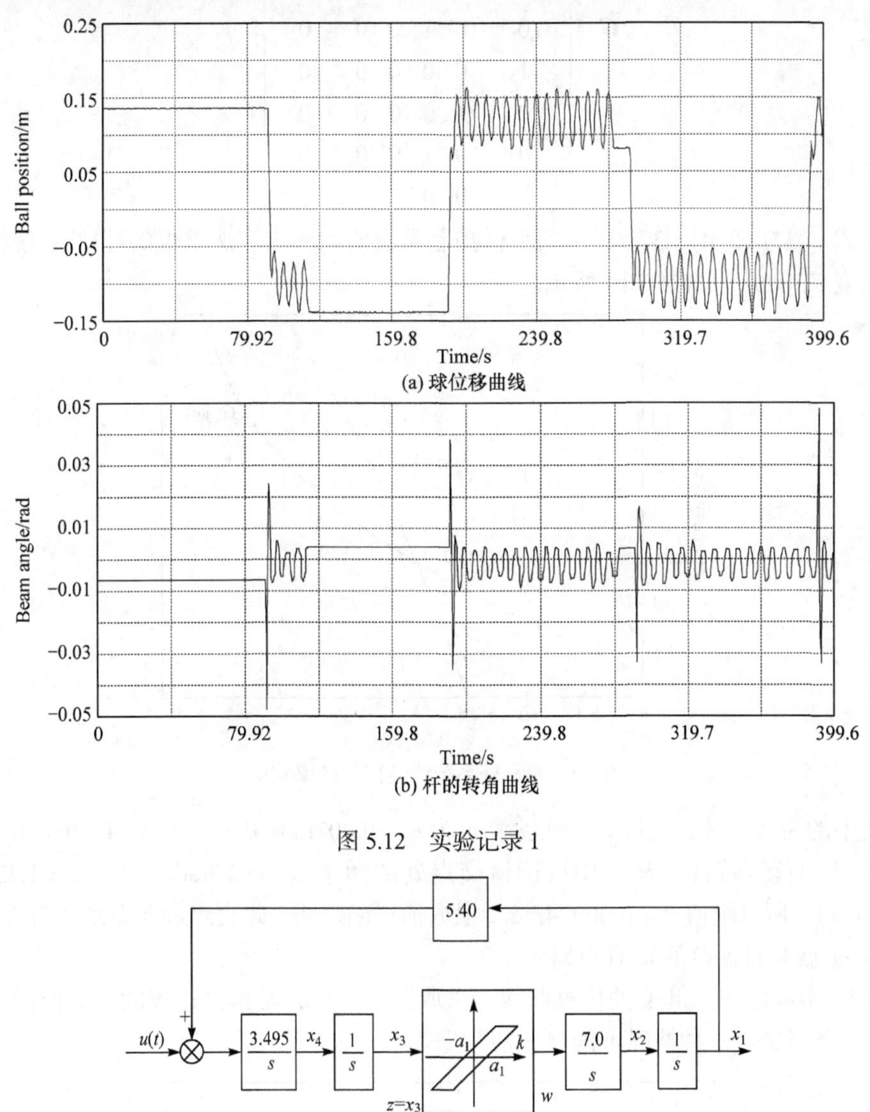

(a) 球位移曲线

(b) 杆的转角曲线

图 5.12　实验记录 1

图 5.13　球-杆系统中的非线性

此实验系统是采用数字控制的，采样周期 $\tau = 0.05\text{s}$ 。设对应的离散的状态反馈阵为

$$\boldsymbol{K}_{\text{d1}} = -\begin{bmatrix} 25.0418 & 26.9373 & 56.1205 & 6.1019 \end{bmatrix} \tag{5.35}$$

现在用本章所给出的方法来计算此非线性采样系统从 $w \to z$ 的系统线性部分的频率特性。设状态变量 $\boldsymbol{x}$ 为

$$\boldsymbol{x} \subset \begin{bmatrix} x_1 & x_2 & x_3 & x_4 \end{bmatrix}^{\text{T}} = \begin{bmatrix} x & \dot{x} & \alpha & \dot{\alpha} \end{bmatrix}^{\text{T}} \tag{5.36}$$

系统的广义对象 $\boldsymbol{G}$ 为

$$G=\begin{bmatrix} 0 & 1 & 0 & 0 & 0 & 0 \\ 0 & 0 & 0 & 0 & 7 & 0 \\ 0 & 0 & 0 & 1 & 0 & 0 \\ 18.873 & 0 & 0 & 0 & 0 & 3.495 \\ 0 & 0 & 1 & 0 & 0 & 0 \\ 1 & 0 & 0 & 0 & 0 & 0 \\ 0 & 1 & 0 & 0 & 0 & 0 \\ 0 & 0 & 1 & 0 & 0 & 0 \\ 0 & 0 & 0 & 1 & 0 & 0 \end{bmatrix} \tag{5.37}$$

根据式(5.37)，采用 5.3 节提出的采样控制系统的频率响应法求得的球-杆系统线性部分的频率响应 $T_{zw}(\mathrm{j}\omega)$，如图 5.14 所示。

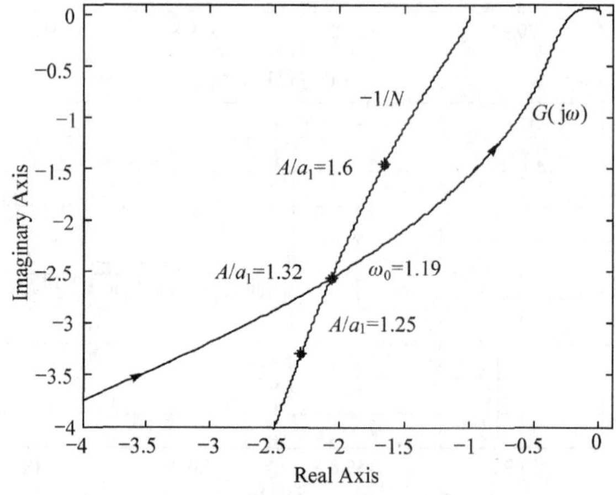

图 5.14　球-杆系统线性部分频率响应

本例中的滞环特性，经过大量实验测定为 $a_1=0.007\text{rad}=0.4°$。图 5.14 中的$-1/N$ 就是此滞环非线性的负倒特性。从图中可读得交点处的频率 $\omega_0=1.19\text{rad/s}$ 和 $A/a_1=1.32$ 。因为 $a_1=0.007\text{rad}$，所以幅值 $A=0.00924\text{rad}$ 。根据描述函数法，此交点表明系统中存在自振荡，这个 A 和 ω_0 就是自振荡的幅值和频率。

图 5.15 所示是 Simulink 的仿真曲线。采取混合仿真，对象是连续的，而控制器是离散的。表 5.1 所列是这三种情况下的自振荡数据。

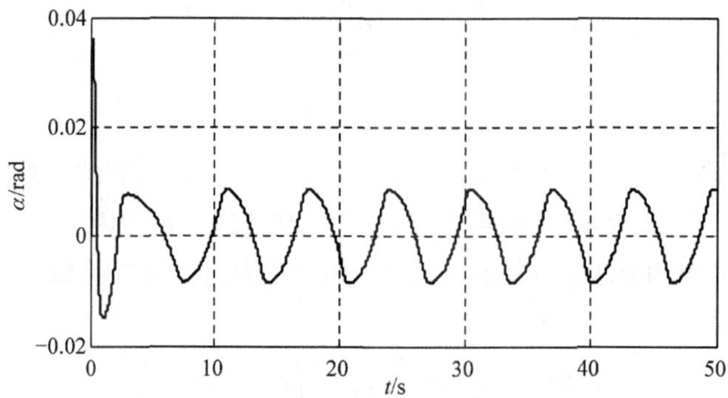

图 5.15　仿真所得的自振荡波形

表 5.1　转角的自振荡参数

三种情况	频率/(rad/s)	周期/s	峰-峰值/rad
描述函数法(图 5.14)	1.19	5.28	0.0185
仿真(图 5.15)	0.97	6.47	0.0171
实验(图 5.12(b))	1.1	5.71	0.0134

换用不同的反馈增益阵 $\boldsymbol{K}_\mathrm{d}$，会出现不同的自振荡频率和幅值，不过三种情况下的数据关系仍然是与表 5.1 相类似的。表 5.1 的这三种不同方法所得的结果如此接近，说明本章给出的频率响应具有明显的物理意义(与前人工作相比)，可应用于实际系统的分析。

这里要说明的是，滞环特性并不完全反映球-杆系统的特点，对球-杆系统来说，实验表明在平衡点附近的小区域内还存在一个死区特性 Ω ：

$$\Omega=\left\{(\alpha,\ \dot{\alpha})\big||\dot{\alpha}|<|\Delta\dot{\alpha}|,\ |\alpha|<|a_2|\right\} \tag{5.38}$$

所以这是一种带死区的滞环特性。仿真分析中 a_1 仍取其标称值 $0.007\mathrm{rad}$ ，而死区部分 Ω 的参数为

$$\begin{cases}a_2=0.0065\mathrm{rad}\\ \Delta\dot{\alpha}=0.002\mathrm{rad/s}\end{cases} \tag{5.39}$$

按式(5.39)参数仿真所得的结果见图 5.16，角度振荡一次后就稳定下来了，与图 5.12 前一个方波周期内的波形有相似的特性。当参数不变，仅改变 a_2 ，将 a_2 从式(5.33)的 $0.0065\mathrm{rad}$ 改成 $0.0064\mathrm{rad}$ 时，系统就出现了与图 5.15 一样的自振荡。这说明这个系统对 a_1 与 a_2 的相对关系极为敏感，稍有变化时就会从进入死区的稳定状态跳变为自振荡，或相反。而这个 a_1 和 a_2 是球压在杆上的弹性变形引起的，本身就带有不确定性。因此这个实验系统就会出现图 5.12 所示的情况，有时是稳定的(进入死区)，有时则出现自振荡，一直停不下来。

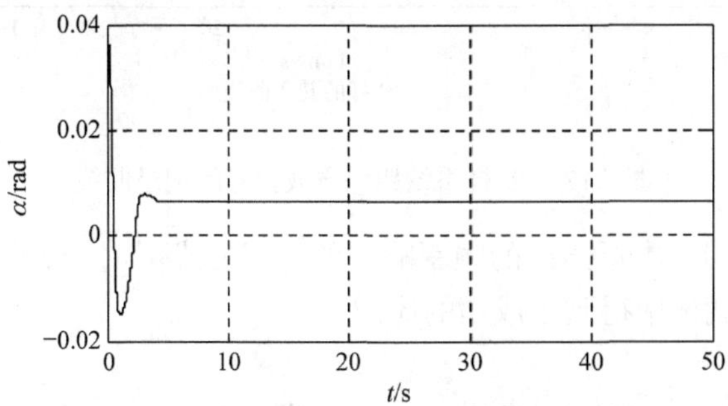

图 5.16　按式(5.39)的仿真曲线

因为这里有死区特性，所以杆和球是可以停下来的，但 a_1 和 a_2 相差不大，球只要一滚出 Ω 区域就会出现自振荡。所以状态反馈增益 $\boldsymbol{K}_\mathrm{d}$(见式(5.34))选择时应使系统的主导极点是一个单极点，即应该使系统呈现出一阶系统的特性。因为如果是一阶的特性，则其相轨迹是单侧趋近于死区的。如果按常规的复数主导极点来设计，则其相轨迹有可能要绕过死区，即有可能离开 Ω 区域，进入自振荡状态。

基于这个认识，对球-杆系统来说，应先按连续系统设计，使极点配置在−0.8，−4，−12.3382±j19.6387。当然也可以配置其他极点，主要是设法让只有一个单极点靠近原点。将这些极点按 $z = e^{sT}$ 的关系式转换为离散极点，再根据极点配置理论，得到离散的状态反馈阵为

$$\boldsymbol{K}_{d2} = -\begin{bmatrix} 37.5559 & 50.8261 & 97.2558 & 6.6962 \end{bmatrix} \tag{5.40}$$

图 5.17 所示就是在这个反馈阵 $\boldsymbol{K}_{d2}$ 控制下球-杆系统跟踪方波信号的记录曲线，每次阶跃变化后系统都能稳定下来，不再出现自振荡。

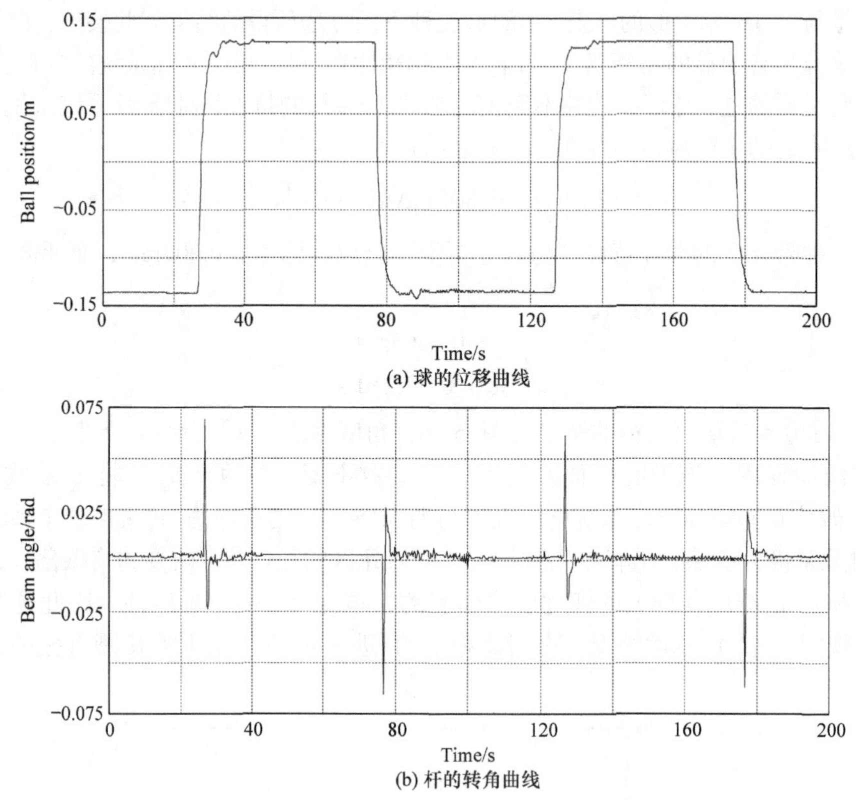

(a) 球的位移曲线

(b) 杆的转角曲线

图 5.17　球-杆系统跟踪方波信号的记录曲线

这个实验结果表明，本章给出的频率响应的计算公式可用于实际采样系统的分析，在实际数字控制系统的调试中得到了成功的应用。

5.5　典型应用Ⅱ——时滞不确定采样系统

采样系统是用一个离散时间的控制器去控制一个连续时间的对象，系统中既包含连续的动特性，也包含离散时间的动特性。这里讨论的时滞是指对象中存在的时间上的滞后现象，这是在过程控制领域中经常存在的一种信号或能量传递滞后的现象。目前大多数的理论工作都是将时间上的滞后用离散系统的概念来处理，即将时滞 h 看成采样周期 τ 的倍数。但是过程控制中对象的时滞并不一定等于 τ 的整数倍，且带有一定的不确定性。实际上，

整数倍时滞稳定的离散系统，当实际的时滞 h 并不是整数倍时，系统有可能变得不稳定。这里的问题是这个 h 是一种模拟量之间的滞后关系，不是离散的信号之间的关系。

对于具有不确定时滞的计算机控制系统，其鲁棒稳定性分析与纯连续和纯离散系统都不一样，为了得到一个不保守的稳定性条件，下面将提出一种新的用频率响应来确定是否存在由不确定时滞引起的周期解的方法，这是一种解析方法。

这里要说明的是，修正 z 变换也可用来分析采样系统中的时间滞后。采样系统中两个信号之间如果存在时间滞后 δ ($\delta<\tau$)，那么滞后信号采样所对应的 z 变换称为修正 z 变换。理论上修正 z 变换是可用来分析非整数倍时间滞后的，但计算复杂，一般只用于低阶系统，如二阶系统的分析。本节后面将采用修正 z 变换来进行配合性的说明和验证。

5.5.1　时滞不确定系统的稳定性分析

设所考虑的连续对象为

$$P_0(s)\mathrm{e}^{-hs} \tag{5.41}$$

其中，$P_0(s)$ 为一个稳定的有理传递函数；h 为时滞时间

$$h=v\tau+h_u\,,\quad v\in\mathbb{Z}^+,\quad h_u\in[0,\tau) \tag{5.42}$$

图 5.18 所示就是所研究的时滞采样控制系统。这里将时滞 h 分成两部分：采样周期 τ 的整数倍时滞部分和余下部分，并将整数倍时滞与连续部分的 P_0 合为一个对象特性 P：

$$P(s)=P_0(s)\mathrm{e}^{-v\tau s} \tag{5.43}$$

而余下部分 $\mathrm{e}^{-h_u s}$ 代表了模拟量信号滞后时间的不确定性。图中 H 为保持器，S 为采样器，K_d^* 为离散的数字控制器，K_d^* 前后的开关是为了强调控制器前后的信号都是离散的。

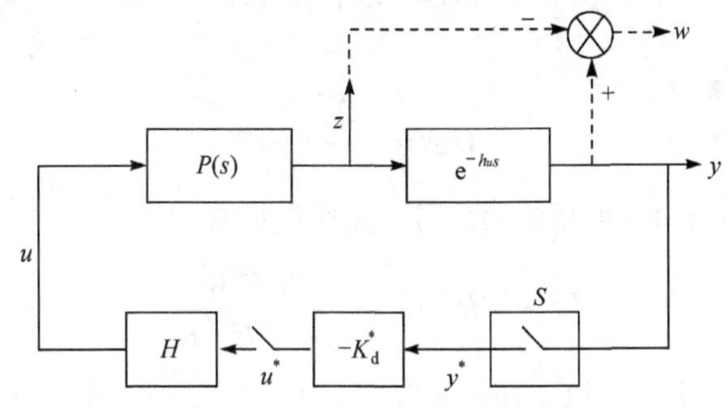

图 5.18　时滞采样控制系统

现将图 5.18 的系统拆分成图 5.19 的形式。这是将时滞部分分成并行的两个通道：一个直通通道和一个包含时滞特性的通道($\mathrm{e}^{-h_u s}-1$)。这样，系统就由上下两部分组成，下半部的输入信号为 w，输出信号为 z。注意到在采样控制系统中 w 和 z 都是连续信号，不过在 w 到 z 的连续信号的回路中还包含离散信号。图 5.19 中 w 信号的含义可以通过图 5.18 来说明。图 5.18 中的虚线部分表示了这个 w 信号的组成：

$$w=y-z \tag{5.44}$$

可见这个 w 信号就是时滞环节前后的信号差。图 5.19 中将系统在 w 和 z 处分开，所考察的

就是这个时滞前后信号差(w)的动态特性。如果这个$w(t)$能收敛到稳态值0，就表明这个时滞系统是稳定的。由于时滞环节这个连续时间的动特性与系统其他动态部分的相互作用，时滞环节前后的信号差有可能是发散的，即w可能发散。这就是采样系统中连续时间时滞不确定性影响系统稳定性的原因。这也就是本书中采用图5.19的结构来研究鲁棒性的缘由。需要说明的是，这个w信号是本书分析中用的一个中间信号，实际应用中并不要求去获取它。上面的说明只是说明这个w信号的物理含义。当然，图5.19的思路也可以用来研究一般的连续时滞系统的鲁棒性。

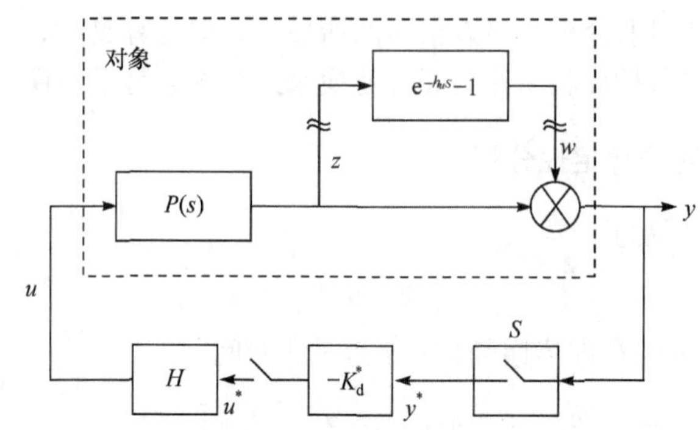

图5.19　时滞采样控制系统分析用的框图

现在来计算图5.19中从w到z的频率响应特性。这一回路中各信号的拉氏变换式为

$$Z(s)=P(s)H(s)U^*(s) \tag{5.45}$$

$$Y^*(s)=(PH)^*U^*(s)+W^*(s) \tag{5.46}$$

$$U^*(s)=-K_d^*(s)Y^*(s) \tag{5.47}$$

其中，$H(s)$为保持器

$$H(s)=\frac{1-e^{-\tau s}}{s} \tag{5.48}$$

根据式(5.45)～式(5.47)可得输出信号的拉氏变换式为

$$Z=-PHK_d^*Y^*=-\frac{PHK_d^*W^*}{1+(PH)^*K_d^*} \tag{5.49}$$

设输入信号是一个正弦函数，并设系统中有低通滤波器，不存在高频信号的混叠，所以可以将式(5.49)中的W^*换成W，从而得到输出对输入的频率响应特性为

$$\frac{Z}{W}=-\frac{PHK_d^*}{1+(PH)^*K_d^*} \tag{5.50}$$

式(5.50)中的负号反映了控制器K_d^*的负反馈作用(图5.19)。现将该负号单独提出，并用$T_{zw}(j\omega)$来定义这部分的频率响应，即定义：

$$T_{zw}=\frac{PHK_d^*}{1+(PH)^*K_d^*} \tag{5.51}$$

这里的分析中要求$T_{zw}(j\omega)$是稳定的。而从图5.19可以看到，$w\to z$的这一回路是整数倍时滞采样系统，其稳定性很容易用常规的离散化设计来保证。

在正弦信号的假设下，图 5.19 可简化成图 5.20 的形式，图中 $D(j\omega)$ 为

$$D(j\omega)=e^{-j\omega h_u}-1 \tag{5.52}$$

图 5.20 是一种负反馈连接。根据频率法可知，如果：

$$T_{zw}\cdot D=\frac{PHK_d^*}{1+(PH)^*K_d^*}\cdot D=-1 \tag{5.53}$$

即系统的 Nyquist 图线经过−1 点，这时系统就是临界稳定的。

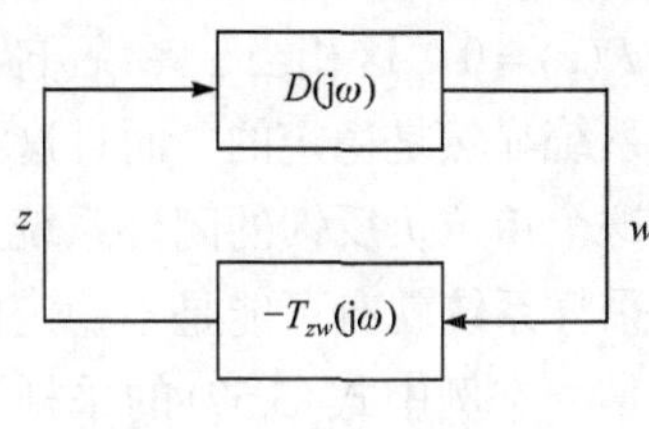

图 5.20　系统的反馈连接

将式(5.53)改写如下：

$$\frac{PHK_d^*}{1+(PH)^*K_d^*}=-\frac{1}{D} \tag{5.54}$$

式(5.54)的左侧与时滞 h_u 无关，而右侧则只与时滞的参数 h_u 有关，根据二者的相对关系就可以判断系统在此时滞下的稳定性。

注意到 $-1/D(j\omega)$ 的图形是非常简单的。根据式(5.52)可得

$$-1/D(j\omega)=0.5-j0.5\cot(\omega h_u/2) \tag{5.55}$$

式(5.55)表明，D 的负倒特性是一条在实轴 0.5 处平行于虚轴的直线，实轴以下的一段直线对应于 ωh_u 从 $0\to\pi$。由此可见，式(5.54)左右两项的交点在第 2 象限。$-1/D$ 的直线是由下往上，而频率特性 $T_{zw}(j\omega)$ 的走向（ω 增加方向）是由右向左。设二者相交时的时滞为 h_{uc}，频率为 ω_c。当系统的时滞 $h_u>h_{uc}$ 时，$-1/D$ 上的点将处于频率特性上频率增加方向的右侧。这个 $-1/D$ 相当于频率法中的−1 点，当−1 点在频率特性的右侧时，系统不稳定。也就是说，若系统的时滞大于 h_{uc}，该采样系统是不稳定的。h_{uc} 就是鲁棒稳定的上限。如果系统的频率特性 $T_{zw}(j\omega)$ 在进入第 2 象限时其实数部分已小于 0.5，就不会与 $-1/D$ 线相交，也就不会因为有时滞 h_u 而不稳定。这就是时滞无关稳定性。这里的时滞 h_u 是指与整数倍时滞的差值(见式(5.42))，所以这里的与时滞无关稳定是指按整数倍时滞的离散系统设计不会因实际上时滞有摄动而出现不稳定。这个基于 Nyquist 判据的图解解析法概念清晰，便于实际应用。当然式(5.44)只是正弦周期解的条件，如果波形与正弦形出入较大，那么计算结果是会有误差的(见 5.5.2 节)。

5.5.2　算例

【例 5.5】　设一个单位负反馈的采样控制系统，其连续对象为

$$P_0(s)e^{-hs}=\frac{s}{s^2+2\varsigma s+1}e^{-hs} \tag{5.56}$$

其中，h 为时滞时间，见式(5.42)；ς 为阻尼比。本例中设采样周期为

$$\tau=\pi/\sqrt{1-\varsigma^2} \tag{5.57}$$

如果 h 为整数倍时滞，$h=v\tau$，此时对象特性为

$$P(s)=\frac{se^{-v\tau s}}{s^2+2\varsigma s+1} \tag{5.58}$$

根据常规的离散化方法可知，当采样周期 τ 为式(5.57)时，式(5.58)的 z 传递函数 $P(z)=0$。这相当于系统开路，但因为对象是稳定的，在单位负反馈控制下(图 5.18)，这个系统显然是稳定的，而且这个系统在任意整数 v 下都是稳定的。即在离散(时间)的概念下，这个单位负反馈的闭环系统是时滞无关稳定的。但是如果 h 与整数倍时滞 vh 有差别，这个采样系统就有可能是不稳定的。

本例中式(5.57)的采样和 $P(z)=0$ 属于病态采样，但本书的方法则不受病态采样的限制，而且这个例子确有其特殊之处，通过这个例子还可进一步说明本书方法的适用条件。

具体计算时，本例中设整数 $v=1$，即对象的时滞为

$$h=\tau+h_u \tag{5.59}$$

即图 5.18 中含有整数倍时滞的对象为

$$P(s)=\frac{se^{-\tau s}}{s^2+2\varsigma s+1} \tag{5.60}$$

根据式(5.57)，设本例中的采样周期 $\tau=3.3\text{s}$，$\varsigma=0.3061$。

本例为单位负反馈，即 $K_{\mathrm{d}}^*=1$。将式(5.60)代入式(5.61)，并注意到本例中的 $P(z)=0$，即 $(PH)^*=0$，得

$$T_{zw}(\mathrm{j}\omega)=P(s)H(s)\big|_{s=\mathrm{j}\omega}=\frac{se^{-\tau s}}{s^2+2\varsigma s+1}\frac{1-e^{-\tau s}}{s}\bigg|_{s=\mathrm{j}\omega} \tag{5.61}$$

图 5.21 所示为所得的频率响应 $T_{zw}(\mathrm{j}\omega)$。当 $\omega=0.5\,\text{rad/s}$ 时，$T_{zw}(\mathrm{j}\omega)$ 与 $-1/D$ 线相交。根据交点处的坐标，从式(5.52)可得对应的 $h_u=1.12\text{s}$，说明该采样系统的时滞当超出采样周期 τ 的值达到 1.12s 时就会失去稳定性。

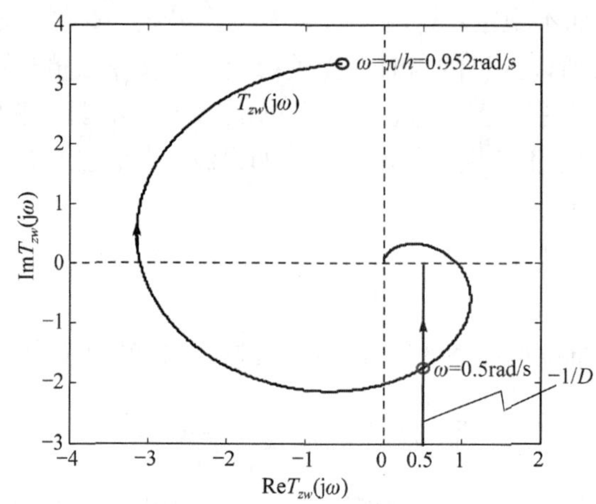

图 5.21　时滞采样系统的稳定性判别

现在对所得结果进行验算。利用修正的 z 变换(modified z-transform)公式，根据式(5.41)

和式(5.42)可得图 5.18 系统中对象的 z 传递函数为

$$Z\left\{P_0(s)\mathrm{e}^{-hs}\right\}=\frac{\mathrm{e}^{\varsigma h_u}\sin\left(\sqrt{1-\varsigma^2}\,h_u\right)}{\sqrt{1-\varsigma^2}}\frac{z-1}{z(z\mathrm{e}^{\varsigma\tau}+1)}z^{-\nu} \tag{5.62}$$

本例中 $\varsigma=0.3061$，τ=3.3s，ν=1。根据式(5.62)可得本例中的闭环系统的特征方程式。当 $h_u=1.28\mathrm{s}$ 时，得该特征方程式为

$$(z-0.5292)(z^2+0.8933z+1.004)=0 \tag{5.63}$$

式(5.63)表明，z 平面上的一对特征根正好超出单位圆，说明时滞大于 1.28s 时系统就不稳定了。图 5.22 就是 $h_u=1.28\mathrm{s}$ 时，按图 5.18 的系统结构所得的混合仿真结果。仿真时的初始条件是 $z(0)=1$，系统在这组参数下刚开始要发散，与式(5.63)的特征方程式的分析结果是一致的。

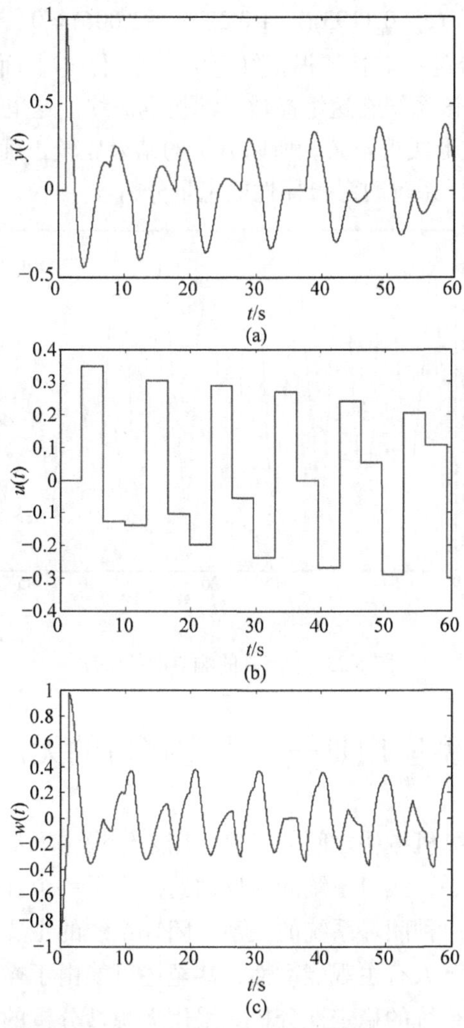

图 5.22　时滞 τ=3.3+1.28 时的调节过程

图 5.21 用图解解析法求得的系统鲁棒稳定的时滞上限是 $h_u=1.12\,\mathrm{s}$，而实际的上限是

1.28s（式(5.62)）。引起误差的原因是这个病态采样系统 $w(t)$ 的波形与正弦形有一定差别（图 5.22）。这说明，如果波形较差，上面的图解解析法可以提供一个定性分析的结果，如果波形接近正弦形，那么这个方法就可给出一个定量的结果。

【例 5.6】 本例是一个正常的采样系统。设图 5.18 中的连续对象为

$$P(s)=\frac{4.2}{s^2+2s+4} \tag{5.64}$$

并设采样周期 $\tau=1\text{s}$。

与例 5.5 类似，根据式(5.64)，可算得在单位反馈（$K_{\mathrm{d}}^*=1$）作用下的频率响应 $T_{zw}(\mathrm{j}\omega)$（式(5.51)）。该 $T_{zw}(\mathrm{j}\omega)$ 曲线与 $-1/D$ 线相交处的参数为 $\omega=1.77\text{rad/s}$，$h_u=0.56\text{s}$。

式(5.64)是比较简单的，故可求得其修正的 z 变换式，并进而求得在这个摄动值 $h_u=0.56\,\text{s}$ 时闭环系统的特征方程式为

$$(z+0.1193)(z^2+0.2901z+1.006)=0 \tag{5.65}$$

式(5.65)表明，该系统的一对特征根正好超出单位圆，与上面图解解析法所得的结果是一致的。图 5.23 所示就是该系统在这组参数下的仿真曲线。这里只给出 $w(t)$ 在开始要发散的前 40s 的图形。由于波形接近正弦，所以分析的结果比较正确。本例属于正常设计，表明本书的图解法可用于采样系统时滞鲁棒性的定量分析。

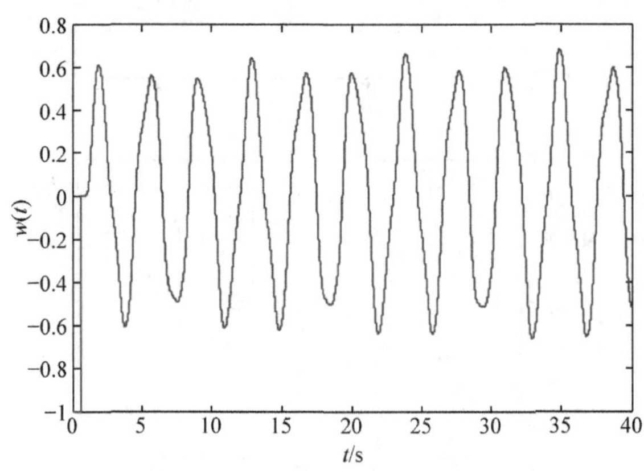

图 5.23　例 5.6 的响应曲线 $w(t)$

5.6　典型应用Ⅲ——力觉接口的无源性设计

力觉接口是指人和操纵机械手之间的接口，用来给操作人员提供操作时的一种虚拟环境。人通过接口操纵机械手，接口系统同时反馈给操纵手一个虚拟环境的信号(力)，也就是说人和接口系统形成了一种闭环系统的关系。闭环系统的主要性能就是稳定性。但是这种闭环系统中包含人，由于人有主观能动性，甚至还可能由于操作不当，通过手柄激发起振荡，所以对于这种闭环系统的稳定性分析宜采用无源性分析的方法。因为从无源性理论可知，由两个无源性系统构成的负反馈系统仍是无源的，即是稳定的。在人操纵接口装置的手柄时，人的响应特性可以视为无源的，所以如果接口系统也是无源系统，那么由人和

接口装置形成的闭环系统就是稳定的，而且构成虚拟环境的接口装置的无源性要求也符合实体环境的物理特点。因为如果(机械手)遇上了墙体，墙体本身就是无源的，不会激起振荡，即不可能输出能量，所以无源性是这类系统设计的基础。目前已有文献用提升法或用纯离散的方法给出了系统无源性的条件，但是这些条件存在着很大的保守性。本节将直接从计算机控制系统频率特性的角度来给出这个无源性的条件，并与已有的条件进行对比和分析。

5.6.1　无源性及无源性条件

图 5.24 是一个单自由度力觉系统模型，图中 m 表示执行机构(直线电动机)可动部分的质量，b 是黏滞摩擦系数，H 是零阶保持器，S 是采样器，K_d 为离散控制器，用来模拟虚拟墙体。在具体计算中设 m=0.5kg，b=0.1N·s/m。

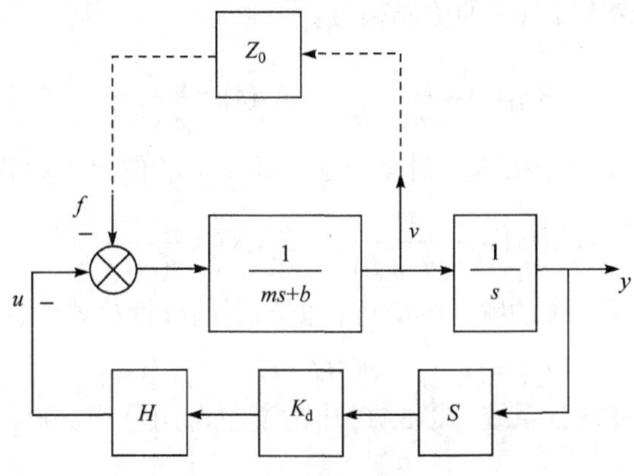

图 5.24　力觉系统模型

对一个力觉接口来说，输入的功率是施加的力 $f(t)$ 和速度 $v(t)$ 的乘积。如果这个接口是无源的，那么这个功率的积分将大于或等于零，即

$$\int_0^t f(\tau)v(\tau)\mathrm{d}\tau \geqslant 0, \qquad \forall f(t), t \geqslant 0 \tag{5.66}$$

从系统的角度来说，若输入是 $f(t)$，输出为 $v(t)$，则满足式(5.66)的系统称为无源系统。所以力觉系统取 $v(t)$ 为输出。

当操作遇到墙体时的环境应该是非线性的，但是为了便于进行分析和处理，可以用一个大的阻抗来表示这个虚拟环境，这时对应的刚度 $K \approx 2000 \sim 8000\,\mathrm{N/m}$。

讨论具体的无源性条件时，一般常将 K_d 写成 PD 控制器，即

$$K_\mathrm{d}(z) = K + B\frac{z-1}{\tau z} \tag{5.67}$$

其中，τ 为采样周期。

下面根据 5.3 节计算采样控制系统频率特性的方法，直接从 $w \to z$ 的频率特性 $T_{zw}(\mathrm{j}\omega)$ 来讨论无源性的条件。因为对线性系统来说，无源性就是正实性，无源性的条件就是 $T_{zw}(\mathrm{j}\omega)$

正实性的条件。

现结合图 5.25 所示的接口系统(去掉 Z_0 后的部分，Z_0 为操作者阻抗)来进行讨论。

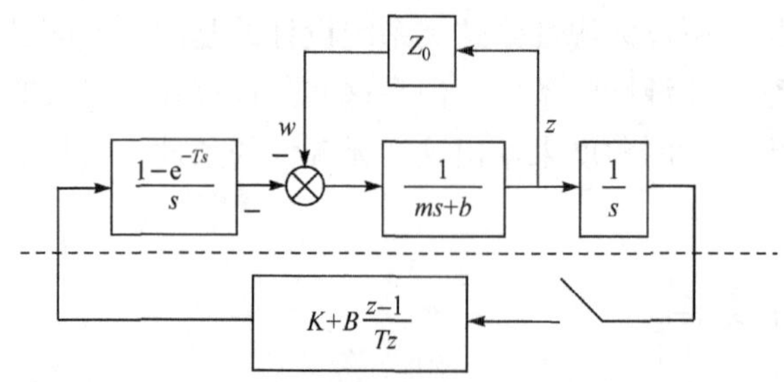

图 5.25　无源性分析中系统的划分

先定义连续对象的几个传递函数。设 G_{11} 是对象的第 1 个输入 w 到第 1 个输出 z 的传递函数，G_{12} 是第 2 个输入 u 到 z 的传递函数：

$$G_{11}(s)=\frac{1}{ms+b},\quad G_{12}(s)=\frac{-1}{ms+b} \tag{5.68}$$

同理，从第 1 个输入和第 2 个输入到对象第 2 个输出 y 的传递函数分别是

$$G_{21}(s)=\frac{1}{s(ms+b)},\quad G_{22}(s)=\frac{-1}{s(ms+b)} \tag{5.69}$$

根据 5.3 节，计算机控制系统的频率响应可根据如下的线性分式变换来计算：

$$T_{zw}=G_{11}+G_{12}K_{\rm d}(I-G_{22\rm d}K_{\rm d})^{-1}G_{21\rm d} \tag{5.70}$$

因为现在处理的是 SISO 系统，式(5.70)中的逆也可用分子、分母相除来表示。将式(5.68)代入式(5.70)可得

$$T_{zw}=\frac{1}{ms+b}\left(1-\frac{K_{\rm d}G_{21\rm d}}{1-G_{22\rm d}K_{\rm d}}\right)$$

根据式(5.69)可知，$G_{22\rm d}=-G_{21\rm d}$，故上式整理后可得

$$T_{zw}=\frac{1}{(ms+b)}\frac{1}{(1-G_{22\rm d}K_{\rm d})} \tag{5.71}$$

其中，$G_{22\rm d}$ 是离散化传递函数，当用频率 ω 来表示频率特性时，为

$$G_{22\rm d}(\mathrm{j}\omega)=\frac{1}{\tau}\sum_{n=-\infty}^{\infty}\frac{1-\mathrm{e}^{-\mathrm{j}(\omega+n\omega_{\rm s})\tau}}{\mathrm{j}\omega+\mathrm{j}n\omega_{\rm s}}G_{22}(\mathrm{j}\omega+\mathrm{j}n\omega_{\rm s})$$

其中，$\omega_{\rm s}=2\pi/\tau$，故上式中的指数项可提出，得

$$G_{22\rm d}(\mathrm{j}\omega)=\frac{1-\mathrm{e}^{-\mathrm{j}\omega\tau}}{\tau}\sum_{n=-\infty}^{\infty}\frac{G_{22}(\mathrm{j}\omega+\mathrm{j}n\omega_{\rm s})}{\mathrm{j}\omega+\mathrm{j}n\omega_{\rm s}} \tag{5.72}$$

注意到式(5.72)中的求和项 Σ 是指包括沿频率轴的所有项，而一般设计时只要考虑主频段(n=0)。因此当考虑主频段时，即 0 ～ $\omega_{\rm s}$ 频段时，可将式(5.72)写成

$$G_{22\rm d}(\mathrm{j}\omega)=\frac{1}{\tau}\frac{1-\mathrm{e}^{-\mathrm{j}\omega\tau}}{\mathrm{j}\omega}G_{22}(\mathrm{j}\omega) \tag{5.73}$$

注意式(5.73)中的

$$\frac{1-\mathrm{e}^{-\mathrm{j}\omega\tau}}{\mathrm{j}\omega}=\tau\frac{\sin(\omega\tau/2)}{\omega\tau/2}\mathrm{e}^{-\mathrm{j}\omega\tau/2} \tag{5.74}$$

这就是零阶保持器的频率特性 $H_0(\mathrm{j})$。一般系统的工作频带在 $0.1\omega_{\mathrm{N}}$ 以内，ω_{N} 为 Nyquist 频率，$\omega_{\mathrm{N}}=\omega_{\mathrm{s}}/2=\pi/\tau$。当 $\omega\tau$ 以 $0.1\omega_{\mathrm{N}}\tau=0.1\pi$ 代入时可得零阶保持器的增益 $|H_0(\mathrm{j}\omega)|=0.9958\tau$，故为简化讨论，今后将零阶保持器的增益视为常数 τ，即式(5.74)可写成

$$H_0(\mathrm{j}\omega)=\tau\mathrm{e}^{-\mathrm{j}\omega\tau/2} \tag{5.75}$$

将式(5.75)代入式(5.73)，可得本例中的离散化对象 $G_{22\mathrm{d}}$ 为

$$G_{22\mathrm{d}}(\mathrm{j}\omega)=G_{22}(s)\mathrm{e}^{-(\tau/2)s}=-\left.\frac{\mathrm{e}^{-(\tau/2)s}}{s(ms+b)}\right|_{s=\mathrm{j}\omega} \tag{5.76}$$

将式(5.76)和式(5.67)代入式(5.71)可得采样系统的连续的输入信号与输出信号之间的频率特性：

$$\begin{aligned}T_{zw}(\mathrm{j}\omega)&=\left.\frac{1}{(ms+b)}\frac{1}{1+\dfrac{\mathrm{e}^{-(\tau/2)s}}{s(ms+b)}\left[K+\dfrac{B}{\tau}\left(1-\mathrm{e}^{-s\tau}\right)\right]}\right|_{s=\mathrm{j}\omega}\\&=\left.\frac{s}{ms^2+bs+\left(K+\dfrac{B}{\tau}-\dfrac{B}{\tau}\mathrm{e}^{-s\tau}\right)\mathrm{e}^{-(\tau/2)s}}\right|_{s=\mathrm{j}\omega}\end{aligned} \tag{5.77}$$

式(5.77)的分子比较简单，这表明用 $T_{zw}(\mathrm{j}\omega)$ 的倒数来进行讨论将更为方便。事实上：

$$\mathrm{Re}\{T_{zw}(\mathrm{j}\omega)\}^{-1}>0\ \Rightarrow\ \mathrm{Re}\{T_{zw}(\mathrm{j}\omega)\}>0 \tag{5.78}$$

所以只要求 T_{zw}^{-1} 是正实就可以了。根据式(5.77)可得

$$\mathrm{Re}\{T_{zw}(\mathrm{j}\omega)\}^{-1}=b-\frac{K\tau+B}{2}\frac{\sin(\omega\tau/2)}{\omega\tau/2}+\frac{3B}{2}\frac{\sin(3\omega\tau/2)}{3\omega\tau/2}>0 \tag{5.79}$$

式(5.79)中第二项的 $\dfrac{\sin(\omega\tau/2)}{\omega\tau/2}$ 的最大值为 1，故要求 $\mathrm{Re}>0$ 的条件就是

$$b>\frac{K\tau+B}{2} \tag{5.80}$$

至于式(5.79)中的第三项在开始低频段是正的，中间有一段频率上是负的，但其值随 ω 增加衰减得很快，故在式(5.80)的条件中不予考虑。

式(5.80)尚可进一步整理如下：

$$\frac{b}{B}>\frac{K\tau}{2B}+\frac{1}{2}$$

即

$$\beta>\frac{1}{2\alpha}+\frac{1}{2} \tag{5.81}$$

再进一步，对于当前的技术来说，采样周期已经可以做到 ms 级，这时式(5.67)中的差

分作用与连续的微分已相当接近，如果以连续的 PD 控制律来代替式(5.67)：

$$K(s)=K\left(1+\frac{B}{K}s\right)=K(1+T_{\mathrm{d}}s) \tag{5.82}$$

则根据上面同样的推导，可得这时的无源性条件为

$$\beta>\frac{1}{2\alpha} \tag{5.83}$$

图 5.26 给出了式(5.81)和式(5.83)的无源性划分曲线，图中实线为式(5.83)的无源性划分曲线，虚线为式(5.81)的无源性划分曲线。曲线的上部对应各自的无源区域，为了对比还加入了前人文献给出的无源性划分曲线，见图中的点线。由图可见，前人文献所给出的无源区最窄，保守性最大。为节省篇幅，本节对无源性不再进行单独验证。因为 5.6.2 节设计问题的分析计算，实际上也是对这里的无源性划分的一种验证。

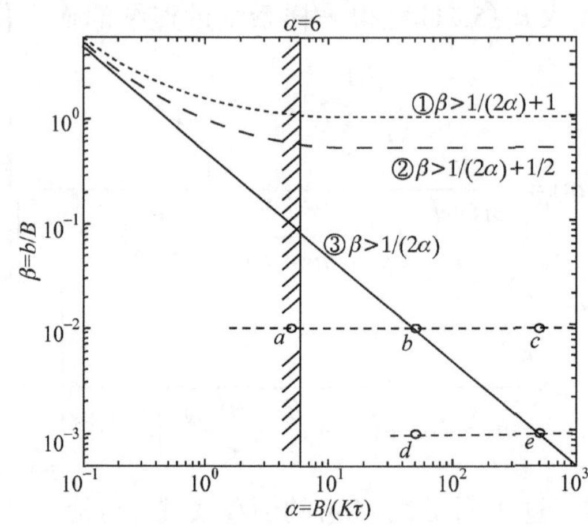

图 5.26 参数平面上无源性划分(各条曲线的上部为无源区)

5.6.2 系统设计

前面的无源性要求只是力觉接口系统的一个属性。但是力觉系统又是一个负反馈系统，作为反馈系统来说，还需要考虑到反馈系统的一些基本特性，例如带宽、系统的阻尼等。因为即使一个系统做到了无源性，但如果其主导极点为一对复数极点，那么其响应特性上会出现超调，在实际操作时会感觉到有抖动。又如果带宽设计过宽，在实际系统中会激起未建模动态的振荡模态，影响到这个虚拟环境的真实感觉。

由此可见，还应该从负反馈的角度来对图 5.26 的参数区域加上一些限制。这里的讨论中将采用连续系统中的一些概念，以便使结果更为简单明了。例如，对应连续系统来说，这里的 B/K 就是微分校正的时间常数 $T_{\mathrm{d}}=B/K$，因此可将 α 整理如下：

$$\alpha>\frac{B}{K\tau}=\frac{T_{\mathrm{d}}}{\tau}=\frac{1}{\pi}\frac{\omega_{\mathrm{N}}}{\omega_{\mathrm{d}}}$$

其中，$\omega_{\mathrm{d}}=1/T_{\mathrm{d}}$；$\omega_{\mathrm{N}}=\pi/\tau$。一般采样系统设计中系统的穿越频率 $\omega_{\mathrm{c}}<0.1\omega_{\mathrm{N}}$，而微分校正环节的转折频率 $\omega_{\mathrm{d}}\approx 0.5\omega_{\mathrm{c}}$，代入上式可得

$$\alpha>6 \tag{5.84}$$

故从伺服设计的角度来说，$\alpha>6$ 的区域(图 5.26 中阴影线的右侧)才是无源性设计的参数可

选区域。

现在再来考察 $\alpha>6$ 范围内的参数设计问题。注意到对象中的 b 是执行机构的阻尼，在具体的设计问题中此值是固定的（本例中 b=0.1），故图 5.26 中纵坐标的点只与 B 有关，即图 5.26 中水平线段对应的 B 的值是不变的。若 K 值不变，则图 5.26 中横线所对应的系统特性基本是相似的，只是由于采样周期 τ 不同而有不同的稳定程度。以图 5.26 中的 b 点（τ =0.001s）为例，其左侧的 a 点（τ =0.01s）已在无源区之外，而且超调也增大，如图 5.27 所示。

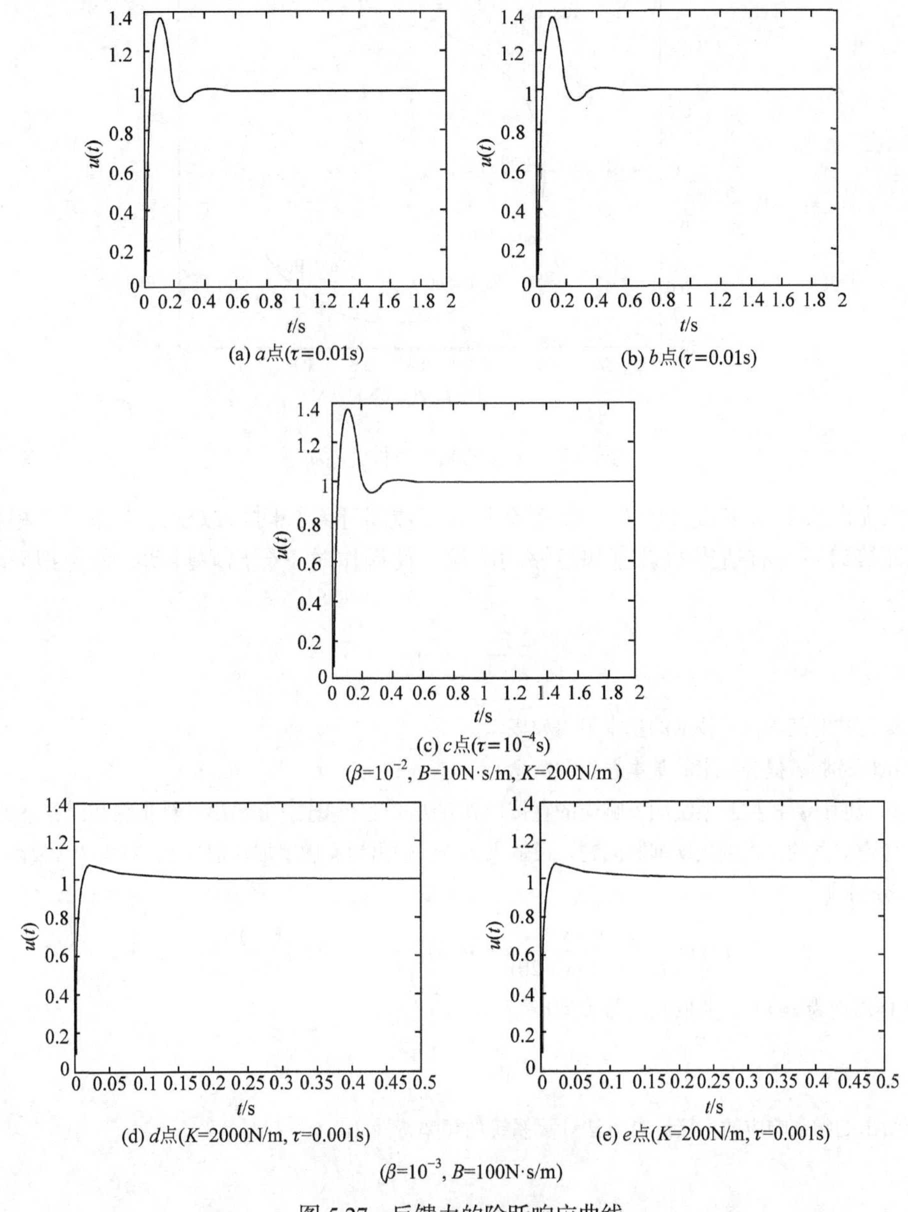

(a) a点(τ=0.01s)　(b) b点(τ=0.01s)

(c) c点($\tau=10^{-4}$s)

($\beta=10^{-2}$, B=10N·s/m, K=200N/m)

(d) d点(K=2000N/m, τ=0.001s)　(e) e点(K=200N/m, τ=0.001s)

($\beta=10^{-3}$, B=100N·s/m)

图 5.27　反馈力的阶跃响应曲线

在 α-β 参数图上，从纵向方向看，越往下，对应的 B 值越大，用近似的连续系统来解释，微分校正的时间常数 T_{d} 随着 B 而增大，即系统的阻尼加大了，超调就会下降，试

比较从 b 点到 d 点 (τ =0.001s，已进入有源区)，c 点 (τ =10^{-4}s) 到 e 点 (τ =0.001s) 的响应曲线 (图 5.27)。已知图 5.26 中的斜线 (对应 $\beta=1/(2\alpha)$) 是采样周期 τ 较小时系统无源性的边界线，其上的 e 点既可使系统成为无源的，对力的响应又可做到无超调，所以 e 点应是本例中的最佳设计点。图 5.28 就是 e 点所对应的频率特性 $T_{zw}(\mathrm{j}\omega)$，都分布在右半面，即具有正实性。如果执行机构的参数 (m, b) 不同，则也可以参照上面所述的方法在 $\beta=1/(2\alpha)$ 线上找到最佳的工作点的参数。

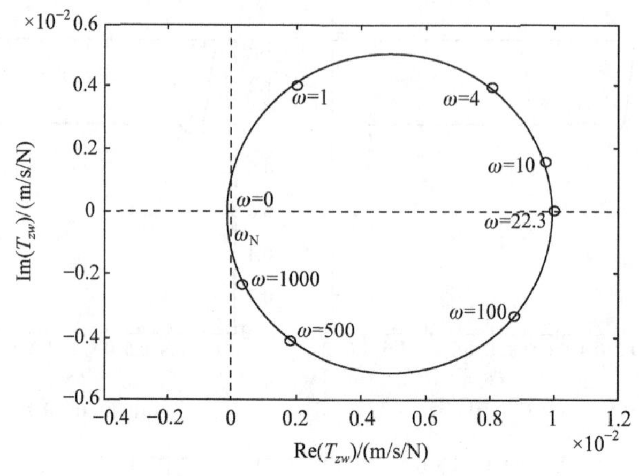

图 5.28　e 点的频率特性 $T_{zw}(\mathrm{j}\omega)$

按照无源性要求来设计的接口装置在与人组成闭环系统时可以稳定工作，又根据上述要求保证接口系统有适当的带宽和足够的阻尼，使操作时不会出现抖动，使虚拟环境更具有真实感。

习　题

5-1 试阐述时间域提升技术的基本思想和概念。

5-2 试阐述频域提升技术的基本思想和概念。

5-3 试说明计算机控制系统频率响应的直接计算方法的设计思想，并给出计算步骤和计算公式。

5-4 考虑对象的输入端扰动抑制问题，设输入为 w，输出为灵敏度加权信号 z，对象 P、权函数 W 和滤波器 F 分别为

$$P(s)=\frac{20-s}{(0.3s+1)(s+20)},\quad W(s)=\frac{1}{s+1},\quad F(s)=\frac{10\pi}{s+10\pi}$$

设采样周期为 τ=0.1s，并取控制器 K_{d} 为

$$K_{\mathrm{d}}(z)=\frac{-1.4\tau}{z-1}$$

用 5.3 节给出的频率响应的直接计算方法计算系统的频率特性 T_{zw}。

第 6 章　计算机控制系统的连续化设计

6.1　数字控制器的连续化设计

6.1.1　设计原理和步骤

采样系统的数字控制器有连续化设计和离散化设计方法。如图 6.1 所示，连续化设计方法是先将系统的离散部分当成连续的来处理，将整个系统视为连续系统，按照连续系统的校正方法(频率法、根轨迹法)设计校正环节，然后对其离散化，并用计算机程序来实现，得到数字控制器。

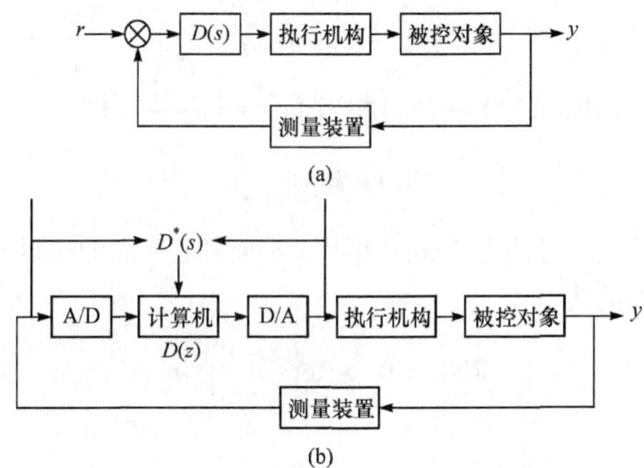

图 6.1　数字控制器的连续化设计原理

连续化设计步骤如下：

(1) 根据系统的连续性能指标要求，设计连续控制器 $D(s)$。

(2) 根据系统性能，按如下选择依据选择采样周期 τ。

① 满足采样定理 $\omega_s \geqslant 2\omega_{max}$；

② 被控对象的特征；

③ 执行机构的类型；

④ 程序的执行时间等。

(3) 选择合适的离散化方法，将 $D(s)$ 离散化为 $D(z)$，使二者性能尽量等效。

(4) 将 $D(z)$ 变为数字算法，在计算机上编程实现。

(5) 通过数字仿真验证闭环性能，若满足指标要求，设计结束，否则应修改设计。

6.1.2　连续控制器的离散化方法

1. 前向差分法

对给定的：

$$D(s)=\frac{U(s)}{E(s)}=\frac{1}{s} \tag{6.1}$$

对应的微分方程为

$$\frac{\mathrm{d}u(t)}{\mathrm{d}t}=e(t) \tag{6.2}$$

用前向差分代替微分，即

$$\frac{\mathrm{d}u(t)}{\mathrm{d}t}\approx\frac{u(k+1)-u(k)}{\tau}=e(k) \tag{6.3}$$

对式(6.3)两边取 z 变换，有

$$(z-1)U(z)=TE(z)$$

则离散化后的数字控制器脉冲传递函数为

$$D(z)=\frac{U(z)}{E(z)}=\frac{1}{\frac{z-1}{\tau}} \tag{6.4}$$

对比式(6.3)和式(6.4)可知，$D(s)\to D(z)$ 相当于令 $s=\frac{z-1}{\tau}$，即

$$D(z)=D(s)\big|_{s=\frac{z-1}{\tau}} \tag{6.5}$$

当采用前向差分法时，可认为式(6.5)是从 s 平面到 z 平面的映射函数。这样可以得到 s 平面的稳定域到 z 平面的映射：

$$\mathrm{Re}(s)<0\Rightarrow\mathrm{Re}\left(\frac{z-1}{\tau}\right)<0$$

令

$$z=\sigma+\mathrm{j}\omega$$

则 s 平面的稳定域映射到 z 平面为

$$\mathrm{Re}\left(\frac{\sigma+\mathrm{j}\omega-1}{\tau}\right)<0\Rightarrow\sigma<1 \tag{6.6}$$

上述结果表明，s 平面的左半平面有一部分会映射到 z 平面单位圆外，即左半平面的极点可能会映射到 z 平面单位圆外。所以即使 $D(s)$ 稳定，离散化后的 $D(z)$ 也不一定稳定，因此实际应用中此法并不可取。

2. *后向差分法*

对于：

$$D(s)=\frac{U(s)}{E(s)}=\frac{1}{s}$$

其微分方程为

$$\frac{\mathrm{d}u(t)}{\mathrm{d}t}=e(t)$$

用后向差分代替微分，即

$$\frac{\mathrm{d}u(t)}{\mathrm{d}t} \approx \frac{u(k)-u(k-1)}{\tau} = e(k) \tag{6.7}$$

对式(6.7)两边取 z 变换，有

$$D(z) = \frac{U(z)}{E(z)} = \frac{1}{\dfrac{1-z^{-1}}{\tau}} \tag{6.8}$$

对比可知，$D(s) \to D(z)$ 相当于令 $s = \dfrac{1-z^{-1}}{\tau}$，即

$$D(z) = D(s)\Big|_{s=\frac{1-z^{-1}}{\tau}} \tag{6.9}$$

当采用后向差分法时，s 平面的稳定域通过式(6.9)映射到 z 平面，即

$$\mathrm{Re}(s) = \mathrm{Re}\left(\frac{1-z^{-1}}{\tau}\right) = \mathrm{Re}\left(\frac{z-1}{\tau z}\right) = \mathrm{Re}\left(\frac{z-1}{z}\right) < 0$$

令

$$z = \sigma + \mathrm{j}\omega$$

则 s 平面的稳定域映射到 z 平面为

$$\begin{aligned}\mathrm{Re}\left(\frac{z-1}{z}\right) &= \mathrm{Re}\left(\frac{\sigma+\mathrm{j}\omega-1}{\sigma+\mathrm{j}\omega}\right) = \mathrm{Re}\left[\frac{(\sigma+\mathrm{j}\omega-1)(\sigma-\mathrm{j}\omega)}{(\sigma+\mathrm{j}\omega)(\sigma-\mathrm{j}\omega)}\right] \\ &= \mathrm{Re}\left[\frac{\sigma^2-\sigma+\omega^2+\mathrm{j}\omega}{\sigma^2+\omega^2}\right] < 0\end{aligned}$$

上式可写为

$$\sigma^2 - \sigma + \omega^2 < 0$$

即

$$\left(\sigma - \frac{1}{2}\right)^2 + \omega^2 < \left(\frac{1}{2}\right)^2 \tag{6.10}$$

可见，后向差分法将 s 平面的稳定区域映射为 z 平面的一个以 $\sigma = 1/2$，$\omega = 0$ 为圆心，1/2 为半径的圆。此方法的特征是若连续控制器稳定，离散化后的控制器一定稳定，但离散控制器的过程特性及频率特性与原连续控制器相比有一定的畸变，为减小畸变，需要较高的采样频率，即较小的采样周期 τ。

3. 双线性变换法

双线性变换法也称梯形法或 Tustin 法，是基于梯形面积近似积分的方法。对于：

$$\frac{\mathrm{d}u(t)}{\mathrm{d}t} = e(t), \qquad u(t) = \int_0^t e(t)\mathrm{d}t$$

用梯形面积近似上式的积分，有

$$u(k) = u(k-1) + \frac{\tau}{2}\left[e(k) + e(k-1)\right]$$

对上式两边取 z 变换，有

$$U(z) = z^{-1}U(z) + \frac{\tau}{2}[E(z) + z^{-1}E(z)]$$

则离散化的数字控制器脉冲函数为

$$D(z) = \frac{U(z)}{E(z)} = \frac{\tau(1+z^{-1})}{2(1-z^{-1})} \tag{6.11}$$

对比可知，$D(s) \to D(z)$ 相当于令 $s = \frac{2}{\tau}\frac{1-z^{-1}}{1+z^{-1}}$，即

$$D(z) = D(s)\big|_{s=\frac{2}{\tau}\frac{1-z^{-1}}{1+z^{-1}}} \tag{6.12}$$

根据式(6.12)，s 平面的稳定区域为

$$\mathrm{Re}(s) = \mathrm{Re}\left(\frac{2}{\tau}\frac{1-z^{-1}}{1+z^{-1}}\right) = \mathrm{Re}\left(\frac{2}{\tau}\frac{z-1}{z+1}\right) = \mathrm{Re}\left(\frac{z-1}{z+1}\right) < 0$$

令 $z = \sigma + \mathrm{j}\omega$，则上式可化为

$$\mathrm{Re}\left(\frac{z-1}{z}\right) = \mathrm{Re}\left(\frac{\sigma+\mathrm{j}\omega-1}{\sigma+\mathrm{j}\omega+1}\right) = \mathrm{Re}\left[\frac{(\sigma+\mathrm{j}\omega-1)(\sigma-\mathrm{j}\omega+1)}{(\sigma+\mathrm{j}\omega+1)(\sigma-\mathrm{j}\omega+1)}\right]$$

$$= \mathrm{Re}\left[\frac{\sigma^2-\sigma+\omega^2+\mathrm{j}2\omega}{(\sigma+1)^2+\omega^2}\right] < 0$$

上式等价于 $\sigma^2+\omega^2<0$，也就是说 s 平面的左半平面映射到 z 平面单位圆内。因此，对于稳定的模拟控制器，双线性变换法可以产生稳定的数字控制器。双线性变换的映射结果与 $z = \mathrm{e}^{\tau s}$ 的映射结果一致，然而在对离散控制器的暂态响应与频率响应特性的影响方面，二者却有很大的差异。与原连续控制器相比，用双线性变换法获得的离散控制器的暂态响应特性有显著的畸变，频率响应也有畸变，所以在工程设计中经常采用双线性变换法预校正设计。

4. 零极点匹配法

该离散化方法的设计准则是将 $D(s)$ 在平面上的零极点由 z 变换映射到 z 平面上，成为 $D(z)$ 的零极点。

若 $D(s)$ 的分子为 m 阶，分母为 n 阶，称有 m 个有限零点，$n-m$ 个 $s=\infty$ 的无限零点。零极点匹配法的规则如下：

(1) 所有极点和所有有限零点按 $z = \mathrm{e}^{\tau s}$ 变换：

$$s + a \to z - \mathrm{e}^{-a\tau}$$

$$[s+(a+\mathrm{j}\omega_0)][s+(a-\mathrm{j}\omega_0)] = (s+a)^2 + \omega_0^2$$

$$\to [z-\mathrm{e}^{-(a+\mathrm{j}\omega_0)\tau}][z-\mathrm{e}^{-(a-\mathrm{j}\omega_0)\tau}] = z^2 - 2z\mathrm{e}^{-a\tau}\cos\omega_0\tau + \mathrm{e}^{-2a\tau}$$

(2) 所有 $s=\infty$ 处的零点变换成在 $z=-1$ 处的零点。

(3) 如果需要 $D(z)$ 的脉冲响应具有一个单位延迟，则 $D(z)$ 分子的零点数应比分母的极点数少 1。

(4) 要保证变换前后的增益不变，还需进行增益匹配。

低频增益如下匹配：

$$\lim_{z\to 1} D(z) = \lim_{s\to 0} D(s) \tag{6.13}$$

高频增益如下匹配：

$$\lim_{z\to -1} D(z) = \lim_{s\to \infty} D(s) \tag{6.14}$$

5. z 变换法(脉冲响应不变法)

$$D(z) = Z[D(s)] \tag{6.15}$$

该方法的特点是 $D(s)$ 和 $D(z)$ 有相同的单位脉冲响应序列，且二者具有相同的稳定性，但 $D(z)$ 存在一定的频率畸变。

6. 阶跃响应不变法(ZOH 离散化)

$$D(z) = (1-z^{-1})Z\left[\frac{D(z)}{s}\right] = Z\left[\frac{1-\mathrm{e}^{-\tau s}}{s}\right]D(s) \tag{6.16}$$

该方法的特点是 $D(s)$ 和 $D(z)$ 有相同的单位阶跃响应序列，且二者具有相同的稳定性。

6.2　数字 PID 控制算法

根据偏差的比例(P)、积分(I)、微分(D)进行控制，简称 PID 控制，它是控制系统中应用最为广泛的一种控制规律。用计算机实现 PID 控制，不是简单地把模拟 PID 控制规律数字化，而是进一步与计算机的逻辑判断功能结合，使 PID 控制更加灵活，更能满足需求。

图 6.2 是单回路连续控制系统的结构图，图中控制器 $D(s)$ 为模拟 PID 调节器，其数学模型为

$$u(t) = K_{\mathrm{P}}\left[e(t) + \frac{1}{T_{\mathrm{I}}}\int_0^t e(\tau)\mathrm{d}\tau + T_{\mathrm{D}}\frac{\mathrm{d}}{\mathrm{d}t}e(t)\right] \tag{6.17}$$

其中，$u(t)$ 为模拟 PID 调节器(或称控制器)的输出；$e(t)$ 为调节器输入；K_{P} 为比例增益；T_{I} 为积分时间常数；T_{D} 为微分时间常数。

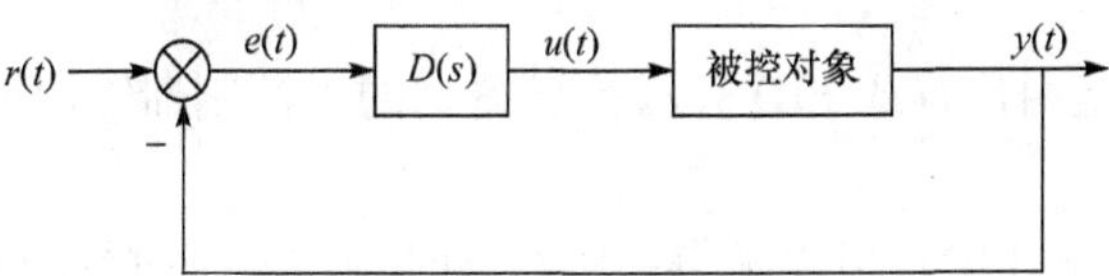

图 6.2　单回路连续控制系统

对应的模拟调节器的传递函数为

$$D(s) = \frac{U(s)}{E(s)} = K_{\mathrm{P}}\left(1 + \frac{1}{T_{\mathrm{I}}s} + T_{\mathrm{D}}s\right) \tag{6.18}$$

这三个环节的作用如下：

比例环节：能迅速反映误差，从而减小误差，但比例控制不能消除稳态误差，K_{P} 增大可以减小系统的稳态误差，提高控制精度，但 K_{P} 太大会引起系统的不稳定。

积分环节：提高系统的无差度，从而使系统的稳态性能得到改善和提高。但是积分作用太强会使系统超调加大，甚至使系统出现振荡，一般不单独使用。

微分环节：可以减小超调量，克服振荡，使系统的稳定性提高，同时加快系统的动态响应速度，减小调整时间，从而改善系统的动态性能。不足之处是放大了噪声信号。微分控制对时不变的偏差不起作用，只是在偏差刚刚出现时产生一个很大的调节作用，所以不单独使用。

6.2.1 位置式 PID 算法

位置式 PID 算法是以模拟算法为基础，通过对各项进行离散化，得到的差分方程形式的数字 PID 算法。对于式(6.17)，用矩形法进行数值积分，即以求和代替积分，用后向差分代替微分，可以得到

$$u(k)=K_{\mathrm{P}}\left[e(k)+\frac{\tau}{T_{\mathrm{I}}}\sum_{j=0}^{k}e(j)+\frac{T_{\mathrm{D}}}{\tau}\left[e(k)-e(k-1)\right]\right] \tag{6.19}$$

其中，K_{P} 为比例增益；T_{I} 为积分时间常数；T_{D} 为微分时间常数，上式还可以整理为

$$u(k)=K_{\mathrm{P}}e(k)+K_{\mathrm{I}}\sum_{j=0}^{k}e(j)+K_{\mathrm{D}}\left[e(k)-e(k-1)\right] \tag{6.20}$$

其中，K_{I} 称为积分项系数；K_{D} 称为微分项系数。

采用位置式 PID 算法，调节器输出的是 $u(k)$，直接对应执行机构的位置，若用阀门控制，则 $u(k)$ 与阀门开度，即阀位是一一对应的。

位置式 PID 算法有一定的缺点：一是输出与过去时刻的所有状态 $e(j), j=0,1,\cdots,k$ 有关，需要对偏差进行累积，计算机的工作量大，而且容易产生很大的累加误差；二是容易造成积分饱和，原因是当偏差信号 $e(k)$ 变号时，比例和微分都变，但积分项由于积得很大了，需一直积到 0，才能反向积，所以不变号，从而容易导致执行机构的位置不容易脱离饱和区，这就产生了积分饱和。

6.2.2 增量式 PID 算法

增量式 PID 算法是由位置式 PID 算法推导得到的，控制器输出的是控制量相对于上一次的增量 $\Delta u(k)$。

由式(6.20)的位置式 PID，可以求得系统在 k 时刻和 $k-1$ 时刻的输出为

$$u(k)=K_{\mathrm{P}}e(k)+K_{\mathrm{I}}\sum_{j=0}^{k}e(j)+K_{\mathrm{D}}[e(k)-e(k-1)]$$

$$u(k-1)=K_{\mathrm{P}}e(k-1)+K_{\mathrm{I}}\sum_{j=0}^{k-1}e(j)+K_{\mathrm{D}}[e(k-1)-e(k-2)]$$

二者相减可得

$$\begin{aligned}\Delta u(k)&=u(k)-u(k-1)\\&=K_{\mathrm{P}}[e(k)-e(k-1)]+K_{\mathrm{I}}e(k)+K_{\mathrm{D}}[e(k)-2e(k-1)+e(k-2)]\end{aligned} \tag{6.21}$$

增量式算法与位置式算法相比，具有如下优点：

(1) 增量式算法不需要做累加，$\Delta u(k)$ 的确定仅与最近几次误差采样值有关，计算机的工作量少，且计算误差或计算精度问题对控制量影响较小。

(2) 由于给出的是控制量的增量 $\Delta u(k)$，积分作用在达到执行机构的饱和限时就自动停止，所以积分饱和得到了改善，系统的超调量减小，过渡过程时间缩短，动态性能比位置式 PID 算法有所提高。由于给出的是 $\Delta u(k)$，例如，阀门控制中，只输出阀门开度的变化部分，误动作影响小。

(3) 易于实现手动到自动的无冲击切换。

6.2.3　数字 PID 算法的改进

1. 积分项的改进

在 PID 控制中，积分的作用是消除残差，为了提高控制性能，对积分项可以采取以下四种改进措施。

1) 积分分离

在一般的 PID 控制中，当有较大的扰动或大幅度改变给定值时，由于此时有较大的偏差，以及系统有惯性和滞后，故在积分项的作用下，往往会产生较大的超调和长时间的波动。特别对于温度、成分等变化缓慢的过程，这一现象更为严重，此时可采用积分分离法。

设计思想：当偏差信号 $e(k)$ 较大时，取消积分作用，当 $e(k)$ 较小时才将积分作用投入，以消除静差，提高控制精度。算法如下：

$$u(k)=K_{\mathrm{P}}e(k)+K_1K_{\mathrm{I}}\sum_{j=0}^{k}e(j)+K_{\mathrm{D}}[e(k)-e(k-1)] \tag{6.22}$$

$$K_1=\begin{cases}1, & |e(k)|\leqslant\beta, \quad \text{PID控制}\\ 0, & |e(k)|>\beta, \quad \text{PD控制}\end{cases}$$

其中，β 是设定的偏差门限值，称为积分分离阈值。β 应根据具体对象及控制要求确定，若 β 过大，达不到积分分离的目的，若 β 过小，一旦控制量无法跳出各积分分离区，只进行 PD 控制，将会出现残差。此方法的优点是明显减少了超调量和振荡次数，改善了动态性能。

2) 过限削弱积分法

设计思想：一旦控制量进入饱和区，则程序只执行削弱积分项的运算，而停止增大积分项的运算。这种方法的优点是可以避免控制量长时间停留在饱和区，可克服积分饱和。

3) 抗积分饱和

当系统出现积分饱和时，会使超调量增加，控制品质变坏。作为防止积分饱和的又一个方法，其设计思想是对计算机输出的控制量进行限幅，同时把积分作用取消。

4) 梯形积分

设计思想：将数字 PID 算法中积分项的近似，由矩形积分改为梯形积分，即

$$\int_0^t e(\tau)\mathrm{d}\tau\approx\sum_{j=0}^{k}\frac{e(j)+e(j-1)}{2}\tau$$

该方法的优点是可以提高积分项的运算精度。

2. 微分项的改进

1) 不完全微分 PID

标准的 PID 控制算式，对具有高频扰动的生产过程，微分作用响应过于灵敏，容易引起控制过程振荡，降低调节品质。尤其是计算机对每个控制回路输出时间是短暂的，而驱动执行器动作又需要一定时间，如果输出较大，在短暂时间内执行器达不到应有的相应开度，会使输出失真。为了克服这一缺点，同时又使微分作用有效，可以在 PID 控制输出后串联一个一阶惯性环节，组成不完全微分 PID 控制器。

图 6.3 中的 $D_f(s)$ 为

$$D_f(s)=\frac{1}{T_f s+1}$$

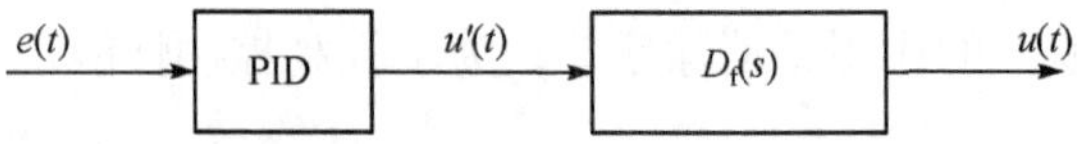

$e(t)$ → PID → $u'(t)$ → $D_f(s)$ → $u(t)$

图 6.3　不完全微分 PID 算法

下面将根据连续的微分方程来推导离散差分方程表达式。

因为:

$$u'(t)=K_P\left[e(t)+\frac{1}{T_I}\int_0^t e(\tau)\mathrm{d}\tau+T_D\frac{\mathrm{d}}{\mathrm{d}t}e(t)\right]$$

$$T_f\frac{\mathrm{d}u(t)}{\mathrm{d}t}+u(t)=u'(t)$$

所以有

$$T_f\frac{\mathrm{d}u(t)}{\mathrm{d}t}+u(t)=K_P\left[e(t)+\frac{1}{T_I}\int_0^t e(\tau)\mathrm{d}\tau+T_D\frac{\mathrm{d}}{\mathrm{d}t}e(t)\right]$$

对上式进行离散化，有

$$\frac{T_f}{\tau}\left[u(k)-u(k-1)\right]+u(k)=K_P\left[e(k)+\frac{\tau}{T_I}\sum_{j=0}^{k}e(j)+\frac{T_D}{\tau}\left[e(k)-e(k-1)\right]\right]=u'(k)$$

即

$$\frac{T_f}{\tau}u(k)+u(k)=\frac{T_f}{\tau}u(k-1)+u'(k)$$

定义 $\alpha=\dfrac{T_f}{T_f+\tau}$，则整理后得到不完全微分 PID 的位置式算法为

$$u(k)=\alpha\cdot u(k-1)+(1-\alpha)u'(k)\tag{6.23}$$

进而得到增量式算法为

$$\Delta u(k)=\alpha\cdot\Delta u(k-1)+(1-\alpha)\Delta u'(k)\tag{6.24}$$

其中

$$\Delta u'(k)=K_P[e(k)-e(k-1)]+K_I e(k)+K_D[e(k)-2e(k-1)+e(k-2)]\tag{6.25}$$

普通的数字 PID 控制器在单位阶跃输入时，微分作用只在第一个采样周期中起作用，而且作用很强，容易溢出。不完全微分数字 PID 不但能抑制高频干扰，而且克服了普通数

字 PID 控制的缺点，微分作用能在各个周期中按照偏差的变化趋势均匀地输出，真正起到了微分作用，改善了系统的性能。

2) 微分先行 PID

设计思想：把微分运算放在比较器附近，主要有两种结构，一种是对输出量微分，另一种是对偏差微分。输出量的微分是只对输出量进行微分，对给定值不进行微分，此算法适用于给定值频繁升降的场合，可以避免因升降给定值所引起的超调量过大、阀门动作过分剧烈振荡。偏差微分是对输入和输出都有微分作用，适用于串级控制的副控回路，因为副控回路的给定值是由主调节器给定的，也应该对其进行微分处理。

3. 带死区的 PID

为了避免控制动作过于频繁，以消除由于频繁动作引起的振荡，有时采用带死区的 PID，即在普通数字 PID 控制前加入如下的死区环节：

$$p(k)=\begin{cases}e(k), & |r(k)-y(k)|>\theta \\ 0, & |r(k)-y(k)|\leqslant\theta\end{cases} \tag{6.26}$$

其中，θ 可调，根据实际控制对象由实验确定。

6.3　数字 PID 控制器的参数整定

所谓 PID 参数整定就是确定调节器的三个参数 K_P、K_I、K_D，下面介绍几种参数整定方法。

1. 高桥参数整定法

在已知连续对象单位阶跃响应(或称飞升特性) $y(t)$ 或 $y(k)$ 时，如图 6.4 所示，找到相邻两个采样点之间最大差值：

$$h_{\max}=y(k_0)-y(k_0-1)$$

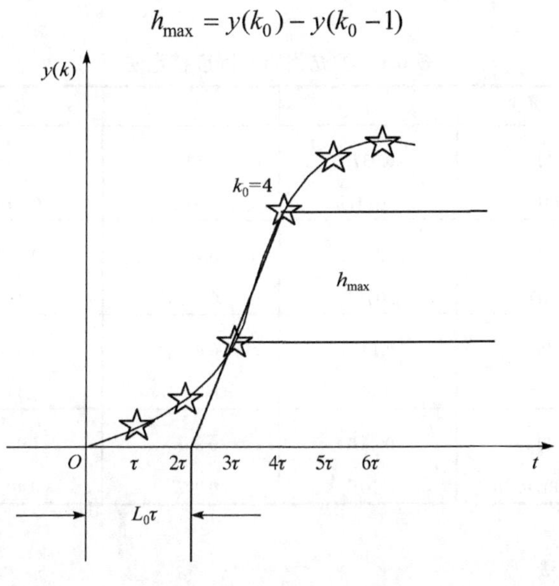

图 6.4　对象飞升特性

及对应的采样点 k_0，则高桥参数整定经验公式为

$$L_0 = k_0 - \frac{y(k_0)}{h_{\max}}$$

$$K_{\mathrm{I}} = \frac{0.6}{h_{\max}(L_0 + 0.5)^2}$$

$$K_{\mathrm{P}} = \frac{1.2}{h_{\max}(L_0 + 1)} - \frac{K_{\mathrm{I}}}{2}$$

$$K_{\mathrm{D}} = \frac{0.5}{h_{\max}} \sim \frac{0.3}{h_{\max}}$$

2. 扩充临界比例度整定法

具体步骤如下：

(1)去掉积分和微分作用，只留比例控制，逐步增大比例项系数 K_{P}，直至产生等幅振荡，记下此时的临界比例系数 $K_{\mathrm{P}} = K_{\mathrm{U}}$ 及振荡周期为 T_{U}。

(2)确定控制度，控制度定义为

$$控制度 \triangleq \frac{\left[\int_0^\infty e^2(t)\mathrm{d}t\right]_{数字}}{\left[\int_0^\infty e^2(t)\mathrm{d}t\right]_{模拟}}$$

控制度是评价数字控制与模拟控制的一个指标，其分子、分母分别是数字与模拟控制的指标。

(3)根据控制度在表 6.1 中查出 τ、K_{P}、T_{I}、T_{D}。

(4)经多次调整，达到满意的系统特性要求。通常是先投入比例加积分，然后调整微分作用。

表 6.1　扩充临界比例度整定法

控制度	控制算法	τ	K_{P}	T_{I}	T_{D}
1.05	PI	$0.03T_{\mathrm{U}}$	$0.53K_{\mathrm{U}}$	$0.88T_{\mathrm{U}}$	—
	PID	$0.014T_{\mathrm{U}}$	$0.63K_{\mathrm{U}}$	$0.49T_{\mathrm{U}}$	$0.14T_{\mathrm{U}}$
1.2	PI	$0.05T_{\mathrm{U}}$	$0.49K_{\mathrm{U}}$	$0.91T_{\mathrm{U}}$	—
	PID	$0.043T_{\mathrm{U}}$	$0.47K_{\mathrm{U}}$	$0.47T_{\mathrm{U}}$	$0.16T_{\mathrm{U}}$
1.5	PI	$0.14T_{\mathrm{U}}$	$0.42K_{\mathrm{U}}$	$0.99T_{\mathrm{U}}$	—
	PID	$0.09T_{\mathrm{U}}$	$0.34K_{\mathrm{U}}$	$0.43T_{\mathrm{U}}$	$0.20T_{\mathrm{U}}$
2.0	PI	$0.22T_{\mathrm{U}}$	$0.36K_{\mathrm{U}}$	$1.05T_{\mathrm{U}}$	—
	PID	$0.16T_{\mathrm{U}}$	$0.27K_{\mathrm{U}}$	$0.40T_{\mathrm{U}}$	$0.22T_{\mathrm{U}}$

3. 扩充响应曲线法

具体步骤如下：

(1)给对象加阶跃输入信号，记录响应曲线。

(2) 在曲线最大斜率处作切线，求出滞后时间 τ_1、被控对象时间常数 T_τ 以及比值 T_τ/τ_1，查表 6.2 求出 τ、K_P、T_I、T_D。

表 6.2　扩充响应曲线法

控制度	控制算法	τ	K_P	T_I	T_D
1.05	PI PID	$0.1\tau_1$ $0.05\tau_1$	$0.84T_\tau/\tau_1$ $1.15T_\tau/\tau_1$	$0.34\tau_1$ $2.0\tau_1$	— $0.45\tau_1$
1.2	PI PID	$0.02\tau_1$ $0.16\tau_1$	$0.78T_\tau/\tau_1$ $1.0T_\tau/\tau_1$	$3.6\tau_1$ $1.9\tau_1$	— $0.55\tau_1$
1.5	PI PID	$0.5\tau_1$ $0.34\tau_1$	$0.68T_\tau/\tau_1$ $0.85T_\tau/\tau_1$	$3.9\tau_1$ $1.62\tau_1$	— $0.65\tau_1$
2.0	PI PID	$0.8\tau_1$ $0.6\tau_1$	$0.57T_\tau/\tau_1$ $0.6T_\tau/\tau_1$	$4.2\tau_1$ $1.5\tau_1$	— $0.82\tau_1$

4. 归一参数整定法

对于增量型 PID 公式：

$$\Delta u(k)=K_P[e(k)-e(k-1)]+K_Ie(k)+K_D[e(k)-2e(k-1)+e(k-2)]$$

若令 τ=0.1T_U，T_I=0.5T_U，T_D=0.125T_U，T_U 为纯比例控制下的临界振荡周期，则

$$\Delta u(k)=K_P\left[2.45e(k)-3.5e(k-1)+1.25e(k-2)\right] \tag{6.27}$$

这样，只需整定一个参数 K_P，改变 K_P，观察控制效果，直到满意为止。

5. 试凑法

(1) 只整定比例，将 K_P 由小到大变化，并观看系统响应，直到得到反应快、超调小的响应曲线。若此时无静差或静差已小到允许范围，且响应曲线满意，则只用比例即可。

(2) 若第 (1) 步调节后静差不满足要求，则加入积分，首先取积分时间常数 T_I 为一个大值，并将第 (1) 步整定的 K_P 减小 (如为原来的 0.8 倍)，然后减小 T_I，使在保持良好动态性能情况下，消除静差。此时可根据响应曲线反复改变 K_P 和 T_I。

(3) 若已用 PI 消除了静差，但动态过程不好，可加入微分，构成 PID，将微分时间常数 T_D 由小到大变化，同时改变 K_P 和 T_I，直到满意为止。

习　题

6-1 试给出计算机控制系统连续化设计的设计思想和设计步骤。

6-2 数字 PID 算法中对积分项的改进有哪几种？对微分项的改进算法有哪些？试给出其中三种并简要说明设计思想。

6-3 某控制系统采用连续化方法设计数字控制器，系统的采样周期是 0.5s，对应的模拟调节器的传递函数为

$$D(s)=\frac{U(s)}{E(s)}=\frac{s+1}{s+0.2}$$

(1) 采用后向差分法将控制器离散化，给出离散的 z 传递函数 $D(z)$；

(2) 将该 $D(z)$ 用计算机来实现，给出控制器输出 $u(k)$ 的差分方程表达式；

(3) 设控制器输入在前一个采样时刻和当前采样时刻的值为 $e(k-1)=3$，$e(k)=2$，前一时刻的输出为

$u(k-1)$=50，求当前输出 $u(k)$。

6-4 写出位置式 PID 和增量式 PID 数字调节器的表达式。假设一个 PID 控制计算机系统测得的各时刻输入信号的值为 $e(k)$=5，$e(k-1)$=8，$e(k-2)$=13，采样周期 τ=8ms，控制器参数 T_I=40ms，T_D=16ms，K_P=0.125，前一时刻输出 $u(k-1)$=10，求 $u(k)$。

6-5 设某系统采用积分分离 PID 控制器，在某时刻测得的控制器输入参数为 $e(k-2)$=5V，$e(k-1)$=2V，$e(k)$=1V，设积分分离阈值 β=0.12V，$K_P=5$，$K_I=5$，$K_D=3$，$u(k-1)$=10V，计算当前时刻输出 $u(k)$，并判断此时系统采用的是 PID 还是 PD 控制方式；若其他参数不变，令 $e(k)$=0.1V，计算当前 $u(k)$，并判断此时系统采用的控制方式。

6-6 在单位阶跃输入信号作用下，分析并推导普通 PID 中微分项和不完全微分算法中微分项是如何起作用的。

第 7 章　计算机控制系统的鲁棒稳定性分析

7.1　不确定性及小增益定理

7.1.1　对象的不确定性

对象的不确定性是指设计所用的数学模型 $P(s)$ 与实际物理系统之间的差别，或者称为模型误差。而这里的不确定性的描述，也可称为(模型)误差的表示方法。

这个不确定性可能是由于参数变化引起的，例如对象的参数随工作点而有变化，也可能是对象老化引起的，也可能是燃煤成分有变化而引起的，等等。这个不确定性也可能是由于忽略了一些高频的动态特性而引起的，这种动态特性称为未建模动态特性，意指对象建模时没有包括在内的这部分特性。例如，在列写电动机的传递函数时可能忽略了其电枢回路的电气时间常数，也可能忽略了其功放驱动级的动特性，也可能没有考虑到机械传动部分的谐振特性。建模时也可能没有考虑到信号采集、传输，或者物质传输过程中的时间滞后。也可能是用一个简化的集中参数模型来代替不容易处理的分布参数模型，例如挠性对象的控制或者温度控制的场合。这里所说的未建模动态，有的是由于我们的认识能力或表达方式有限，不能在对象的模型上表示出来，有的则是可以知道的，但是为了便于设计处理而采用了简化模型。例如，计算机硬盘驱动器的伺服系统设计，因为是工业化的批量生产，不可能针对每一台特定的挠性模态来进行设计和调试，故这类系统设计时对象的数学模型一般均采用刚性模型，而将挠性模态按未建模动态来处理。不论是何种原因，既然将其定义为不确定性，设计时就认为是不知道的，一般只给出其范围大小。

不确定对象建模的基本方法是用一个集合$\mathcal{F}$来代表对象的模型。这个集合可以是结构化的或者是非结构化的。

作为一个结构化的例子，考察对象模型：

$$\frac{1}{s^2+as+1}$$

这是一个标准的二阶传递函数，其自然频率为 1rad/s，阻尼比为 $a/2$。例如，同时可代表一个质量-弹簧-阻尼系统或是一个 RLC 电路。假定仅知常数 a 在某个区间$[a_{\min}, a_{\max}]$内，那么这个对象属于结构化的集合：

$$\mathcal{F}=\left\{\frac{1}{s^2+as+1}: a_{\min}\leqslant a\leqslant a_{\max}\right\}$$

这样的一类结构化集合需要由有限个标量参数来表示(此例仅一个参数 a)。另一类结构化不确定集合是离散的对象集合，不一定有明显的参数表示。

实际上非结构化的集合更重要，这有两个原因。其一，在实际的反馈设计中采用的所有模型都应当包括某些非结构化的不确定性才能覆盖未建模动态，尤其是在高频。其他类型的不确定性虽然重要，但可能是，也可能不是从给定的问题中自然引出的。其二，对于一种特定类型的非结构化不确定性，如圆状不确定性，可以找到一种既简单又具有一般性的分析方法。这样对于非结构化几何的基本出发点就是圆状不确定性的集合。非结构化的模型不确定性表示方法有两种。

1. 加性不确定性

用加性形式来表示不确定性时，传递函数写成相加的形式，对应的频率特性为

$$P(\mathrm{j}\omega)=P_0(\mathrm{j}\omega)+\Delta P(\mathrm{j}\omega) \tag{7.1}$$

其中

$$|\Delta P(\mathrm{j}\omega)|<l_a(\omega)$$

$l_a(\omega)$ 称为加性不确定性的界函数，表示了实际 $P(\mathrm{j}\omega)$ 偏离模型 $P_0(\mathrm{j}\omega)$ 的范围。这里模型 $P_0(\mathrm{j}\omega)$ 也称为名义特性或者标称特性。

式(7.1)的含义用图来说明就更清楚了。图 7.1 中对应每一个频率点，以界函数 l_a 为半径作圆。图中的虚线就是这些圆的包络，而实际对象特性就位于虚线所限定的范围之内。

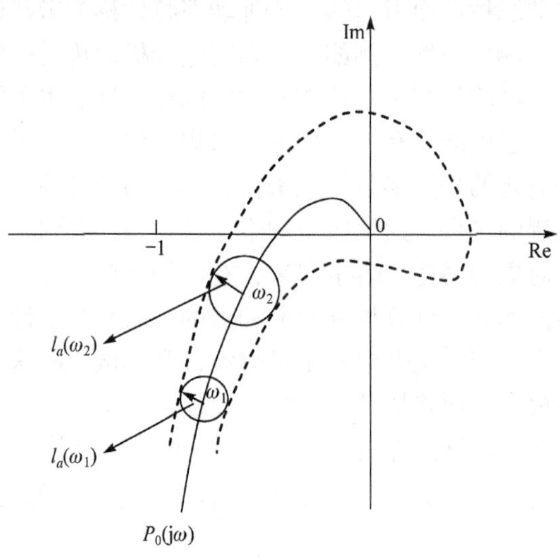

图 7.1 用加性不确定性表示的摄动范围

这里要强调的是，式(7.1)中只有 $P_0(\mathrm{j}\omega)$ 是知道的，ΔP 只知其界函数，而等号左侧的 $P(\mathrm{j}\omega)$ 是不知道的，设计时并没有这个 $P(\mathrm{j}\omega)$。所以今后常略去“标称”的脚标，将标称模型 $P_0(\mathrm{j}\omega)$ 就写成 $P(\mathrm{j}\omega)$。

2. 乘性不确定性

在下面的讨论中，为了简化分析以便作出一些比较精确的论断，将选择乘积圆状不确定性进行详细研究，然而这仅仅是一种类型的非结构化摄动。

假定标称(名义)对象的传递函数是 P，考察形如 $\tilde{P}=(1+\Delta W)P$ 的摄动对象的传递函数。这里 W 是一个固定的稳定的权函数，Δ 是一个可变的稳定传递函数且满足 $\|\Delta\|_\infty<1$。进一步假定在构成 $\tilde{P}$ 中没有消掉 P 的任何不稳定极点(即 P 和 $\tilde{P}$ 有相同的不稳定极点)。这样的摄

动 Δ 称为可容许的。

上述不确定性模型的含义是，ΔW 是偏离 1 的标称化的对象摄动：

$$\frac{\tilde{P}}{P}-1=\Delta W \tag{7.2}$$

因此如果 $\|\Delta\|_\infty<1$，则

$$\left|\frac{\tilde{P}(\mathrm{j}\omega)}{P(\mathrm{j}\omega)}-1\right|\leqslant|W(\mathrm{j}\omega)|,\quad \forall\omega \tag{7.3}$$

可见 $|W(\mathrm{j}\omega)|$ 给出了不确定性的范围。这个不等式在复平面描绘了一个圆：在每一个频率点，$\tilde{P}/P$ 都位于以 1 为圆心，以 $|W|$ 为半径的圆内。典型情况是，$|W(\mathrm{j}\omega)|$ 是 ω 的增函数(粗略地)，不确定性随频率的增加而增加。Δ 的主要目的是考虑相位不确定性和作为摄动幅值的尺度因子(即 $|\Delta|$ 在 0 和 1 之间变化)。

这样不确定性模型就可以用标称对象 P 与权函数 W 来表示。下面用对象存在未建模动态特性的例子来说明实际中怎样获得权函数 W 。

作为例子，设对象存在未建模动态：

$$\tilde{P}=UP \tag{7.4}$$

$$U(s)=\frac{1}{(1+Ts/3)^3} \tag{7.5}$$

并假设仅知道 T 的范围，$0\leqslant T\leqslant 0.1\mathrm{s}$。那么根据式(7.3)可知，权函数 W 应满足下列不等式：

$$\left|\frac{\tilde{P}(\mathrm{j}\omega)}{P(\mathrm{j}\omega)}-1\right|=|U(\mathrm{j}\omega)-1|\leqslant|W(\mathrm{j}\omega)| \tag{7.6}$$

取 $T=0.1\mathrm{s}$（最差值），可以找到：

$$W(s)=\frac{24(s+0.24)}{s+240} \tag{7.7}$$

图 7.2 是权函数 $W(\mathrm{j}\omega)$（实线）和 $T=0.1$ 时的 $(U(\mathrm{j}\omega)-1)$（虚线）的 Bode 幅频特性图，可以看出这个界函数 $|W(\mathrm{j}\omega)|$ 与这个乘性不确定性的相对关系。

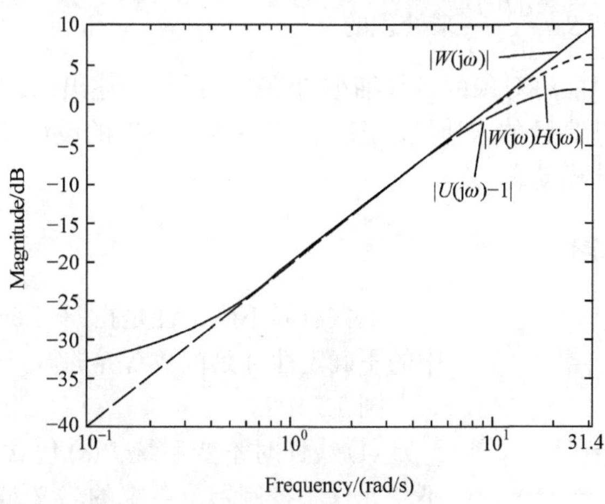

图 7.2　不确定性的权函数

7.1.2　不确定性和鲁棒性

不确定性问题在反馈控制系统中占有重要的位置。图 7.3 是一个系统在设计时的框图，这时对象 P 尚是某种形式的数学模型。图中 K 是待设计的控制器。图 7.4 是控制器 $K(s)$ 设计好以后工作时的框图。这时的控制对象已不是设计时的数学模型 $P(s)$，二者之间存在差别，即存在不确定性。或者说，存在建模误差。一个设计应该允许有这种不确定性，这样，设计好的系统(图 7.4)才是能工作的，能够实现设计的要求。如果一个设计不允许有不确定性，就意味着这个设计(图 7.3)无法应用于实际(图 7.4)。所谓允许不确定性，至少要求按图 7.3 设计的控制器当用在实际系统中时(图 7.4)仍是稳定的。这个性能称为鲁棒稳定性(robust stability)。鲁棒稳定性是指对象摄动后系统仍是稳定的。由于实际的对象特性(图 7.4)与设计时用的数学模型 $P(s)$ 不可能是完全一致的，所以鲁棒稳定性问题对系统设计来说，是一个设计是否能实现的问题。

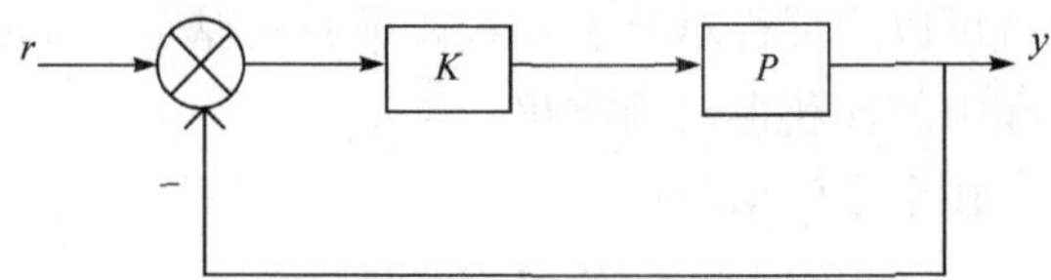

图 7.3　控制系统设计时的框图

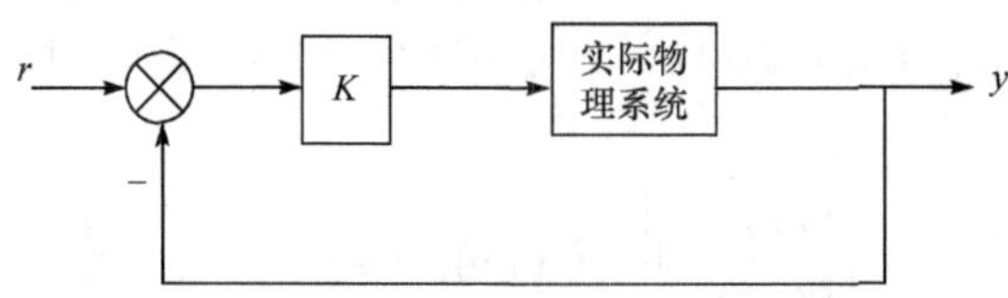

图 7.4　实际工作时的控制系统

当然，不确定性可能是由于参数变化引起的。所谓参数变化是指描述系统的数学模型中的参数与实际的参数不一致。由于数学模型总是某种意义下的低频数学模型，所以参数变化都反映在系统低频到中频段的摄动 $\Delta P(s)$ 上。而这个频段上的关于模型误差引起的鲁棒性问题是可以用灵敏度 $S=\dfrac{\mathrm{d}T/T}{\mathrm{d}G/G}$ 来处理的。

由于数学模型不可能将对象的各种细小的动态关系都描述出来，图 7.3 和图 7.4 这两幅图的真正差别在于这些高频的未建模动态。所以从控制系统的设计并实现来说，鲁棒性的主要问题是高频的未建模动态。

7.1.3　范数有界不确定性

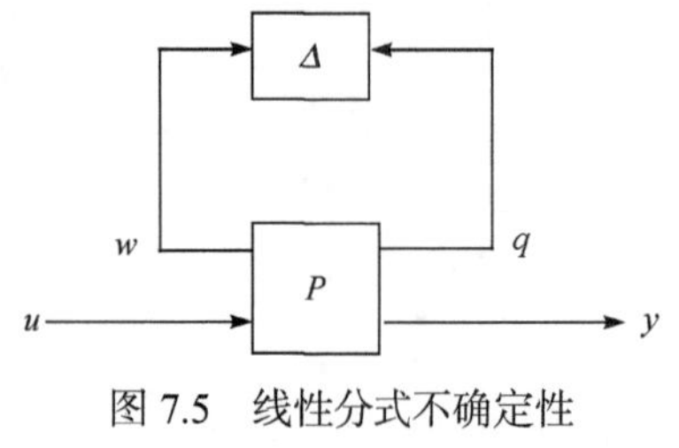

图 7.5　线性分式不确定性

范数有界不确定性是指图 7.5 所示的线性分式模型中的不确定性 Δ 是范数有界的。

图 7.5 中：

(1) 线性时不变系统 $\boldsymbol{P}(s)$ 包含了所有已知的线性时不变元件（控制器、系统的名义对象、传感器及执行机构等）。

(2) 输入向量 $\boldsymbol{u}$ 包括作用在系统上的所有外部信号（扰动、噪声及参考信号等），向量 $\boldsymbol{y}$ 由系统所有输出信号组成。

(3) Δ 为不确定性的结构化描述形式，即

$$\boldsymbol{\Delta} = \mathrm{diag}(\boldsymbol{\Delta}_1, \cdots, \boldsymbol{\Delta}_\mathrm{r})$$

其中，每个不确定块 $\boldsymbol{\Delta}_i$ 代表一种不确定因素（忽略的动态特性、非线性特性、不确定参数等）。

在这种模型中，每个不确定块 $\boldsymbol{\Delta}_i$ 可以是满块或标量块 $\boldsymbol{\Delta}_i = \boldsymbol{\delta}_i \times \boldsymbol{I}$，标量块代表参数不确定性。$\Delta_i$ 的大小由范数界来表示。

7.1.4　小增益定理

小增益定理：假设图 7.6 中 P、K 是实有理、真的、稳定的传递函数，且 $\boldsymbol{P}$ 是严格真的。则图 7.6 所示系统内稳定的一个充分条件是

$$\left\| \boldsymbol{PK} \right\|_\infty < 1 \tag{7.8}$$

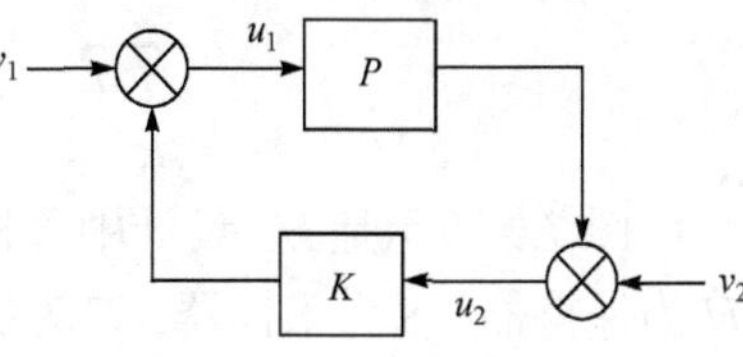

图 7.6　小增益定理

下面根据小增益定理来推导反馈控制系统鲁棒稳定性的条件。

考虑 7.1.1 节给出的乘性圆状不确定性 $\tilde{\boldsymbol{P}} = (1 + \Delta \boldsymbol{W})\boldsymbol{P}$，$\left\| \boldsymbol{\Delta} \right\|_\infty < 1$，$\boldsymbol{\Delta}$ 是满足 $\bar{\sigma}[\boldsymbol{\Delta}(\mathrm{j}\omega)] < 1$ 的所有稳定的传递函数阵。这种不确定性 $\boldsymbol{\Delta}$ 又叫作“范数有界不确定性”。下面要讨论的是图 7.7 所示系统的鲁棒稳定的充要条件就是针对的范数有界不确定性。图 7.7(a)断开后得图 7.7(b)。

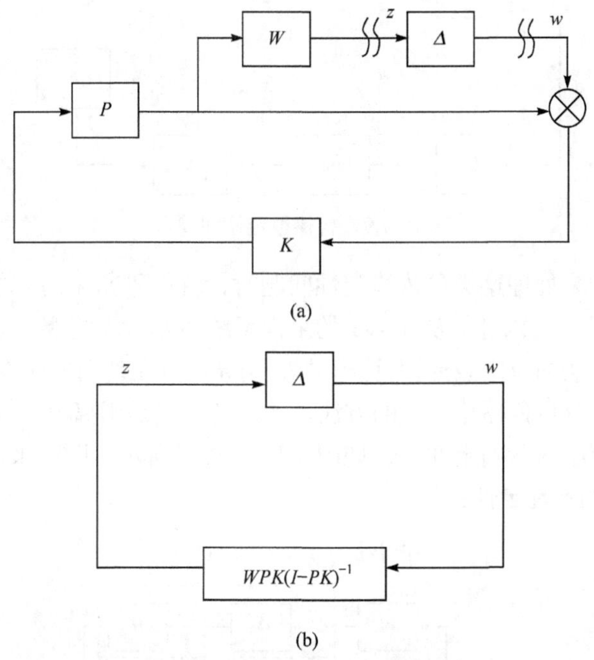

图 7.7　具有乘性摄动的系统

由小增益定理内稳定的条件（式 (7.8)）可以推出 $\left\| \boldsymbol{\Delta WPK}(\boldsymbol{I} - \boldsymbol{PK})^{-1} \right\|_\infty = \left\| \boldsymbol{\Delta WT} \right\|_\infty \leqslant 1$，又因为 $\left\| \boldsymbol{\Delta} \right\|_\infty < 1$，从而得到图 7.7 所示系统鲁棒稳定性的条件：

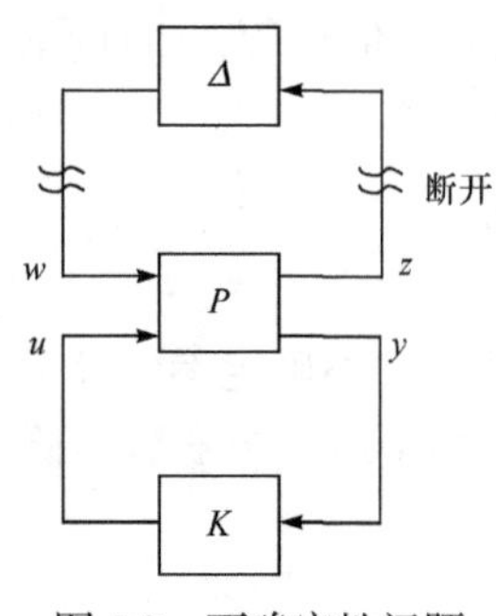

图 7.8　不确定性问题

$$\left\| \boldsymbol{WPK}(\boldsymbol{I}-\boldsymbol{PK})^{-1} \right\|_\infty = \left\| \boldsymbol{WT} \right\|_\infty \leqslant 1 \tag{7.9}$$

对于图 7.8 所示的一般的不确定性（$\|\boldsymbol{\Delta}\|_\infty < 1$），断开 $\boldsymbol{w}$ 和 $\boldsymbol{z}$ 两点，系统鲁棒稳定性的充要条件是

$$\left\| \boldsymbol{T}_{zw} \right\|_\infty \leqslant 1 \tag{7.10}$$

其中，$\boldsymbol{T}_{zw}$ 是包含了权函数 $\boldsymbol{W}$ 在内的闭环传递函数，相当于式(7.9)中的 $\boldsymbol{WT}$ 。

这里需要指出的是，当处理范数有界不确定性问题时，小增益定理是个充要条件，小增益定理是 H_∞ 设计中处理鲁棒稳定性时的基本工具。

7.2　鲁棒稳定性分析的新方法

图 7.9 所示是 H_∞ 设计中鲁棒稳定性问题的框图。图中 P 为名义对象，K_d 为离散控制器，H 为保持器，S 为采样器，F 为抗混叠滤波器。这里考虑乘性不确定性，W 是乘性不确定性的权函数。

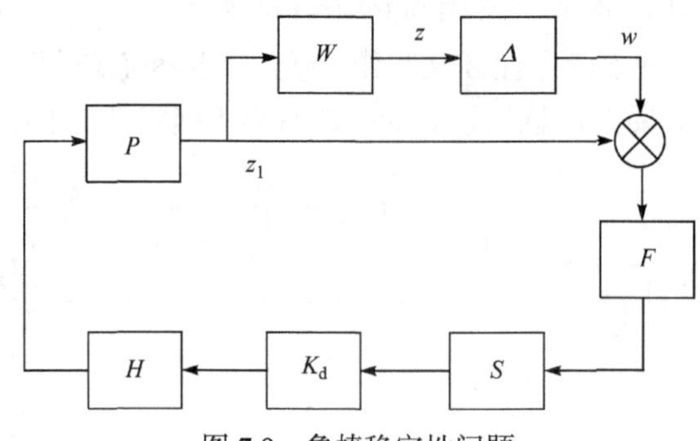

图 7.9　鲁棒稳定性问题

当用小增益定理来处理这类鲁棒稳定性问题时，就得研究 w 到 z 之间的 L_2 诱导范数。虽然用第 5 章的提升法可以计算从 $w \to z$ 的采样系统的 L_2 诱导范数，由于图 7.9 的鲁棒稳定性问题不满足提升法的应用条件，所算得的 L_2 诱导范数在判别鲁棒稳定性时是不正确的。下面将提出一种新的分析鲁棒稳定性的方法。方法的实质是用离散不确定性 Δ_d 加零阶保持器来取代原连续系统中的不确定性 Δ ，如图 7.10 中虚线所示。图中采用两个采样开关以表示现在的 Δ_d 是离散的不确定性：

$$\Delta_\mathrm{d} = \{\Delta_k\}_{k=0}^{\infty} \text{ ，} \bar{\sigma}(\Delta_k) \leqslant 1 \tag{7.11}$$

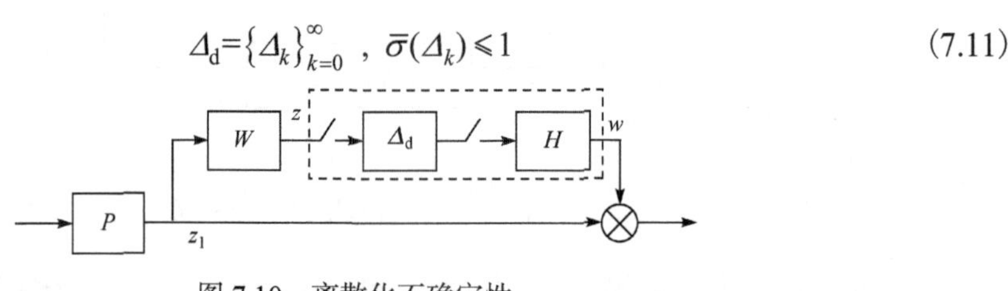

图 7.10　离散化不确定性

为了推导图 7.10 中虚线框部分的频率特性，可以将采样开关看作脉冲调制器，即采样后的信号为

$$z^*(t)=\sum_{n=-\infty}^{\infty}z(n)\delta(t-n\tau) \tag{7.12}$$

其中，τ 为采样周期，对应的信号频谱（傅里叶变换）为

$$Z^*(s)=\frac{1}{\tau}\sum_{k=-\infty}^{\infty}Z(s+\mathrm{j}k\omega_{\mathrm{s}}) \tag{7.13}$$

注意到信号 $z(t)$ 是一个由离散控制器 K_{d} 闭合的采样系统的输出，根据经典理论可以知道，z 的信号中只有 $|\omega|<\omega_{\mathrm{s}}/2$ 的频率成分，故在主频段 $[-\omega_{\mathrm{s}}/2,\ \omega_{\mathrm{s}}/2]$ 内 $Z^*(\mathrm{j}\omega)\approx Z(\mathrm{j}\omega)/\tau$，即如果看作脉冲调制，那么采样后信号的频谱将是原信号的 $1/\tau$ 倍。而在脉冲信号作用下零阶保持器的频率特性为

$$H(\mathrm{j}\omega)=\left.\frac{1-\mathrm{e}^{-\tau s}}{s}\right|_{s=\mathrm{j}\omega}=\tau\frac{\sin(\omega\tau/2)}{\omega\tau/2}\mathrm{e}^{-\mathrm{j}\omega\tau/2} \tag{7.14}$$

因为采样器的增益为 $1/\tau$，故采样加保持的合成频率特性为

$$H(\mathrm{j}\omega)=\frac{\sin(\omega\tau/2)}{\omega\tau/2}\mathrm{e}^{-\mathrm{j}\omega\tau/2} \tag{7.15}$$

其幅频特性和相频特性如图 7.11 和图 7.12 所示，从图中可以看出，$\omega=0$ 时 $|H|=1$，而当 $\omega=\omega_{\mathrm{s}}/2$ 时 $|H|=0.6366$，和 1 相比，有所减小

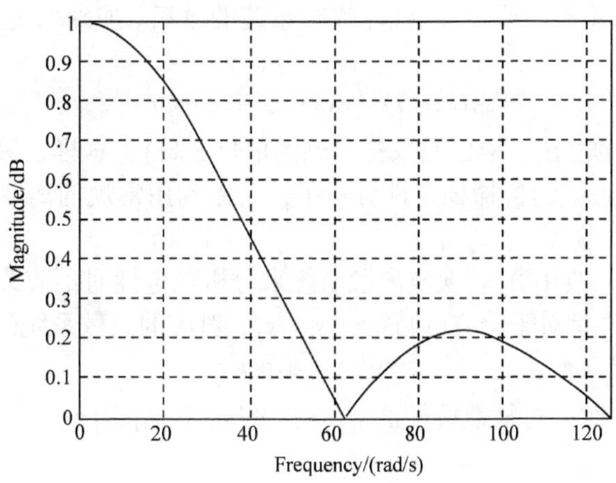

图 7.11　采样加保持的幅频特性

如果将采样加保持的合成幅频特性：

$$|H(\mathrm{j}\omega)|=\left|\frac{\sin(\omega\tau/2)}{\omega\tau/2}\right| \tag{7.16}$$

归入权函数 W 中去考虑，那么图 7.10 中的 ZOH 的幅频特性就可以看作 1，这时虚线所框的不确定性就具有范数小于等于 1 的特性，符合原连续系统的 $\|\Delta\|_\infty\leqslant 1$ 的假设，故而可以用这个离散不确定性 Δ_{d} 来取代图 7.9 中的 Δ 来分析采样系统的鲁棒稳定性。

由于图 7.10 的 $z(t)$ 是一个采样系统的输出，只要考虑主频率段 $\omega\in[-\omega_{\mathrm{s}}/2,\ \omega_{\mathrm{s}}/2]$ 即可，所以零阶保持器附加在权函数 W 上的影响实际上并不大。

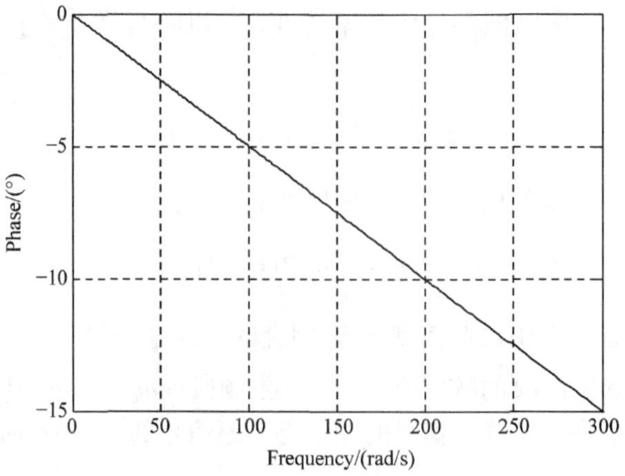

图 7.12　采样加保持的相频特性

如果将图 7.10 中零阶保持器的特性归入权函数 W(见式(7.7))中：

$$|W(\mathrm{j}\omega)H(\mathrm{j}\omega)|=\left|\frac{24(\mathrm{j}\omega+0.24)\sin(\omega\tau/2)}{(\mathrm{j}\omega+240)\omega\tau/2}\right| \tag{7.17}$$

图 7.2 中点线所示即为此加上 ZOH 后的权函数图形，可见这附加的特性对原权函数的影响并不大，依然是这个不确定性的界。换言之，只要考虑到有 ZOH 的影响，在确定权函数时略作调整，根据式(7.6)所找到的$W(\mathrm{j}\omega)$一般都能满足加上 ZOH 后的要求。

按图 7.10 用离散不确定性 Δ_{d} 取代原连续系统的 Δ 后，加到系统上的 w 信号已是保持器的输出信号：

$$w(k\tau+t)=w(k\tau)\,,\quad 0\leqslant t\leqslant\tau$$

而鲁棒稳定性问题中的输出，也已是采样时刻的信号 $z(k\tau)$。这样，采样系统的鲁棒稳定性分析已转换成为离散系统的鲁棒稳定性分析了，可以利用常规的离散化方法和相应的充要条件来进行判断了。

这里要说明的是，改用 Δ_{d} 转换成离散系统来分析稳定性时不应改变系统的可控和可观测的性能，其充要条件是对于分立的特征值 $s_i\neq s_j$，对应的离散系统的特征值不能相等，即

$$\exp s_i\tau\neq\exp s_j\tau \tag{7.18}$$

其中，τ 为采样周期。对一对复数特征值 $s_{1,2}=\sigma_1\pm\mathrm{j}\omega_1$ 来说，当 $\tau=q\pi/\omega_1$ 或改用 $\omega_{\mathrm{s}}=2\pi/\tau$ 来表示时，当

$$\frac{\omega_{\mathrm{s}}}{2}=\frac{\omega_1}{q},\qquad q=1,2,3,\cdots$$

时，式(7.18)就遭到破坏。不过由于实际上 ω_{s} 均远大于系统的特征值 ω_1，因此对一般的系统设计来说，这个式(7.18)总是成立的。也就是说，改用 Δ_{d} 用离散系统的方法来使系统稳定，一般都可以保证原系统也是稳定的。当然如果系统中确实存在高频谐振模态，则应该验算一下式(7.18)。

【例 7.1】 设图 7.9 系统中对象特性 P 为

$$P(s)=\frac{24(48-s)}{(s+48)(10s+24)} \tag{7.19}$$

抗混叠滤波器为

$$F(s)=\frac{31.4}{s+31.4} \tag{7.20}$$

权函数取上面分析的式(7.7)，为

$$W(s)=\frac{24(s+0.24)}{s+240} \tag{7.21}$$

设对象 P 的状态空间实现为$[\boldsymbol{A}_p,\boldsymbol{B}_p,\boldsymbol{C}_p]$，滤波器 F 的状态空间实现为$[\boldsymbol{A}_f,\boldsymbol{B}_f,\boldsymbol{C}_f]$，权函数 W 的状态空间实现为$[\boldsymbol{A}_w,\boldsymbol{B}_w,\boldsymbol{C}_w]$，可得图 7.9 所示系统的广义对象为

$$\boldsymbol{G}=\left[\begin{array}{c|cc}\boldsymbol{A} & \boldsymbol{B}_1 & \boldsymbol{B}_2 \\ \hline \boldsymbol{C}_1 & \boldsymbol{0} & \boldsymbol{0} \\ \boldsymbol{C}_2 & \boldsymbol{0} & \boldsymbol{0}\end{array}\right] \tag{7.22}$$

其中

$$\boldsymbol{A}=\begin{bmatrix}\boldsymbol{A}_p & \boldsymbol{0} & \boldsymbol{0} \\ \boldsymbol{B}_f\boldsymbol{C}_p & \boldsymbol{A}_f & \boldsymbol{0} \\ \boldsymbol{B}_w\boldsymbol{C}_p & \boldsymbol{0} & \boldsymbol{A}_w\end{bmatrix},\quad \boldsymbol{B}_1=\begin{bmatrix}\boldsymbol{0} \\ \boldsymbol{B}_f \\ \boldsymbol{0}\end{bmatrix},\quad \boldsymbol{B}_2=\begin{bmatrix}\boldsymbol{B}_p \\ \boldsymbol{0} \\ \boldsymbol{0}\end{bmatrix},\quad \boldsymbol{C}_1=\begin{bmatrix}\boldsymbol{D}_w\boldsymbol{C}_p & \boldsymbol{0} & \boldsymbol{C}_w\end{bmatrix},\quad \boldsymbol{C}_2=\begin{bmatrix}\boldsymbol{0} & \boldsymbol{C}_f & \boldsymbol{0}\end{bmatrix}$$

设离散控制器为

$$K_{\mathrm{d}}(z)=-\left(1.852+\frac{8.889\tau}{z-1}\right)$$

其中，τ 为采样周期，本例中取 $\tau=0.1\mathrm{s}$ 。

本例中系统的带宽 $\omega_{\mathrm{b}}\approx 6.28\ \mathrm{rad/s}$ ，这个系统已是一个典型的采样系统。

按上面的思想，换成离散不确定性后用常规方法对系统进行离散化，求得离散频率特性 $T_{zw}(\mathrm{e}^{\mathrm{j}\omega\tau})$ 如图 7.13 所示，其峰值即 H_∞ 范数，$\|T_{zw}\|_\infty=0.9949=-0.0444\ \mathrm{dB}$。

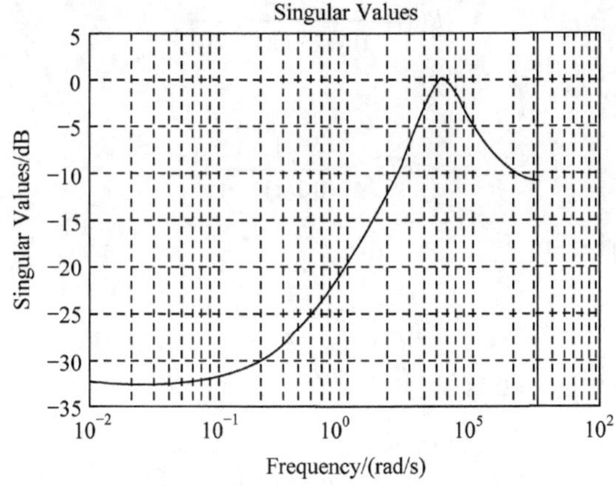

图 7.13　例 7.1 的奇异值 Bode 图

因此根据小增益定理(式(7.9))，如果对象的摄动不超出这个界函数 W，系统仍应该是稳定的。作为验证，设对象的摄动如式(7.5)所示，并取最坏的情况 $T=0.1\mathrm{s}$ ，图 7.2 表明这个摄动已贴近界函数 W 了。

图 7.14 所示就是对象加上这个最坏摄动后，这个连续对象和离散控制器的混合仿真曲线。这个系统虽然稳定，但已接近稳定边缘，与图 7.2 的摄动已贴近界函数的概念是相一致

的，可见这种分析是不保守的。

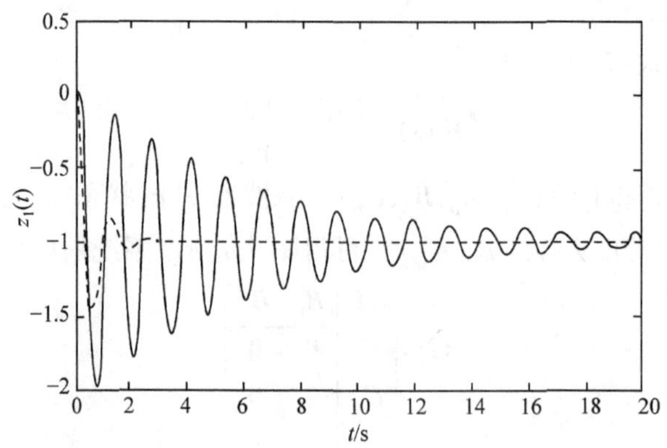

图 7.14 摄动系统（实线）与名义系统（虚线）的阶跃响应

本例如果采用第 5 章中的提升法进行计算，所得的 H_∞ 范数 $\|T_{zw}\|_\infty = 1.3244$，早已破坏了小增益定理的条件，可是摄动后的系统却是稳定的。

习 题

7-1 什么是加性不确定性？给出存在加性不确定性的对象的描述形式。

7-2 什么是乘性不确定性？给出存在乘性不确定性的对象的描述形式。

7-3 小增益定理对普通的不确定性是充分条件还是充要条件？对范数有界不确性呢？

7-4 设图 7.9 的鲁棒稳定性问题中对象的名义特性，即 P 为

$$P(s) = \frac{20 - s}{(0.3s+1)(s+20)}$$

抗混叠滤波器 F 为

$$F(s) = \frac{1}{(0.1/\pi)s+1}$$

离散控制器 K_d 具有积分特性：

$$K_d(z) = \frac{1.4\tau}{z-1}$$

其中，τ 为采样周期，本例中设 $\tau = 0.1\text{s}$。

设图 7.9 中的权函数为

$$W(s) = \frac{0.5s+0.01}{0.01s+1}$$

试用本章给出的鲁棒稳定性分析的新方法，计算从 w 到 z 的离散传递函数 T_{zw} 的 H_∞ 范数，分析系统的鲁棒稳定性。

第 8 章　计算机控制系统的离散化设计

8.1　概　　述

由于控制任务的需要，当所选择的采样周期比较大或对控制质量要求比较高时，必须从被控对象的特性出发，直接根据计算机控制理论(采样控制理论)来设计数字控制器，这类方法称为离散化设计方法，或数字控制器的直接设计方法。

图 8.1 的系统中 $G_c(s)$ 为连续被控对象的传递函数，$D(z)$ 为数字控制器的 z 传递函数，$H(s)$ 为零阶保持器的传递函数，τ 为采样周期。

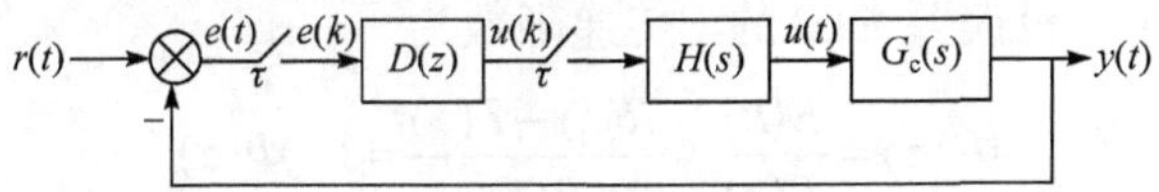

图 8.1　计算机控制系统框图

定义广义对象的 z 传递函数为

$$G(z)=Z[H(s)G_c(s)]=Z\left[\frac{1-e^{-\tau s}}{s}G_c(s)\right] \tag{8.1}$$

则可以得到系统从输入 r 到输出 y 的闭环 z 传递函数为

$$\Phi(z)=\frac{D(z)G(z)}{1+D(z)G(z)} \tag{8.2}$$

这样，如果已知对象传递函数 $G_c(s)$，就可以根据系统的性能指标要求构造 $\Phi(z)$，从而根据 $G(z)$ 和 $\Phi(z)$，得到控制器 z 传递函数为

$$D(z)=\frac{1}{G(z)}\frac{\Phi(z)}{1-\Phi(z)} \tag{8.3}$$

图 8.1 所示系统数字控制器 $D(z)$ 的离散化设计步骤如下：

(1) 根据系统的性能指标和其他约束条件，确定所需的闭环 z 传递函数 $\Phi(z)$。

(2) 求广义对象的 z 传递函数 $G(z)$。

(3) 求数字控制器的 z 传递函数 $D(z)$。

(4) 根据 $D(z)$ 求取控制算法的递推公式，设 $D(z)$ 的一般形式为

$$D(z)=\frac{U(z)}{E(z)}=\frac{\sum_{i=0}^{m}b_i z^{-i}}{1+\sum_{i=1}^{n}a_i z^{-i}}\Rightarrow U(z)=\sum_{i=0}^{m}b_i z^{-i}E(z)-\sum_{i=1}^{n}a_i z^{-i}U(z) \tag{8.4}$$

则 $D(z)$ 的计算机实现控制算法为

$$u(k)=\sum_{i=0}^{m}b_ie(k-i)-\sum_{i=1}^{n}a_iu(k-i) \tag{8.5}$$

8.2　最少拍控制器设计

8.2.1　最少拍控制器

所谓最少拍控制，就是要求闭环系统对于某种特定的输入在最少的采样周期内达到无静差的稳态，且闭环 z 传递函数为

$$\Phi(z)=\phi_1z^{-1}+\phi_2z^{-2}+\cdots+\phi_Nz^{-N} \tag{8.6}$$

其中，N 为正整数，式(8.6)表明闭环系统的脉冲响应在 N 个采样周期后变为零，即系统在 N 拍达到稳态。

1. 闭环 z 传递函数的确定

对于图 8.1 的系统，设误差 $E(z)$ 的 z 传递函数为

$$\Phi_e(z)=\frac{E(z)}{R(z)}=\frac{R(z)-Y(z)}{R(z)}=1-\Phi(z) \tag{8.7}$$

这样，误差 $E(z)$ 可以表示为

$$E(z)=R(z)\Phi_e(z) \tag{8.8}$$

对于典型的输入信号(单位阶跃、单位速度和单位加速度)，其时间域描述和 z 传递函数分别为

$$r(t)=\frac{1}{(q-1)!}t^{q-1}\Rightarrow R(z)=\frac{B(z)}{(1-z^{-1})^q} \tag{8.9}$$

其中，$q=1,2,3$；$B(z)$ 是不含 $(1-z^{-1})$ 因子的 z^{-1} 多项式。

根据 z 变换的终值定理，系统的稳态误差为

$$\begin{aligned}e(\infty)&=\lim_{z\to1}(1-z^{-1})E(z)=\lim_{z\to1}(1-z^{-1})R(z)\Phi_e(z)\\&=\lim_{z\to1}(1-z^{-1})\frac{B(z)}{(1-z^{-1})^q}\Phi_e(z)\end{aligned} \tag{8.10}$$

由于 $B(z)$ 不含 $(1-z^{-1})$ 因子，要想使稳态误差 $e(\infty)\to0$，$\Phi_e(z)$ 中应至少包含 q 个 $(1-z^{-1})$ 因子，设

$$\Phi_e(z)=(1-z^{-1})^qF(z) \tag{8.11}$$

其中

$$F(z)=1+f_1z^{-1}+f_2z^{-2}+\cdots+f_Pz^{-P} \tag{8.12}$$

又因为

$$\Phi_e(z)=1-\Phi(z)\Rightarrow\Phi(z)=1-\Phi_e(z) \tag{8.13}$$

所以有

$$\Phi(z)=1-(1-z^{-1})^qF(z) \tag{8.14}$$

根据式(8.14)可知，闭环传递函数中 z^{-1} 的最高次幂为 $N=p+q$。说明系统的闭环响应在经过 N 拍可达到稳态。为了使系统能尽快达到稳态，取 $p=0$，即 $F(z)=1$，这样系统的输出可在最少拍 $N_{\min}=q$ 拍内达到稳态，这种控制称为最少拍控制。此时，闭环 z 传递函数为

$$\Phi(z)=1-(1-z^{-1})^q \tag{8.15}$$

最少拍控制器的 z 传递函数为

$$D(z)=\frac{1}{G(z)}\frac{\Phi(z)}{1-\Phi(z)}=\frac{1-(1-z^{-1})^q}{G(z)(1-z^{-1})^q} \tag{8.16}$$

2. 典型输入下的最少拍控制系统分析

1)单位阶跃输入($q=1$)

输入函数为 $r(t)=1(t)$，其 z 变换为

$$R(z)=\frac{1}{1-z^{-1}} \tag{8.17}$$

此时，系统的闭环 z 传递函数为

$$\Phi(z)=1-(1-z^{-1})^q=z^{-1} \tag{8.18}$$

误差 $E(z)$ 为

$$\begin{aligned}E(z)&=R(z)\Phi_e(z)=R(z)[1-\Phi(z)]\\&=\frac{1}{1-z^{-1}}(1-z^{-1})=1\cdot z^0+0\cdot z^{-1}+0\cdot z^{-2}+\cdots\end{aligned} \tag{8.19}$$

输出 $Y(z)$ 为

$$Y(z)=R(z)\Phi(z)=\frac{1}{1-z^{-1}}z^{-1}=z^{-1}+z^{-2}+z^{-3}+\cdots \tag{8.20}$$

显然，只需一拍，输出就能跟踪输入，稳态误差为零，过渡过程结束。

2)单位速度输入($q=2$)

输入函数为 $r(t)=t$，其 z 变换为

$$R(z)=\frac{\tau z^{-1}}{(1-z^{-1})^2} \tag{8.21}$$

此时，系统的闭环 z 传递函数为

$$\Phi(z)=1-(1-z^{-1})^2=2z^{-1}-z^{-2} \tag{8.22}$$

误差 $E(z)$ 为

$$\begin{aligned}E(z)&=R(z)\Phi_e(z)=R(z)[1-\Phi(z)]\\&=\frac{\tau z^{-1}}{(1-z^{-1})^2}(1-2z^{-1}+z^{-2})\\&=0\cdot z^0+\tau\cdot z^{-1}+0\cdot z^{-2}+\cdots\end{aligned} \tag{8.23}$$

输出 $Y(z)$ 为

$$\begin{aligned}Y(z)&=R(z)\Phi(z)=\frac{\tau z^{-1}}{(1-z^{-1})^2}(2z^{-1}-z^{-2})\\&=2\tau z^{-2}+3\tau z^{-3}+4\tau z^{-4}+\cdots\end{aligned} \tag{8.24}$$

显然，只需两拍，输出就能跟踪输入，稳态误差为零，过渡过程结束。

3) 单位速度输入 $(q=3)$

输入函数为 $r(t)=t^2/2$，其 z 变换为

$$R(z)=\frac{\tau^2 z^{-1}(1+z^{-1})}{2(1-z^{-1})^3} \tag{8.25}$$

此时，系统的闭环 z 传递函数为

$$\Phi(z)=1-(1-z^{-1})^3=3z^{-1}-3z^{-2}+z^{-3} \tag{8.26}$$

误差 $E(z)$ 为

$$\begin{aligned}E(z)&=R(z)\Phi_e(z)=R(z)[1-\Phi(z)]\\&=\frac{\tau^2 z^{-1}(1+z^{-1})}{2(1-z^{-1})^3}(1-3z^{-1}+3z^{-2}-z^{-3})\\&=0\cdot z^0+\frac{\tau^2}{2}\cdot z^{-1}+\frac{\tau^2}{2}\cdot z^{-2}+0\cdot z^{-3}+\cdots\end{aligned} \tag{8.27}$$

输出 $Y(z)$ 为

$$\begin{aligned}Y(z)&=R(z)\Phi(z)=\frac{\tau^2 z^{-1}(1+z^{-1})}{2(1-z^{-1})^3}(3z^{-1}-3z^{-2}+z^{-3})\\&=\frac{3}{2}\tau^2 z^{-2}+\frac{9}{2}\tau^2 z^{-3}+\frac{16}{2}\tau^2 z^{-4}+\cdots\end{aligned} \tag{8.28}$$

显然，只需三拍，输出就能跟踪输入，稳态误差为零，过渡过程结束。

3. 最少拍控制的局限性

由于上述最少拍控制算法都是针对特定的输入信号设计的控制器，当输入信号改变时，如果控制器不变，则未必能达到要求的设计结果，所以最少拍设计有一定的局限性。下面先给出结论，然后再给出一个具体的例子来进一步说明。

(1) 按某种典型输入设计的闭环传递函数 $\Phi(z)$，用于次数较低的输入函数时，系统将出现超调，同时响应时间也会增加，但在采样时刻的误差为零。

(2) 按某种典型输入设计的闭环传递函数 $\Phi(z)$，用于次数较高的输入函数时，输出将不能完全跟踪输入，以致产生稳态误差。

【例 8.1】 已知被控对象的传递函数为

$$G(s)=\frac{1}{s(s+1)}$$

设系统采样周期 $\tau=1\text{s}$。采用零阶保持器，要求针对单位阶跃输入信号设计最少拍控制器 $D(z)$。

解 首先求 $G(z)$：

$$G(z)=Z\left[\frac{1-\mathrm{e}^{-\tau s}}{s}\cdot\frac{1}{s(s+1)}\right]=\frac{0.3679z^{-1}(1+0.718z^{-1})}{(1-z^{-1})(1-0.368z^{-1})}$$

单位阶跃输入函数 $r(t)=1(t)$ 的 z 变换为 $R(z)=1/(1-z^{-1})$，此时，系统的闭环 z 传递函数为 $\Phi(z)=z^{-1}$，数字控制器为

$$D(z)=\frac{1}{G(z)}\frac{\Phi(z)}{1-\Phi(z)}=\frac{(1-z^{-1})(1-0.368z^{-1})}{0.368z^{-1}(1+0.718z^{-1})}\times\frac{z^{-1}}{1-z^{-1}}$$
$$=\frac{1-0.368z^{-1}}{0.368(1+0.718z^{-1})}$$

系统的输出为

$$Y(z)=\Phi(z)R(z)=\frac{z^{-1}}{1-z^{-1}}=z^{-1}+z^{-2}+z^{-3}+\cdots$$

图 8.2 为根据各采样时刻值得到的输出响应曲线。可以看出，系统在一拍后跟踪上输入，达到无差的稳态。

下面改变输入信号为单位速度输入，控制器不变，此时输出变为

$$Y(z)=z^{-1}\times\frac{\tau z^{-1}}{(1-z^{-1})^2}=\frac{z^{-2}}{(1-z^{-1})^2}=z^{-2}+2z^{-3}+3z^{-4}+4z^{-5}+\cdots$$

图 8.3 为根据各采样时刻值得到的输出的响应曲线。可以看出，系统存在稳态误差，输出无法跟踪上输入。也就是说，根据单位阶跃输入信号设计的控制器，无法适应高阶输入，导致输出无法跟踪输入。

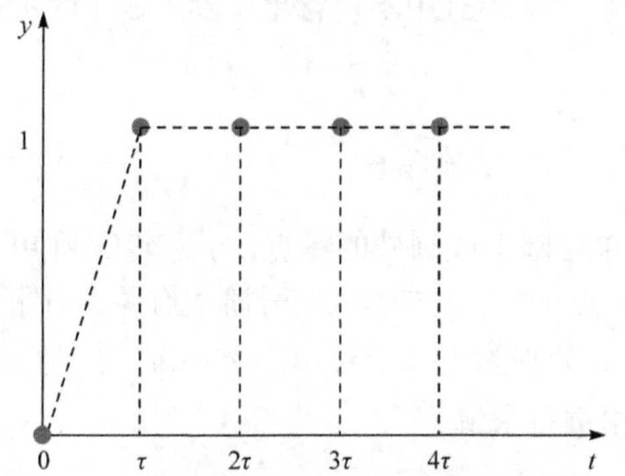

图 8.2　例 8.1 系统的单位阶跃输出响应

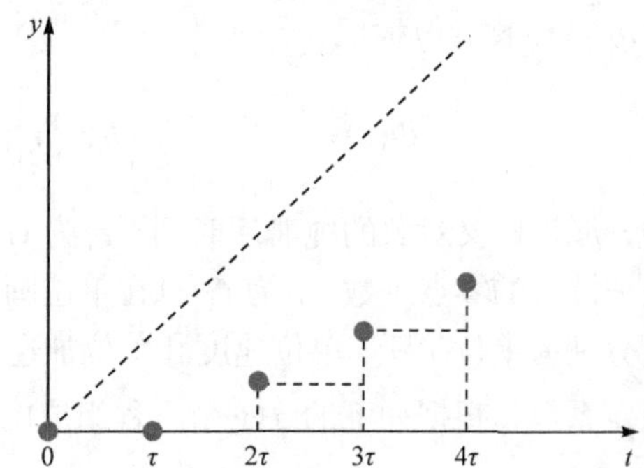

图 8.3　例 8.1 系统在单位速度输入下的输出响应

8.2.2　最少拍有纹波控制器设计

设 $G(z)$ 有 u 个零点 $b_1,b_2,\cdots,b_u$ 和 v 个极点 $a_1,a_2,\cdots,a_v$ 在 z 平面的单位圆上或圆外，即

$$G(z)=\frac{\prod_{i=1}^{u}(1-b_iz^{-1})}{\prod_{i=1}^{v}(1-a_iz^{-1})}\cdot G'(z) \tag{8.29}$$

$G'(z)$ 是 $G(z)$ 中不含单位圆上或圆外的零极点部分。

系统的闭环 z 传递函数为

$$\Phi(z)=D(z)G(z)\Phi_e(z) \tag{8.30}$$

为了避免 $G(z)$ 在单位圆上或圆外的零极点与 $D(z)$ 的零极点对消，同时又能实现对系统

补偿，选择系统的闭环 z 传递函数必须满足下列稳定性约束条件。

(1) 闭环误差传递函数 $\Phi_e(z)$ 的零点中，必须包含 $G(z)$ 在 z 平面单位圆外或单位圆上的所有极点，即

$$\Phi_e(z) = 1 - \Phi(z) = \left[\prod_{i=1}^{v}(1 - a_i z^{-1})\right] F_1(z) \tag{8.31}$$

其中，$F_1(z)$ 为 z^{-1} 的多项式，且不包含 $G(z)$ 中的不稳定极点 a_j。

(2) 闭环系统的 z 传递函数的零点中，必须包含 $G(z)$ 在 z 平面单位圆外或单位圆上的所有零点，即

$$\Phi(z) = \left[\prod_{i=1}^{u}(1 - b_i z^{-1})\right] F_2(z) \tag{8.32}$$

其中，$F_2(z)$ 为 z^{-1} 的多项式，且不包含 $G(z)$ 中的不稳定零点 b_j。

根据上述两个约束，可知控制器为

$$D(z) = \frac{1}{G(z)} \frac{\Phi(z)}{\Phi_e(z)} = \frac{F_2(z)}{G'(z) F_1(z)} \tag{8.33}$$

$D(z)$ 不包含 $G(z)$ 在 z 平面单位圆上和圆外的零极点。

综合考虑闭环系统的稳定性、快速性和准确性，当 $G(z)$ 中不包含单位圆上 z=1 的极点时，$\Phi(z)$ 应具有以下形式：

$$\Phi(z) = z^{-m}\left[\prod_{i=1}^{u}(1 - b_i z^{-1})\right](\Phi_0 + \Phi_1 z^{-1} + \cdots + \Phi_{q+v-1} z^{-q-v+1}) \tag{8.34}$$

其中，m 为广义对象的纯滞后时间；b_i 为 $G(z)$ 在单位圆上或圆外的零点；u 为 $G(z)$ 在单位圆上或圆外的零点个数；v 为 $G(z)$ 在单位圆外的极点个数；q 与输入信号阶次有关，当输入信号分别为单位阶跃、单位速度和单位加速度时，q 分别为 1、2、3；$\Phi_0, \Phi_1, \cdots, \Phi_{q+v-1}$ 为 q+v 个待定系数，根据如下的 q+v 个方程组成的方程组进行求解。

$$\begin{aligned} &\Phi(1) = 1, \Phi'(1) = 0, \cdots, \quad \Phi^{q-1}(1) = 0 \\ &\Phi(a_j) = 1, \qquad\qquad\qquad j = 1, 2 \cdots, v \end{aligned} \tag{8.35}$$

当被控对象 $G(z)$ 中包含单位圆上 z=1 的极点，即 a_j=1 时，式 (8.35) 的第一个方程与后边的 v 个方程有相同之处，因此方程少于 q+v 个，根据快速性要求，此时应该降阶处理，所降阶数等于 $G(z)$ 中 z=1 的极点个数。$G(z)$ 中假设有 w 个 z=1 的极点，则 $\Phi(z)$ 应为

$$\Phi(z) = z^{-m}\left[\prod_{i=1}^{u}(1 - b_i z^{-1})\right](\Phi_0 + \Phi_1 z^{-1} + \cdots + \Phi_{q+v-w-1} z^{-q-v+w+1}) \tag{8.36}$$

8.2.3 最少拍无纹波控制器设计

对于 8.2.2 节给出的最少拍有纹波控制器，如果数字控制器的输出 $u(k)$ 经过若干拍后，不为常值或零，而是振荡收敛的情况，其系统的输出虽然在采样时刻能完全跟踪输入，但在非采样点会有纹波存在。这种非采样时刻的纹波现象不但会产生非采样时刻的偏差，还会浪费执行机构的功率，增加设备磨损。鉴于此，本节将给出一种最少拍无纹波控制器设计方法。

1. 无纹波设计的必要条件

要想使系统的输出信号在采样点之间也能准确地跟踪输入，要求被控对象应有能力给出与系统输入信号 $r(t)$ 相同且平滑的输出 $y(t)$，以保证控制量 $u(k)$ 在有限拍内达到稳态。

设输入信号的一般形式为

$$R(z)=\frac{A(z)}{(1-z^{-1})^{q}} \tag{8.37}$$

控制器输出为

$$U(z)=\Phi(z)\frac{R(z)}{G(z)} \tag{8.38}$$

要使控制量在有限拍内达到稳态，$R(z)/G(z)$ 必须是稳定的，所以广义对象的 z 传递函数 $G(z)$ 中应该至少包含 q 个积分环节，以抵消 $R(z)$ 中单位圆上的 q 个极点对系统产生的影响。这就需要连续的被控对象 $G_c(s)$ 中应该至少包含 $q-1$ 个积分环节，这就是无纹波设计的必要条件。

2. 最少拍无纹波设计确定 $\Phi(z)$ 的约束条件

要使系统的稳态输出无纹波，就要求稳态时的控制信号 $u(k)$ 为常值（包括 0）。由式（8.38）可知，$U(z)/R(z)=\Phi(z)/G(z)$，若想使 $u(t)$ 在稳态时无波动，就意味着 $U(z)/R(z)$ 为 z^{-1} 的有限多项式。这就要求系统的闭环 z 传递函数应包含 $G(z)$ 的所有零点。所以最少拍无纹波设计中闭环 z 传递函数的表达式为

$$\begin{aligned}\Phi(z)&=z^{-m}\left[\prod_{i=1}^{l}(1-b_iz^{-1})\right]F_2(z)\\&=z^{-m}\left[\prod_{i=1}^{l}(1-b_iz^{-1})\right](\Phi_0+\Phi_1z^{-1}+\cdots+\Phi_{q+v-w-1}z^{-q-v+w+1})\end{aligned} \tag{8.39}$$

其中，l 为 $G(z)$ 的所有零点；v 为 $G(z)$ 在单位圆外和单位圆上的极点总数；w 为 $G(z)$ 在单位圆上的极点个数；$\Phi_0,\Phi_1,\cdots,\Phi_{q+v-w-1}$ 为 $q+v-w$ 个待定系数，同样可以根据 8.2.2 节的方法进行求解。

8.3　具有纯滞后对象的控制系统设计

在工业生产中，大多数过程对象都具有较长的纯滞后时间。纯滞后的含义是指系统的输出仅在时间轴上推迟（或延迟）了一定的时间，其余特性不变。纯滞后将引起较大的超调，降低系统的稳定性。下面将给出两种针对纯滞后对象的控制器设计方法。

8.3.1　史密斯预估器

设包含纯滞后环节的被控对象的模型为

$$G_c(s)=G_c'(s)e^{-\tau_1 s} \tag{8.40}$$

其中，$G_c'(s)$ 为不包含纯滞后环节的部分；$e^{-\tau_1 s}$ 为纯滞后环节；τ_1 为滞后时间。设 $D(s)$ 为模拟控制器传递函数，则系统的闭环反馈系统如图 8.4 所示。

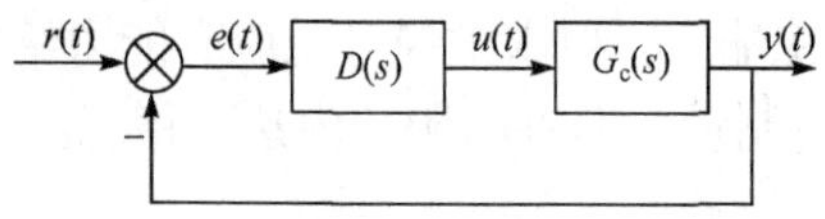

图 8.4　具有纯滞后环节的闭环系统

此时系统的闭环传递函数为

$$\Phi(s)=\frac{D(s)G_c'(s)e^{-\tau_1 s}}{1+D(s)G_c'(s)e^{-\tau_1 s}} \tag{8.41}$$

闭环特征方程为

$$1+D(s)G_c'(s)e^{-\tau_1 s}=0 \tag{8.42}$$

由系统特征方程可以看出，导致系统性能变坏甚至不稳定的本质原因是特征方程中包含纯滞后环节 $e^{-\tau_1 s}$，当纯滞后时间过大时，就会导致系统超调过大或者振荡。

史密斯预估器的预估补偿设计思想是加入一个补偿器，从而使纯滞后环节包含在闭环之外，而闭环特征方程中并不包含纯滞后作用，相当于系统为图 8.5 所示的闭环结构形式，此时闭环传递函数为如下的形式：

$$\Phi(s)=\frac{D(s)G_c'(s)e^{-\tau_1 s}}{1+D(s)G_c'(s)} \tag{8.43}$$

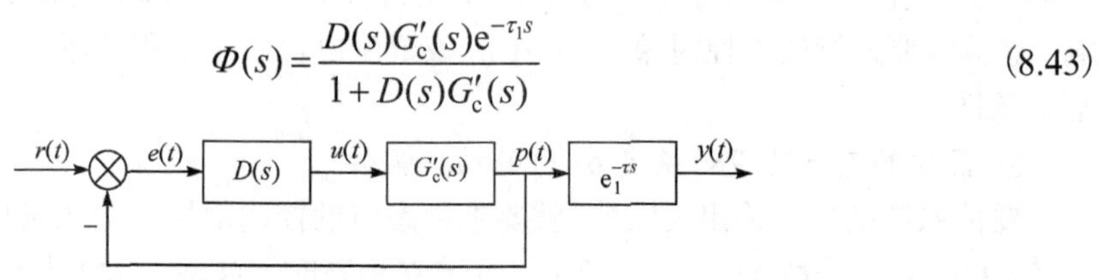

图 8.5　期望的闭环系统结构

图 8.5 的等价史密斯预估补偿器设计结构如图 8.6 所示。其中史密斯预估器 $G_s(s)$ 为

$$G_s(s)=G_c'(s)(1-e^{-\tau_1 s}) \tag{8.44}$$

图 8.6 可以进一步等效为图 8.7 的设计结构。图 8.7 中的预估补偿控制器 $D_1(s)$ 为

$$D_1(s)=\frac{D(s)}{1+G_c'(s)(1-e^{-\tau_1 s})D(s)} \tag{8.45}$$

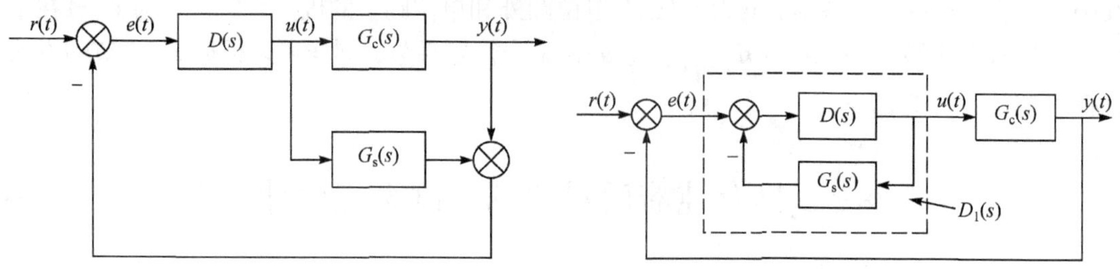

图 8.6　史密斯预估控制设计结构　　图 8.7　史密斯预估控制器等效结构

对于计算机控制系统，设 $\tau_1=N\tau$，则离散的史密斯预估补偿器为

$$\begin{cases} G_s(z)=G_c'(z)(1-z^{-N}) \\ D_1(z)=\dfrac{D(z)}{1+D(z)G_c'(z)(1-z^{-N})} \end{cases} \tag{8.46}$$

具体的设计步骤如下：

(1) 求广义对象的 z 传递函数 $G_c'(z)z^{-N}$。

(2) 按不带纯滞后的被控对象设计数字控制器 $D(z)$。

(3)计算加入纯滞后环节后的预估补偿控制器 $D_1(z)=\dfrac{D(z)}{1+D(z)G_c'(z)(1-z^{-N})}$。

(4)求不含纯滞后的输出：$P(z)$。

(5)求输出 $Y(z)=z^{-N}P(z)$。

8.3.2 达林算法

达林算法也是针对包含纯滞后环节对象的一种控制算法，其设计目标是使整个闭环系统所期望的传递函数相当于一个延迟环节和一个惯性环节相串联，即对于式(8.42)的对象，闭环系统的传递函数设计为

$$\varPhi(s)=\frac{1}{T_\tau s+1}\mathrm{e}^{-\tau_1 s} \tag{8.47}$$

离散的达林算法设计是先给出离散的闭环 z 传递函数：

$$\varPhi(z)=Z\left(\frac{1-\mathrm{e}^{-\tau s}}{s}\frac{1}{T_\tau s+1}\mathrm{e}^{-\tau_1 s}\right) \tag{8.48}$$

假设对象的纯滞后时间为采样周期的整数倍，$\tau_1=N\tau$，则式(8.48)变为

$$\varPhi(z)=\frac{(1-\mathrm{e}^{-\tau/T_\tau})z^{-(N+1)}}{1-\mathrm{e}^{-\tau/T_\tau}z^{-1}} \tag{8.49}$$

这样，若已知广义被控对象的脉冲传递函数 $G(z)$，则可根据下式求出控制器 $D(z)$：

$$D(z)=\frac{1}{G(z)}\frac{\varPhi(z)}{1-\varPhi(z)} \tag{8.50}$$

达林算法设计的系统，有时会产生振铃现象，所谓振铃，是指数字控制器的输出以二分之一采样频率大幅度衰减地振荡。振铃现象会增加执行机构的磨损，在有交互作用的多参数控制系统中，振铃现象还有可能影响到系统的稳定性，所以需要采取措施予以消除。振铃的根源是 $D(z)$ 在 z 平面左半平面的极点，且这些极点越靠近−1 点，振铃现象越严重，所以消除的办法是先找出引起振铃现象的极点，然后令这些极点中的 $z=1$，消除这些极点。这样处理不会影响系统的稳态输出。

8.4 串级控制

8.4.1 串级控制的结构和原理

当系统中同时有几个因素影响同一个被控量时，如果只控制其中一个因素，将难以满足系统的性能。因此，需在原控制回路中，增加一个或几个控制内回路，以控制可能引起被控量变化的其他因素，通过控制中间参数来调节被控参数，从而构成一个串级控制系统。

串级控制系统是双回路或多回路的闭环控制系统，系统中有多个调节器(控制器)串接，前一级的控制输出就是后一级的输入设定值。系统有一个外回路，多个内回路，其中最外面的闭环回路(外环)称为主控回路，主回路被控对象称为主控对象，内回路称为副控回路，内回路的对象为副控对象。串级控制系统的主回路只有一个，副回路可以有多个。

图 8.8 给出的是一个双回路计算机串级控制系统结构框图。图中 $D_1(z)$ 为主回路控制器，$D_2(z)$ 为副回路控制器，$H(s)$ 为零阶保持器，$G_1(s)$ 为主控对象，$G_2(s)$ 为副控对象，τ_1 和 τ_2 分别为主回路和副回路的采样周期。

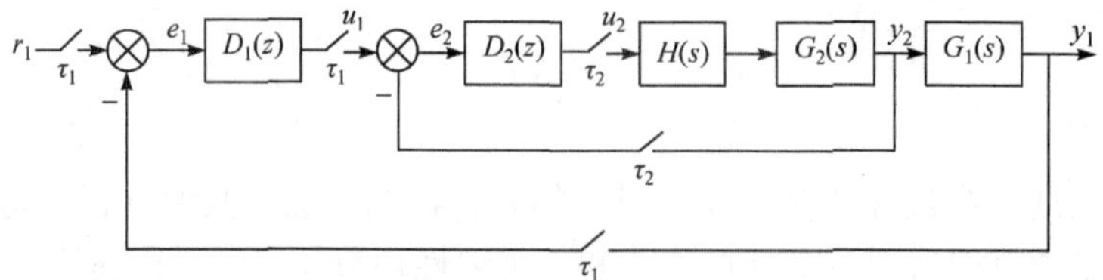

图 8.8　双回路计算机串级控制系统

串级控制系统中主控调节器的任务是确保被控参数符合生产要求，不允许被控量有静差。所以主控调节器一定有积分作用，为了使系统反应灵敏，动作迅速，还应加入微分。所以一般选 PI 或 PID。副控调节器的任务是以快速动作抑制作用在副控回路内的扰动，中间测量点即副控被调参数并不要求无差，所以一般采用比例控制，而且比例系数 K_P 一般选得比较大，以增强副控回路的快速性和抗干扰能力。若 K_P 不能取得太大时，则应加入积分控制，此时采用 PI，一般不用 PID。

1. 串级控制系统的优点

(1) 等效副对象的时间常数小于原时间常数，因此串级系统的响应速度快。

(2) 等效副对象的放大系数小于原放大系数，因此允许主回路放大系数适当增大，提高系统的静态精度及抗干扰能力。

(3) 副回路有较强的抑制扰动的能力。

(4) 系统对负荷变化的适应能力更强。

(5) 对具有纯滞后的对象和具有非线性的对象，采用串级控制可以改善系统的控制性能。

2. 串级控制系统的设计原则

(1) 系统中主要扰动应包含在副控回路之中。这样可以在扰动影响到主控被调参数之前，已经被副控回路大大削弱了。

(2) 副控回路应尽量包含积分环节。因为积分相角滞后为−90°，当副控回路包含它时，相角滞后将可以减少，有利于改善调节系统的品质。

(3) 主变量的选择：与单回路控制系统的选择原则一致，即选择直接或间接反映生产过程的产品产量、质量、节能、环保以及安全等控制要求的参数作为主变量；副变量的选择：保证副回路时间常数较小的前提下，使其纳入主要的和更多的干扰。

(4) 为使主、副回路不产生共振，主回路工作频率 ω_{d1} 和副回路工作频率 ω_{d2} 要相差 3～10 倍，即 $\omega_{d2}=(3\sim10)\omega_{d1}$。

8.4.2　数字串级控制算法

下面以图 8.8 的双回路串级控制系统为例，假设主、副回路调节器都采用数字 PID 控制算法，下面给出的是数字串级控制的算法步骤。

(1) 采集系统输入信号 $r_1(k)$ 和输出信号 $y_1(k)$，计算主回路偏差 $e_1(k)=r_1(k)-y_1(k)$。

(2) 按照主调节器的数字 PID 参数和算法，计算主调节器输出 $u_1(k)$。

(3) 采集副控回路输出 $y_2(k)$，令副回路给定值 $r_2(k)=u_1(k)$，然后计算副回路偏差 $e_2(k)=u_1(k)-y_2(k)$。

(4) 按照副调节器的数字 PID 参数和算法，计算副调节器输出 $u_2(k)$。

(5) 副回路控制量 $u_2(k)$ 经过保持器保持后作用于副控对象，进而控制主控对象。

8.5　前馈-反馈控制

8.5.1　前馈-反馈控制的结构和原理

前馈控制有两种，一种是基于给定量的前馈控制，一种是基于扰动的前馈控制，本节讨论的是基于扰动量的前馈控制，它按扰动计算补偿量，进行开环控制。而反馈控制是按偏差计算控制量，进行闭环调节控制。

前馈控制虽然比较简单，但由于是按指定扰动进行开环校正，只对指定扰动有抑制作用，对其他未被引入前馈控制器的扰动量无任何补偿作用。反馈控制的控制作用虽然落后于扰动的作用，但对各种扰动均有一定的抑制作用。所以一般系统都采用前馈-反馈控制结构，以反馈为主，抑制各种扰动，以前馈为辅，完全补偿指定扰动。

图 8.9 给出的是前馈-反馈控制结构的闭环系统示意图，图中的 $D(s)$ 是反馈控制器，$D_n(s)$ 为前馈控制器，$G_n(s)$ 是对象干扰通道的传递函数；$G(s)$ 是对象控制通道的传递函数。

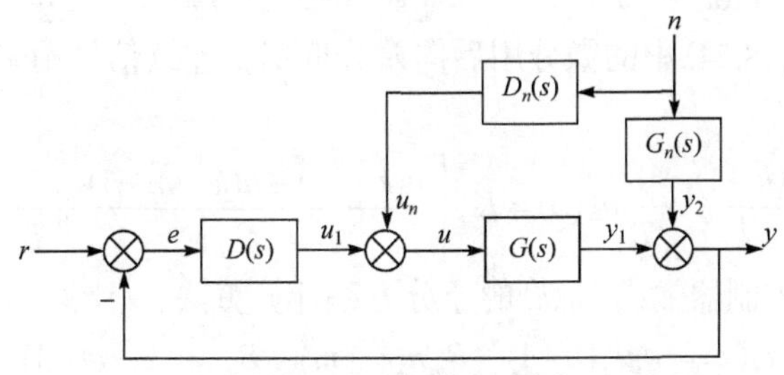

图 8.9　前馈-反馈控制结构

对图 8.9 的系统，设 $u_1=0$，只考虑扰动的影响，则前馈控制完全补偿扰动 n 的条件为

$$Y(s)=Y_1(s)+Y_2(s)=[D_n(s)G(s)+G_n(s)]N(s)=0$$

$$\Downarrow$$

$$D_n(s)G(s)+G_n(s)=0 \tag{8.51}$$

$$\Downarrow$$

$$D_n(s)=-\frac{G_n(s)}{G(s)}$$

8.5.2　数字前馈-反馈控制算法

数字前馈-反馈控制系统结构图如图 8.10 所示。假设控制通道和扰动通道被控对象传递函数分别为

$$G_n(s)=\frac{K_1}{1+T_1 s}\mathrm{e}^{-\tau_1 s},\quad G(s)=\frac{K_2}{1+T_2 s}\mathrm{e}^{-\tau_2 s} \tag{8.52}$$

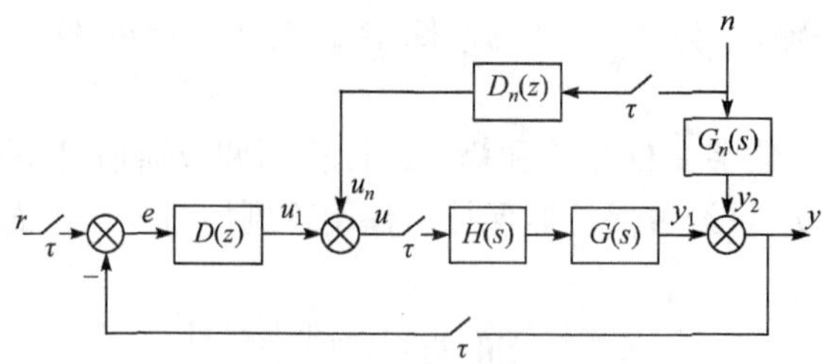

图 8.10　数字前馈-反馈控制算法

则根据式(8.51)的完全补偿条件，前馈控制器为

$$D_n(s)=\frac{u_n(s)}{N(s)}=-\frac{G_n(s)}{G(s)}=K_f\frac{s+\dfrac{1}{T_2}}{s+\dfrac{1}{T_1}}\mathrm{e}^{-\tau_n s} \tag{8.53}$$

其中

$$\tau_n=\tau_1-\tau_2,\qquad K_f=-\frac{K_1T_2}{K_2T_1}$$

将式(8.53)进行拉普拉斯逆变换，可以得到如下的微分方程：

$$\frac{\mathrm{d}u_n(t)}{\mathrm{d}t}+\frac{1}{T_1}u_n(t)=K_f\left[\frac{\mathrm{d}n(t-\tau_n)}{\mathrm{d}t}+\frac{1}{T_2}n(t-\tau_n)\right] \tag{8.54}$$

设 $\tau_n=m\tau$，将式(8.54)中的微分用后向差分近似，连续信号用采样时刻的值代替，可以得到如下的差分方程：

$$\frac{u_n(k)-u_n(k-1)}{\tau}+\frac{1}{T_1}u_n(k)=K_f\left[\frac{n(k-m)-n(k-m-1)}{\tau}+\frac{1}{T_2}n(k-m)\right] \tag{8.55}$$

整理后可得前馈控制器输出 $u_n(k)$ 的差分方程计算算法：

$$u_n(k)=A_1u_n(k-1)+B_mn(k-m)+B_{m+1}n(k-m-1) \tag{8.56}$$

其中

$$A_1=\frac{T_1}{\tau+T_1},\qquad B_m=K_f\frac{T_1(\tau+T_2)}{T_2(\tau+T_1)},\qquad B_{m+1}=-K_f\frac{T_1}{\tau+T_1}$$

计算机控制系统的数字前馈-反馈控制算法的步骤如下：

(1) 采集输入信号 $r(k)$、输出信号 $y(k)$，计算偏差信号 $e(k)=r(k)-y(k)$。

(2) 根据反馈控制器 $D(z)$ 的数字算法，计算其输出 $u_1(k)$。

(3) 按照式(8.56)的差分方程，计算前馈控制器输出 $u_n(k)$。

(4) 计算前馈-反馈控制器总输出 $u(k)$。

8.6　解耦控制

8.6.1　解耦控制原理

所谓解耦控制系统，就是采用某种结构，寻找合适的控制规律，来消除系统各控制回路之间的相互耦合关系，使每一个输入只控制相应的一个输出，每一个输出又只受到一个控制的作用。

图 8.11 给出的是计算机多入多出控制系统结构图，S 表示采样开关，$\boldsymbol{H}(s)$ 为零阶保持器的传递函数，$\boldsymbol{D}(z)$ 表示控制器的 z 传递函数，$\boldsymbol{P}(s)$ 为各回路之间互相耦合的连续对象的传递函数。用 $\boldsymbol{G}(z)$ 表示对象 $\boldsymbol{P}(s)$ 的保持器离散化 z 传递函数，即广义对象的 z 传递函数。多入多出系统解耦的条件是使系统的闭环 z 传递函数矩阵 $\boldsymbol{\Phi}(z)$ 为对角阵，即

$$\boldsymbol{\Phi}(z)=\begin{bmatrix} \Phi_{11}(z) & 0 & \cdots & \cdots & 0 \\ 0 & \Phi_{22}(z) & 0 & \cdots & 0 \\ \vdots & \vdots & \vdots & & \vdots \\ & & & \ddots & 0 \\ 0 & 0 & \cdots & 0 & \Phi_{nn}(z) \end{bmatrix} \tag{8.57}$$

这样，由 $\boldsymbol{Y}(z)=\boldsymbol{\Phi}(z)R(z)$，可以得到

$$\begin{cases} Y_1(z)=\Phi_{11}(z)R_1(z) \\ Y_2(z)=\Phi_{22}(z)R_2(z) \\ \qquad\vdots \\ Y_n(z)=\Phi_{nn}(z)R_n(z) \end{cases} \tag{8.58}$$

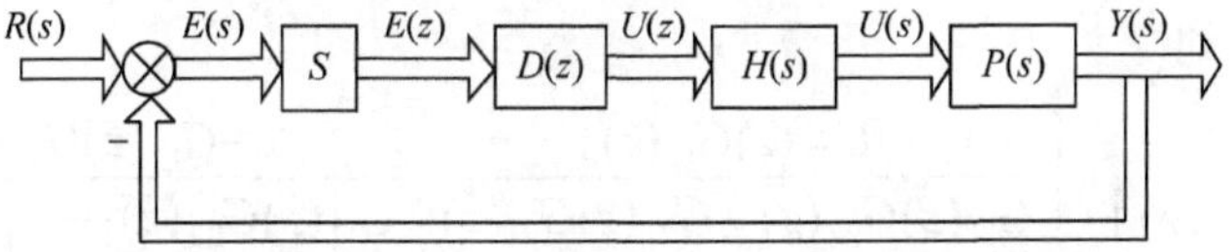

图 8.11　多入多出闭环控制系统

保证了各回路之间相互独立，第 i 个输入仅对第 i 个输出起控制作用，而对其他输出不起作用，即不存在相关耦合关系，实现了系统的解耦。

对于图 8.11 的多入多出系统，设系统的开环 z 传递函数矩阵为 $\boldsymbol{G}_k(z)=\boldsymbol{G}(z)\boldsymbol{D}(z)$，则系统闭环 z 传递函数为

$$\boldsymbol{\Phi}(z)=\frac{\boldsymbol{Y}(z)}{\boldsymbol{R}(z)}=\left[\boldsymbol{I}+\boldsymbol{G}_k(z)\right]^{-1}\boldsymbol{G}_k(z) \tag{8.59}$$

根据式(8.59)，若 $\boldsymbol{G}_k(z)$ 为对角阵，则 $\boldsymbol{I}+\boldsymbol{G}_k(z)$ 为对角阵，$[\boldsymbol{I}+\boldsymbol{G}_k(z)]^{-1}$ 也为对角阵，$\boldsymbol{\Phi}(z)$ 必为对角阵。因此，解耦的条件可转化为 $\boldsymbol{G}_k(z)$ 为对角线矩阵。

解耦设计的原理是在控制器 $\boldsymbol{D}(z)$ 和广义对象 $\boldsymbol{G}(z)$ 之间加入一个解耦补偿装置 $\boldsymbol{F}(z)$，使得开环传递函数 $\boldsymbol{G}_k(z)=\boldsymbol{G}(z)\boldsymbol{F}(z)\boldsymbol{D}(z)$ 为对角阵，如图 8.12 所示。

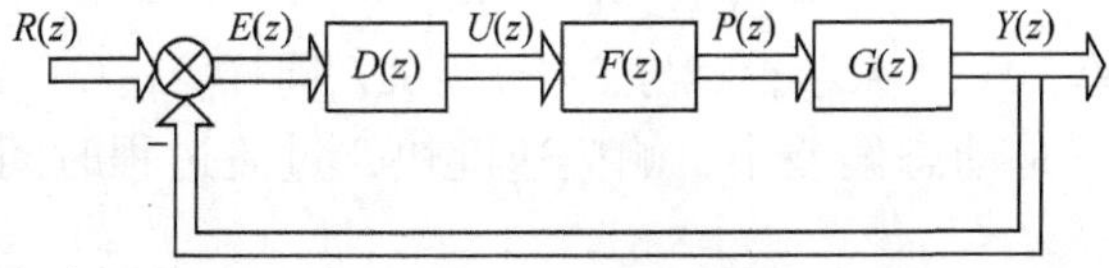

图 8.12　多变量解耦控制系统示意图

8.6.2　多变量解耦控制方法

下面以两入两出系统为例给出三种综合解耦设计方法，这些方法可以推广应用于多入

多出系统。

1. 对角线矩阵综合法

设解耦补偿装置为

$$\boldsymbol{F}(z)=\begin{bmatrix} F_{11}(z) & F_{12}(z) \\ F_{21}(z) & F_{22}(z) \end{bmatrix} \tag{8.60}$$

控制器为

$$\boldsymbol{D}(z)=\begin{bmatrix} D_1(z) & 0 \\ 0 & D_2(z) \end{bmatrix} \tag{8.61}$$

系统开环 z 传递函数$\boldsymbol{G}_k(z)=\boldsymbol{G}(z)\boldsymbol{F}(z)\boldsymbol{D}(z)$，所以，只需使 $\boldsymbol{G}(z)\boldsymbol{F}(z)$为对角阵，就可以使$\boldsymbol{G}_k(z)$为对角阵。本方法是使二者相乘后，消除 $G_{12}(z)$和 $G_{21}(z)$的影响，即

$$\begin{gathered}\begin{bmatrix} G_{11}(z) & G_{12}(z) \\ G_{21}(z) & G_{22}(z) \end{bmatrix}\begin{bmatrix} F_{11}(z) & F_{12}(z) \\ F_{21}(z) & F_{22}(z) \end{bmatrix}=\begin{bmatrix} G_{11}(z) & 0 \\ 0 & G_{22}(z) \end{bmatrix} \\ \Downarrow \\ \begin{bmatrix} F_{11}(z) & F_{12}(z) \\ F_{21}(z) & F_{22}(z) \end{bmatrix}=\begin{bmatrix} G_{11}(z) & G_{12}(z) \\ G_{21}(z) & G_{22}(z) \end{bmatrix}^{-1}\begin{bmatrix} G_{11}(z) & 0 \\ 0 & G_{22}(z) \end{bmatrix}\end{gathered} \tag{8.62}$$

整理后可以得到

$$\begin{bmatrix} F_{11}(z) & F_{12}(z) \\ F_{21}(z) & F_{22}(z) \end{bmatrix}=\begin{bmatrix} \dfrac{G_{22}(z)G_{11}(z)}{G_{11}(z)G_{22}(z)-G_{21}(z)G_{12}(z)} & \dfrac{-G_{12}(z)G_{22}(z)}{G_{11}(z)G_{22}(z)-G_{21}(z)G_{12}(z)} \\ \dfrac{-G_{21}(z)G_{11}(z)}{G_{11}(z)G_{22}(z)-G_{21}(z)G_{12}(z)} & \dfrac{G_{11}(z)G_{22}(z)}{G_{11}(z)G_{22}(z)-G_{21}(z)G_{12}(z)} \end{bmatrix} \tag{8.63}$$

2. 单位矩阵综合法

单位矩阵综合法与对角线矩阵综合法类似，只是解耦后使对角阵为单位阵，即

$$\begin{bmatrix} G_{11}(z) & G_{12}(z) \\ G_{21}(z) & G_{22}(z) \end{bmatrix}\begin{bmatrix} F_{11}(z) & F_{12}(z) \\ F_{21}(z) & F_{22}(z) \end{bmatrix}=\begin{bmatrix} 1 & 0 \\ 0 & 1 \end{bmatrix} \tag{8.64}$$

根据上式可以得到

$$\begin{bmatrix} F_{11}(z) & F_{12}(z) \\ F_{21}(z) & F_{22}(z) \end{bmatrix}=\begin{bmatrix} \dfrac{G_{22}(z)}{G_{11}(z)G_{22}(z)-G_{21}(z)G_{12}(z)} & \dfrac{-G_{12}(z)}{G_{11}(z)G_{22}(z)-G_{21}(z)G_{12}(z)} \\ \dfrac{-G_{21}(z)}{G_{11}(z)G_{22}(z)-G_{21}(z)G_{12}(z)} & \dfrac{G_{11}(z)}{G_{11}(z)G_{22}(z)-G_{21}(z)G_{12}(z)} \end{bmatrix} \tag{8.65}$$

此时系统比较简单，$Y_1(z)=U_1(z)$，与 $U_2(z)$无关。同样，$Y_2(z)=U_2(z)$，与 $U_1(z)$无关。单位矩阵综合法的优点是动态偏差小，响应速度快，过渡过程时间短，具有良好的解耦效果。

3. 前馈补偿综合法

前馈补偿综合法的解耦原理是把某通道的调节器输出对另外通道的影响看作扰动作用，然后，应用前馈控制的原理，解除控制回路之间的耦合。

前馈补偿法的解耦补偿装置 $\boldsymbol{F}(z)$为如下结构：

$$
\boldsymbol{F}(z)=\begin{bmatrix} 1 & D_{f1}(z) \\ D_{f2}(z) & 1 \end{bmatrix} \tag{8.66}
$$

其中，前馈补偿装置 1 的 z 传递函数 $D_{f1}(z)$，可以根据前馈补偿原理进行如下计算：

$$
\begin{gathered}
G_{12}(z)+D_{f1}(z)G_{11}(z)=0 \\
\Downarrow \\
D_{f1}(z)=-\frac{G_{12}(z)}{G_{11}(z)}
\end{gathered} \tag{8.67}
$$

前馈补偿装置 2 的 z 传递函数 $D_{f2}(z)$，可以根据前馈补偿原理进行如下计算：

$$
\begin{gathered}
G_{21}(z)+D_{f2}(z)G_{22}(z)=0 \\
\Downarrow \\
D_{f2}(z)=-\frac{G_{21}(z)}{G_{22}(z)}
\end{gathered} \tag{8.68}
$$

综上，前馈补偿法的解耦补偿装置 $\boldsymbol{F}(z)$ 为

$$
\boldsymbol{F}(z)=\begin{bmatrix} 1 & -\dfrac{G_{12}(z)}{G_{11}(z)} \\ -\dfrac{G_{21}(z)}{G_{22}(z)} & 1 \end{bmatrix} \tag{8.69}
$$

此时

$$
\begin{aligned}
\boldsymbol{G}(s)\boldsymbol{F}(s)&=\begin{bmatrix} G_{11}(z) & G_{12}(z) \\ G_{21}(z) & G_{22}(z) \end{bmatrix}\begin{bmatrix} 1 & -\dfrac{G_{12}(z)}{G_{11}(z)} \\ -\dfrac{G_{21}(z)}{G_{22}(z)} & 1 \end{bmatrix} \\
&=\begin{bmatrix} G_{11}(z)-\dfrac{G_{12}(z)G_{21}z)}{G_{22}(z)} & 0 \\ 0 & G_{22}(z)-\dfrac{G_{12}(z)G_{21}(z)}{G_{11}(z)} \end{bmatrix}
\end{aligned} \tag{8.70}
$$

习　　题

8-1　试说明数字控制器离散化设计的设计思想并给出设计步骤。

8-2　什么是最少拍控制？最少拍设计的局限性是什么？

8-3　已知被控对象的传递函数为

$$
G(s)=\frac{1}{s(s+1)}
$$

设系统采样周期 τ=1s。要求针对单位阶跃输入信号设计最少拍有纹波控制系统，画出数字控制器和系统的输出波形，并分析最少拍有纹波设计的缺陷。

8-4　已知被控对象的传递函数为

$$
G(s)=\frac{1}{s(s+1)}
$$

设系统采样周期 $\tau=1\text{s}$。要求针对单位阶跃输入信号设计最少拍无纹波控制系统，画出数字控制器和系统的输出波形。

8-5　设被控对象的传递函数为

$$G(s)=\frac{\mathrm{e}^{-s}}{s+1}$$

系统的采样周期为 $\tau=0.5\text{s}$，设 $D(z)$ 为普通的数字 PID 控制器，试设计史密斯预估控制器 $D_1(z)$。

8-6　设被控对象的传递函数为

$$G(s)=\frac{2\mathrm{e}^{-2s}}{3s+1}$$

系统的采样周期为 $\tau=1\text{s}$，试用达林算法设计闭环系统及控制器，并分析其输出响应和控制器的输出序列。

8-7　什么是串级控制系统？串级控制系统的设计原则是什么？串级控制的优点是什么？

8-8　什么是前馈-反馈控制？给出数字前馈-反馈控制算法的步骤。

8-9　试述解耦控制的设计思想和原理。解耦控制有哪三种综合设计方法？

第 9 章　计算机控制系统的状态空间法设计

9.1　系统的离散状态空间描述

9.1.1　连续状态方程的离散化

对于计算机控制系统，如果想要用基于状态空间描述的方法设计数字控制器，需要先得到被控对象的离散化状态空间模型，即需要用离散的状态空间表达式来对其进行描述。在已知连续被控对象状态空间模型的情况下，可以通过对其进行离散化，得到离散化的状态空间模型。当然，这个离散化状态空间模型可以通过其他方法得到，如通过差分方程、z 传递函数等。这里只介绍连续对象状态空间模型的离散化方法。

1. 考虑 ZOH 的状态空间离散化

设连续对象的状态空间描述为

$$\begin{aligned}\dot{\boldsymbol{x}}(t) &= \boldsymbol{A}\boldsymbol{x}(t)+\boldsymbol{B}\boldsymbol{u}(t)\\ \boldsymbol{y}(t) &= \boldsymbol{C}\boldsymbol{x}(t)+\boldsymbol{D}\boldsymbol{u}(t)\end{aligned} \tag{9.1}$$

其中，$\boldsymbol{x}$ 为 n 维的状态向量；$\boldsymbol{u}$ 为 m 维的输入向量；$\boldsymbol{y}$ 为 p 维的输出向量。

现在假设被控对象前面有一个零阶保持器，所以输入信号 $\boldsymbol{u}$ 满足：

$$\boldsymbol{u}(t)=\boldsymbol{u}(k),\quad k\tau \leqslant t<(k+1)\tau \tag{9.2}$$

其中，τ 为采样周期，将这个 ZOH 和对象合到一起进行离散化，通过求解式(9.1)的状态方程，可以得到

$$\boldsymbol{x}(t)=\mathrm{e}^{\boldsymbol{A}(t-t_0)}\boldsymbol{x}(t_0)+\int_{t_0}^{t}\mathrm{e}^{\boldsymbol{A}(t-s)}\boldsymbol{B}\boldsymbol{u}(s)\mathrm{d}s \tag{9.3}$$

若取 $t_0=k\tau$，$t=(k+1)\tau$，因为有保持器的作用，可以得到

$$\boldsymbol{x}(k+1)=\mathrm{e}^{\boldsymbol{A}\tau}\boldsymbol{x}(k)+\int_{k\tau}^{(k+1)}\mathrm{e}^{\boldsymbol{A}(k\tau+\tau-s)}\boldsymbol{B}\mathrm{d}s\cdot\boldsymbol{u}(k) \tag{9.4}$$

令 $t=(k+1)\tau-s$，进行变量替换后，上式可以写为

$$\boldsymbol{x}(k+1)=\boldsymbol{F}\boldsymbol{x}(k)+\boldsymbol{G}\boldsymbol{u}(k) \tag{9.5}$$

其中

$$\boldsymbol{F}=\mathrm{e}^{\boldsymbol{A}\tau},\qquad \boldsymbol{G}=\int_{0}^{\tau}\mathrm{e}^{\boldsymbol{A}t}\boldsymbol{B}\mathrm{d}t \tag{9.6}$$

对式(9.1)中的输出方程进行离散化后有

$$\boldsymbol{y}(k)=\boldsymbol{C}\boldsymbol{x}(k)+\boldsymbol{D}\boldsymbol{u}(k) \tag{9.7}$$

综上，连续对象的离散化状态空间描述为

$$\begin{cases} \boldsymbol{x}(k+1) = \boldsymbol{F}\boldsymbol{x}(k) + \boldsymbol{G}\boldsymbol{u}(k) \\ \boldsymbol{y}(k) = \boldsymbol{C}\boldsymbol{x}(k) + \boldsymbol{D}\boldsymbol{u}(k) \end{cases} \tag{9.8}$$

其中，$\boldsymbol{x}(k)$、$\boldsymbol{u}(k)$、$\boldsymbol{y}(k)$ 都是 $k\tau$ 采样时刻的值，可表示为如下形式：

$$\boldsymbol{x}(k) = \begin{bmatrix} x_1(k) \\ x_2(k) \\ \vdots \\ x_n(k) \end{bmatrix}, \quad \boldsymbol{u}(k) = \begin{bmatrix} u_1(k) \\ u_2(k) \\ \vdots \\ u_m(k) \end{bmatrix}, \quad \boldsymbol{y}(k) = \begin{bmatrix} y_1(k) \\ y_2(k) \\ \vdots \\ y_p(k) \end{bmatrix}$$

式(9.8)中的 4 个矩阵分别为

$\boldsymbol{F}$——状态转移矩阵，是 $n \times n$ 阵；

$\boldsymbol{G}$——输入矩阵，是 $n \times m$ 阵；

$\boldsymbol{C}$——输出矩阵，是 $p \times n$ 阵；

$\boldsymbol{D}$——直接传递矩阵，是 $p \times m$ 阵。

2. 状态空间模型的差分近似离散化

对于式(9.1)的连续对象状态空间模型，如果将微分用前向差分来代替，其他的连续信号都用采样时刻的值来代替，则可以得到

$$\begin{cases} \dfrac{\boldsymbol{x}(k+1) - \boldsymbol{x}(k)}{\tau} = \boldsymbol{A}\boldsymbol{x}(k) + \boldsymbol{B}\boldsymbol{u}(k) \\ \boldsymbol{y}(k) = \boldsymbol{C}\boldsymbol{x}(k) + \boldsymbol{D}\boldsymbol{u}(k) \end{cases} \tag{9.9}$$

整理之后可以得到如下的离散化状态空间模型：

$$\begin{cases} \boldsymbol{x}(k+1) = \boldsymbol{F}'\boldsymbol{x}(k) + \boldsymbol{G}'\boldsymbol{u}(k) \\ \boldsymbol{y}(k) = \boldsymbol{C}\boldsymbol{x}(k) + \boldsymbol{D}\boldsymbol{u}(k) \end{cases} \tag{9.10}$$

其中

$$\boldsymbol{F}' = \boldsymbol{I} + \tau\boldsymbol{A}, \qquad \boldsymbol{G}' = \tau\boldsymbol{B} \tag{9.11}$$

9.1.2 矩阵指数及其积分的计算

对于计算机控制系统，一般都是假设系统存在 ZOH，按照式(9.8)对连续对象进行离散化。下面给出式(9.8)的离散化状态空间模型中 $\boldsymbol{F}$ 和 $\boldsymbol{G}$ 阵的计算方法。

1. 拉氏变换法

对于式(9.1)的连续状态空间模型，矩阵 $\mathrm{e}^{\boldsymbol{A}t}$ 称为连续系统的状态转移矩阵，当矩阵 $s\boldsymbol{I}-\boldsymbol{A}$ 可逆时，它可以通过如下的拉氏逆变换进行计算，即

$$\mathrm{e}^{\boldsymbol{A}t} = (s\boldsymbol{I} - \boldsymbol{A})^{-1} \tag{9.12}$$

由式(9.12)，先求得 $s\boldsymbol{I}-\boldsymbol{A}$ 的逆矩阵，再求其拉氏逆变换，就可以得到 $\mathrm{e}^{\boldsymbol{A}t}$，从而根据式(9.6)得到 $\boldsymbol{F}$ 和 $\boldsymbol{G}$ 阵。

2. 幂级数计算法

将矩阵指数 $\mathrm{e}^{\boldsymbol{A}t}$ 展开成如下的幂级数形式：

$$\mathrm{e}^{\boldsymbol{A}t} = \boldsymbol{I} + \boldsymbol{A}t + \frac{\boldsymbol{A}^2t^2}{2!} + \frac{\boldsymbol{A}^3t^3}{3!} + \cdots \tag{9.13}$$

令

$$H = \int_0^{\tau} e^{At} dt = I\tau + \frac{A\tau^2}{2!} + \frac{A^2\tau^3}{3!} + \cdots \tag{9.14}$$

则有

$$\begin{aligned} F = e^{A\tau} &= I + A\tau + \frac{A^2\tau^2}{2!} + \frac{A^3\tau^3}{3!} + \cdots \\ &= I + A\left(I\tau + \frac{A\tau^2}{2!} + \frac{A^2\tau^3}{3!} + \cdots\right) \\ &= I + AH \end{aligned} \tag{9.15}$$

$$G = \left(\int_0^{\tau} e^{At} dt\right)B = HB \tag{9.16}$$

因为式(9.13)右边的无穷幂级数是收敛的，计算矩阵 $\boldsymbol{H}$ 时，可以只取幂级数的前几项之和作为矩阵 $\boldsymbol{H}$ 的近似值，从而最终得到近似的 $\boldsymbol{F}$ 和 $\boldsymbol{G}$ 矩阵。

3. 矩阵 $\boldsymbol{A}$ 可逆时直接计算

当矩阵 $\boldsymbol{A}$ 可逆时，可以利用 MATLAB 的求矩阵指数函数和积分公式直接计算 $\boldsymbol{F}$ 阵和 $\boldsymbol{G}$ 阵的值。

利用 MATLAB 的 expm 函数，F=expm(A*τ)，可以直接计算出 $\boldsymbol{F}$。

对于 $\boldsymbol{G}$，先对其求积分，然后再计算：

$$\begin{aligned} G &= \left(\int_0^{\tau} e^{At} dt\right)B = A^{-1} e^{At}\Big|_0^{\tau} B \\ &= A^{-1}\left(e^{A\tau} - I\right)B \end{aligned} \tag{9.17}$$

MATLAB 的计算公式为

G=inv(A)*(expm(A*τ)−eye(n))*B

4. 矩阵 $\boldsymbol{A}$ 不可逆时的计算

当矩阵 $\boldsymbol{A}$ 不可逆时，$\boldsymbol{F}$ 阵的计算和上面一样，F=expm(A*τ)。$\boldsymbol{G}$ 阵可以通过如下的矩阵指数积分变换公式进行计算。令

$$\Gamma(t) = \int_0^t e^{As} ds$$

则这个 $\boldsymbol{\Gamma}(t)$ 可以如下计算：

$$\int_0^t e^{As} ds = \begin{bmatrix} I & 0 \end{bmatrix} \cdot e\begin{bmatrix} A & I \\ 0 & 0 \end{bmatrix} t \cdot \begin{bmatrix} 0 \\ I \end{bmatrix} \tag{9.18}$$

这样，矩阵 $\boldsymbol{G}$ 可以如下计算：

$$G = \begin{bmatrix} I & 0 \end{bmatrix} \cdot e\begin{bmatrix} A & I \\ 0 & 0 \end{bmatrix} t \Big|_0^{\tau} \cdot \begin{bmatrix} 0 \\ I \end{bmatrix} \cdot B \tag{9.19}$$

MATLAB 的计算公式为

G=[eye(n) zeros(n)]*(expm([A eye(n); zeros(2n)]*τ)−eye(2n))*[zeros(n); eye(n)]*B

9.1.3　z 传递函数矩阵

下面来看一些如何利用式(9.8)的离散状态空间表达式来得到对象的 z 传递函数的例子。

对状态空间表达式(9.8)，方程两端求 z 变换，可得

$$\begin{cases} z\boldsymbol{X}(z) - z\boldsymbol{x}(0) = \boldsymbol{F}\boldsymbol{X}(z) + \boldsymbol{G}\boldsymbol{U}(z) \\ \boldsymbol{Y}(z) = \boldsymbol{C}\boldsymbol{X}(z) + \boldsymbol{D}\boldsymbol{U}(z) \end{cases} \tag{9.20}$$

当初始状态为 0 时，式(9.20)可写为

$$\boldsymbol{X}(z) = [z\boldsymbol{I} - \boldsymbol{F}]^{-1}\boldsymbol{G}\boldsymbol{U}(z) \tag{9.21}$$

进而输出向量的 z 变换可以写为

$$\boldsymbol{Y}(z) = [\boldsymbol{C}(z\boldsymbol{I} - \boldsymbol{F})^{-1}\boldsymbol{G} + \boldsymbol{D}]\boldsymbol{U}(z) = \boldsymbol{G}(z)\boldsymbol{U}(z)$$

$\boldsymbol{G}(z)$ 称为对象的 z 传递函数矩阵，即脉冲传递函数矩阵。

$$\boldsymbol{G}(z) = \boldsymbol{C}(z\boldsymbol{I} - \boldsymbol{F})^{-1}\boldsymbol{G} + \boldsymbol{D} \tag{9.22}$$

对于单输入单输出系统来说，$\boldsymbol{G}(z)$ 是1×1阵，也就是 z 传递函数。

9.2　能控性与能观测性

能控性和能观测性是控制系统的两个内在特性，和系统的状态空间模型密切相关，系统的状态方程描述的是系统的输入对系统状态的控制能力，而输出方程描述的是系统输出对系统状态的反映能力。

1. 能控性

计算机控制系统可以应用离散控制理论来分析其能控性，设计算机控制系统可用式(9.8)的离散化模型来描述，如果在有限采样间隔 $0\leqslant k\leqslant N$ 内，存在输入向量序列 $\boldsymbol{u}(k), \boldsymbol{u}(k+1), \cdots, \boldsymbol{u}(N-1)$，使系统从第 k 个采样时刻的状态 $\boldsymbol{x}(k)$ 开始，能在第 N 个采样时刻上到达原点，即 $\boldsymbol{x}(N)=0$，则称系统在第 k 个采样时刻上的状态 $\boldsymbol{x}(k)$ 是能控的。如果对每一个 $k(k=0,1,2\cdots)$，系统所有的状态都是能控的，则称系统是完全能控的，简称系统能控，或具有能控性。

对于式(9.8)的系统状态方程，系统完全能控的充要条件是能控性矩阵：

$$\boldsymbol{Q}_{\mathrm{c}} = [\boldsymbol{G} \ \ \boldsymbol{F}\boldsymbol{G} \ \cdots \ \boldsymbol{F}^{n-1}\boldsymbol{G}] \tag{9.23}$$

是满秩矩阵，即

$$\mathrm{rank}\boldsymbol{Q}_{\mathrm{c}} = \mathrm{rank}[\boldsymbol{G} \ \ \boldsymbol{F}\boldsymbol{G} \ \cdots \ \boldsymbol{F}^{n-1}\boldsymbol{G}] = n \tag{9.24}$$

2. 能观测性

对于式(9.8)所描述的系统，若能根据第 i 个及其以后有限个采样时刻的输出观测值 $\boldsymbol{y}(i), \boldsymbol{y}(i+1), \cdots, \boldsymbol{y}(j)$ 唯一地确定出第 i 个采样时刻的状态 $\boldsymbol{x}(i)$，则称系统在第 i 个采样时刻是能观测的。若系统在任意采样时刻都是能观测的，则称系统为完全能观测或具有能观测性。

对于式(9.8)的系统，完全能观测的充要条件是能观性矩阵：

$$Q_o = [C \ CF \ \cdots \ CF^{n-1}] \tag{9.25}$$

是满秩矩阵，即

$$\mathrm{rank} Q_o = \mathrm{rank}[C \ CF \ \cdots \ CF^{n-1}] = n \tag{9.26}$$

9.3　状态反馈控制律的极点配置设计

计算机控制系统动态性能的好坏主要取决于闭环极点在 z 平面的位置，为了达到满意的控制性能，可以根据系统的可测状态变量进行反馈，利用状态反馈控制律将系统的闭环极点重新配置在期望的位置，这就是极点配置法进行状态反馈的设计思想。

对于式(9.8)所给的计算机控制系统对象的离散化状态空间模型，其状态方程为

$$\boldsymbol{x}(k+1) = \boldsymbol{F}\boldsymbol{x}(k) + \boldsymbol{G}\boldsymbol{u}(k) \tag{9.27}$$

当系统的全部状态可测量时，可采用如下的线性状态反馈控制律：

$$\boldsymbol{u}(k) = -\boldsymbol{L}\boldsymbol{x}(k) \tag{9.28}$$

使系统的闭环极点配置为期望的值。

式(9.28)中 $\boldsymbol{L}$ 为反馈增益阵。对于单输入系统 $\boldsymbol{L}$ 为 $1\times n$ 矩阵，对于多输入系统，$\boldsymbol{L}$ 为 $m\times n$ 矩阵。对于单输入的情形，只要系统可控，即只要矩阵对($\boldsymbol{F}$，$\boldsymbol{G}$)可控，都可以求得唯一的状态反馈阵，而多输入系统，即使系统完全能控，$\boldsymbol{L}$ 也不唯一，所以下面只讨论单输入的情形，即设输入维数 m=1，此时 $\boldsymbol{L}$ 为行向量，$\boldsymbol{L} = (l_1, l_2, \cdots, l_n)$。

假设期望的闭环极点为 z_1，z_2，…，z_n。将式(9.28)的状态反馈控制律代入系统的状态方程式(9.27)后，可得闭环系统的状态方程为

$$\boldsymbol{x}(k+1) = (\boldsymbol{F} - \boldsymbol{G}\cdot\boldsymbol{L})\boldsymbol{x}(k) \tag{9.29}$$

根据上式，系统的闭环特征方程为

$$|z\boldsymbol{I} - (\boldsymbol{F} - \boldsymbol{G}\cdot\boldsymbol{L})| = 0 \tag{9.30}$$

而由期望的闭环极点又可得期望的闭环特征方程为

$$(z - z_1)(z - z_2)\cdots(z - z_n) = 0 \tag{9.31}$$

将式(9.30)和式(9.31)的左侧展开成关于 z 的多项式，都按降幂排列，然后令各次幂 z^i 的系数相等，则可以得到状态反馈向量 $\boldsymbol{L} = (l_1, l_2, \cdots, l_n)$ 的值。

9.4　状态观测器设计

利用状态反馈来配置系统的闭环极点的前提是要求系统的所有状态都是可测量的。对于实际的控制系统，其状态变量并不一定能够全部测量出来，当有不可测的状态变量时，就需要先给系统设计状态观测器，来估计系统的不可测状态，再利用估计的状态设计状态反馈控制律。

9.4.1　全状态观测器

全状态观测器是对系统的全部状态都进行估计(或观测)，观测器的阶次和对象的阶次

相同。对于如下的离散对象状态空间描述：

$$\begin{cases} \boldsymbol{x}(k+1) = \boldsymbol{F}\boldsymbol{x}(k) + \boldsymbol{G}\boldsymbol{u}(k) \\ \boldsymbol{y}(k) = \boldsymbol{C}\boldsymbol{x}(k) \end{cases} \tag{9.32}$$

图 9.1 给出了全阶状态观测器的结构，图中虚线框为状态观测器部分，观测器的输入是控制输入 $\boldsymbol{u}(k)$ 和系统的输出 $\boldsymbol{y}(k)$，输出为估计的状态 $\hat{\boldsymbol{x}}(k)$。全阶状态观测器的状态空间模型为

$$\begin{cases} \hat{\boldsymbol{x}}(k+1) = \boldsymbol{F}\hat{\boldsymbol{x}}(k) + \boldsymbol{G}\boldsymbol{u}(k) + \boldsymbol{H}\left(\boldsymbol{y}(k) - \hat{\boldsymbol{y}}(k)\right) \\ \hat{\boldsymbol{y}}(k) = \boldsymbol{C}\hat{\boldsymbol{x}}(k) \end{cases} \tag{9.33}$$

其中，$\boldsymbol{H}$ 为观测器增益矩阵。定义系统的状态估计误差为 $\boldsymbol{e}(k) = \boldsymbol{x}(k) - \hat{\boldsymbol{x}}(k)$，则由式(9.32)和式(9.33)可得

$$\boldsymbol{e}(k+1) = \boldsymbol{x}(k+1) - \hat{\boldsymbol{x}}(k+1) = (\boldsymbol{F} - \boldsymbol{H}\boldsymbol{C})[\boldsymbol{x}(k) - \hat{\boldsymbol{x}}(k)] = (\boldsymbol{F} - \boldsymbol{H}\boldsymbol{C})\boldsymbol{e}(k) \tag{9.34}$$

由上式可知，$\boldsymbol{H}$ 的取值是使式(9.34)的系统是渐近稳定的，估计状态能尽量快速地收敛到实际状态，且估计误差尽可能小。$\boldsymbol{H}$ 的计算可以通过极点配置法得到，根据对偶原理，只要矩阵对($\boldsymbol{F}$，$\boldsymbol{C}$)能观测，就可以将式(9.34)系统的特征值配置在期望的位置，计算出 $\boldsymbol{H}$ 阵。配置的所有观测器特征值都应在 z 平面单位圆内，当配置的特征值越靠近原点时，状态估计误差趋于零的速度越快，反之越慢。

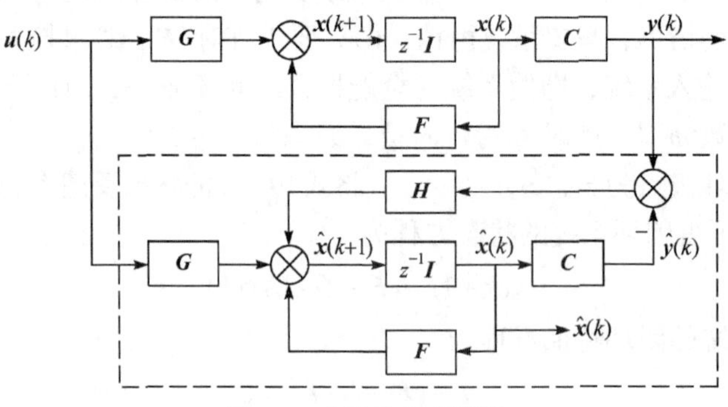

图 9.1　全阶状态观测器

9.4.2　降阶观测器

当系统的状态有一部分可以通过测量得到或通过输出反映出来时，可以不必估计这部分状态，只需估计剩下的不可测状态，此时设计的观测器的状态方程阶次比系统对象状态方程的阶次要低，这样的观测器称为降阶观测器。

假设状态向量 $\boldsymbol{x}(k)$ 是 n 维的，系统的输出 $\boldsymbol{y}(k)$ 是 p 维的，则有 p 个状态无须估计，只要估计 $n-p$ 个状态即可，需要设计的最小阶降阶观测器的维数就是 $n-p$。

下面来构造降阶观测器，首先将状态 $\boldsymbol{x}(k)$ 分成不可测量状态 $\boldsymbol{x}_1(k)$ 和可测量状态 $\boldsymbol{x}_2(k)$ 两部分，即

$$\begin{cases} \boldsymbol{x}(k+1) = \begin{bmatrix} \boldsymbol{x}_1(k+1) \\ \boldsymbol{x}_2(k+1) \end{bmatrix} = \begin{bmatrix} \boldsymbol{F}_{11} & \boldsymbol{F}_{12} \\ \boldsymbol{F}_{21} & \boldsymbol{F}_{22} \end{bmatrix} \begin{bmatrix} \boldsymbol{x}_1(k) \\ \boldsymbol{x}_2(k) \end{bmatrix} + \begin{bmatrix} \boldsymbol{G}_1 \\ \boldsymbol{G}_2 \end{bmatrix} \boldsymbol{u}(k) \\ \boldsymbol{y}(k) = \begin{bmatrix} 0 & \boldsymbol{I} \end{bmatrix} \begin{bmatrix} \boldsymbol{x}_1(k) \\ \boldsymbol{x}_2(k) \end{bmatrix} \end{cases} \tag{9.35}$$

将式(9.35)中的状态方程展开为

$$\boldsymbol{x}_1(k+1)=\boldsymbol{F}_{11}\boldsymbol{x}_1(k)+\boldsymbol{F}_{12}\boldsymbol{x}_2(k)+\boldsymbol{G}_1\boldsymbol{u}(k) \tag{9.36}$$

$$\boldsymbol{x}_2(k+1)=\boldsymbol{F}_{21}\boldsymbol{x}_1(k)+\boldsymbol{F}_{22}\boldsymbol{x}_2(k)+\boldsymbol{G}_2\boldsymbol{u}(k) \tag{9.37}$$

需要估计的状态是 $\boldsymbol{x}_1(k)$，可直接测量的状态是 $\boldsymbol{x}_2(k)$，为了用 $\boldsymbol{x}_2(k)$ 估计 $\boldsymbol{x}_1(k)$，定义如下的虚拟输出：

$$\boldsymbol{z}(k)=\boldsymbol{F}_{21}\boldsymbol{x}_1(k)=\boldsymbol{x}_2(k+1)-\boldsymbol{F}_{22}\boldsymbol{x}_2(k)-\boldsymbol{G}_2\boldsymbol{u}(k) \tag{9.38}$$

降阶观测器的模型为

$$\begin{cases}\hat{\boldsymbol{x}}_1(k+1)=\boldsymbol{F}_{11}\hat{\boldsymbol{x}}_1(k)+\boldsymbol{F}_{12}\boldsymbol{x}_2(k)+\boldsymbol{G}_1\boldsymbol{u}(k)+\boldsymbol{H}\left[\boldsymbol{z}(k)-\hat{\boldsymbol{z}}(k)\right]\\ \hat{\boldsymbol{z}}(k)=\boldsymbol{F}_{21}\hat{\boldsymbol{x}}_1(k)\end{cases} \tag{9.39}$$

其中，$\boldsymbol{H}$ 为观测器增益矩阵。定义系统的状态估计误差为 $\boldsymbol{e}_1(k)=\boldsymbol{x}_1(k)-\hat{\boldsymbol{x}}_1(k)$，则由式(9.36)～式(9.39)可得

$$\begin{aligned}\boldsymbol{e}_1(k+1)&=\boldsymbol{x}_1(k+1)-\hat{\boldsymbol{x}}_1(k+1)\\&=\boldsymbol{F}_{11}\boldsymbol{x}_1(k)+\boldsymbol{F}_{12}\boldsymbol{x}_2(k)+\boldsymbol{G}_1\boldsymbol{u}(k)\\&\quad-\{\boldsymbol{F}_{11}\hat{\boldsymbol{x}}_1(k)+\boldsymbol{F}_{12}\boldsymbol{x}_2(k)+\boldsymbol{G}_1\boldsymbol{u}(k)+\boldsymbol{H}[\boldsymbol{z}(k)-\hat{\boldsymbol{z}}(k)]\}\\&=\boldsymbol{F}_{11}x_1(k)+\boldsymbol{F}_{12}\boldsymbol{x}_2(k)+\boldsymbol{G}_1\boldsymbol{u}(k)\\&\quad-(\boldsymbol{F}_{11}-\boldsymbol{H}\cdot\boldsymbol{F}_{21})\hat{\boldsymbol{x}}_1(k)-\boldsymbol{F}_{12}\boldsymbol{x}_2(k)-\boldsymbol{G}_1\boldsymbol{u}(k)-\boldsymbol{H}\cdot\boldsymbol{F}_{21}\boldsymbol{x}_1(k)\\&=(\boldsymbol{F}_{11}-\boldsymbol{H}\cdot\boldsymbol{F}_{21})[\boldsymbol{x}_1(k)-\hat{\boldsymbol{x}}_1(k)]\\&=(\boldsymbol{F}_{11}-\boldsymbol{H}\cdot\boldsymbol{F}_{21})\boldsymbol{e}(k)\end{aligned} \tag{9.40}$$

降阶观测器的增益矩阵 $\boldsymbol{H}$ 同样可以根据极点配置的方法得到，给定期望的观测器特征值 $z_1,z_2,\cdots,z_{n-p}$，然后由特征方程两端 z^i 各项系数相等，即根据 $|z\boldsymbol{I}-\boldsymbol{F}_{11}+\boldsymbol{H}\cdot\boldsymbol{F}_{21}|=(z-z_1)(z-z_2)\cdots(z-z_{n-p})$ 求解出矩阵 $\boldsymbol{H}$。

9.5　具有状态观测器的状态反馈控制律设计

9.3 节和 9.4 节分别讨论了计算机控制系统的状态反馈控制律设计和状态不可测时的观测器设计，下面来讨论当系统的状态全部不可测时，如何用全状态观测器的估计状态，来实现状态反馈控制律。那么现在的问题是如何设计观测器的增益矩阵 $\boldsymbol{H}$ 和状态反馈控制增益阵 $\boldsymbol{L}$？二者是否可以单独设计？用估计的状态 $\hat{\boldsymbol{x}}(k)$ 代替实际的状态 $\boldsymbol{x}(k)$ 实现状态反馈对系统的性能是否有影响？

下面就来讨论和分析这些问题。对于式(9.32)的离散对象，假设用式(9.28)的状态反馈控制律，当用实际的状态反馈时，设系统的参考输入为 $\boldsymbol{r}(k)$，则 $\boldsymbol{u}(k)=\boldsymbol{r}(k)-\boldsymbol{L}\boldsymbol{x}(k)$，闭环系统为

$$\boldsymbol{x}(k+1)=(\boldsymbol{F}-\boldsymbol{G}\cdot\boldsymbol{L})\boldsymbol{x}(k)+\boldsymbol{G}\boldsymbol{r}(k) \tag{9.41}$$

当用 $\hat{\boldsymbol{x}}(k)$ 进行反馈时，$\boldsymbol{u}(k)=\boldsymbol{r}(k)-\boldsymbol{L}\hat{\boldsymbol{x}}(k)$，观测器的状态方程为

$$\begin{aligned}\hat{\boldsymbol{x}}(k+1)&=\boldsymbol{F}\hat{\boldsymbol{x}}(k)+\boldsymbol{G}\boldsymbol{r}(k)-\boldsymbol{G}\cdot\boldsymbol{L}\hat{\boldsymbol{x}}(k)+\boldsymbol{H}\cdot\boldsymbol{C}[\boldsymbol{x}(k)-\hat{\boldsymbol{x}}(k)]\\&=(\boldsymbol{F}-\boldsymbol{G}\cdot\boldsymbol{L})\hat{\boldsymbol{x}}(k)+\boldsymbol{G}\boldsymbol{r}(k)+\boldsymbol{H}\cdot\boldsymbol{C}[\boldsymbol{x}(k)-\hat{\boldsymbol{x}}(k)]\end{aligned} \tag{9.42}$$

闭环系统的状态方程为

$$
\begin{aligned}
\boldsymbol{x}(k+1) &= \boldsymbol{F}\boldsymbol{x}(k)+\boldsymbol{G}\boldsymbol{r}(k)-\boldsymbol{G}\cdot\boldsymbol{L}\hat{\boldsymbol{x}}(k) \\
&= \boldsymbol{F}\boldsymbol{x}(k)+\boldsymbol{G}\boldsymbol{r}(k)-\boldsymbol{G}\cdot\boldsymbol{L}\hat{\boldsymbol{x}}(k)+\boldsymbol{G}\cdot\boldsymbol{L}\boldsymbol{x}(k)-\boldsymbol{G}\cdot\boldsymbol{L}\boldsymbol{x}(k) \\
&= (\boldsymbol{F}-\boldsymbol{G}\cdot\boldsymbol{L})\boldsymbol{x}(k)+\boldsymbol{G}\cdot\boldsymbol{L}[\boldsymbol{x}(k)-\hat{\boldsymbol{x}}(k)]+\boldsymbol{G}\boldsymbol{r}(k)
\end{aligned} \tag{9.43}
$$

对比式(9.41)和式(9.43)可知，用实际状态反馈和用估计状态反馈，得到的闭环系统的系数矩阵都是相同的，所以闭环系统极点相同，不受观测状态的影响。所以，当矩阵对$(\boldsymbol{F}, \boldsymbol{G})$能控时，无论是用系统的实际状态还是用观测器的估计状态实现状态反馈，都可以通过反馈矩阵 $\boldsymbol{L}$ 做到任意配置系统的闭环极点。

下面来分析式(9.43)中多出的和估计误差有关的项 $\boldsymbol{G}\cdot\boldsymbol{L}[\boldsymbol{x}(k)-\hat{\boldsymbol{x}}(k)]$ 对闭环的影响。将式(9.43)与式(9.42)相减可得

$$
\begin{aligned}
\boldsymbol{e}(k+1) &= \boldsymbol{x}(k+1)-\hat{\boldsymbol{x}}(k+1) \\
&= (\boldsymbol{F}-\boldsymbol{H}\cdot\boldsymbol{C})[\boldsymbol{x}(k)-\hat{\boldsymbol{x}}(k)] \\
&= (\boldsymbol{F}-\boldsymbol{H}\cdot\boldsymbol{C})\boldsymbol{e}(k)
\end{aligned} \tag{9.44}
$$

由于观测器的设计保证了 $\boldsymbol{e}(k)$ 的快速衰减，所以 $\boldsymbol{G}\cdot\boldsymbol{L}[\boldsymbol{x}(k)-\hat{\boldsymbol{x}}(k)]$ 项对系统只有短暂的瞬间有影响，稳态时式(9.41)和式(9.43)是等同的。而且，由式(9.44)可知，在由状态观测器的估计状态实现的状态反馈系统中，估计误差 $\boldsymbol{e}(k)$ 的衰减速率和不含状态反馈系统中的状态观测器是一样的，都取决于系统矩阵$(\boldsymbol{F}-\boldsymbol{H}\cdot\boldsymbol{C})$的特征值。因此，当矩阵对$(\boldsymbol{F}, \boldsymbol{C})$能观测时，可通过反馈增益阵 $\boldsymbol{H}$ 任意确定估计状态趋近于实际状态的衰减速率。

综合上述分析，有下面的定理存在。

定理 9.1（分离定理） 如果系统能控且能观测，在由观测器的估计状态实现的状态反馈系统中，状态反馈与状态观测器的设计可以分别独立地进行，即可以先根据闭环极点要求设计状态反馈控制矩阵 $\boldsymbol{L}$，再按照观测器的衰减速率要求设计观测器的增益矩阵 $\boldsymbol{H}$，二者互不影响。

9.6 线性二次型最优调节器(LQR)设计

9.6.1 有限时间最优调节器设计

线性二次型最优调节器分为两种：一种是有限时间最优调节器，另一种是无限时间最优调节器。

设连续被控对象的离散化状态方程为

$$
\boldsymbol{x}(k+1)=\boldsymbol{F}\boldsymbol{x}(k)+\boldsymbol{G}\boldsymbol{u}(k)\quad,\quad \boldsymbol{x}(0)=\boldsymbol{x}_0 \tag{9.45}
$$

给定如下的二次型性能指标函数：

$$
J=\boldsymbol{x}^{\mathrm{T}}(N)\boldsymbol{S}\boldsymbol{x}(N)+\sum_{k=0}^{N-1}[\boldsymbol{x}^{\mathrm{T}}(k)\boldsymbol{Q}\boldsymbol{x}(k)+\boldsymbol{u}^{\mathrm{T}}(k)\boldsymbol{R}\boldsymbol{u}(k)] \tag{9.46}
$$

其中，$\boldsymbol{S}$ 和 $\boldsymbol{Q}$ 是非负定对称阵；$\boldsymbol{R}$ 是正定对称阵。

线性二次型最优控制的任务是寻求最优控制序列 $\boldsymbol{u}(k)(k=0,1,\cdots,N-1)$，在把初始状态 $\boldsymbol{x}(0)$ 转移到 $\boldsymbol{x}(N)$ 的过程中，使性能指标函数 J 最小。

求解二次型最优控制问题可采用变分法、拉格朗日乘数法或动态规划法等方法。下面采用离散动态规划法来进行求解。

动态规划法的基本思想是将一个多级决策过程转变为求解多个单级决策优化问题，这里需要决策的是控制变量 $\boldsymbol{u}(k)(k=0,1,\cdots,N-1)$。

令二次型性能指标函数：

$$\begin{aligned}
J_i &= \boldsymbol{x}^{\mathrm{T}}(N)\boldsymbol{S}\boldsymbol{x}(N)+\sum_{k=0}^{N-1}[\boldsymbol{x}^{\mathrm{T}}(k)\boldsymbol{Q}\boldsymbol{x}(k)+\boldsymbol{u}^{\mathrm{T}}(k)\boldsymbol{R}\boldsymbol{u}(k)] \\
&= \boldsymbol{x}^{\mathrm{T}}(N)\boldsymbol{S}\boldsymbol{x}(N)+\boldsymbol{x}^{\mathrm{T}}(i)\boldsymbol{Q}\boldsymbol{x}(i)+\boldsymbol{u}^{\mathrm{T}}(i)\boldsymbol{R}\boldsymbol{u}(i) \\
&\quad +\sum_{k=i}^{N-1}[\boldsymbol{x}^{\mathrm{T}}(k)\boldsymbol{Q}\boldsymbol{x}(k)+\boldsymbol{u}^{\mathrm{T}}(k)\boldsymbol{R}\boldsymbol{u}(k)] \\
&= J_{i+1}+\boldsymbol{x}^{\mathrm{T}}(i)\boldsymbol{Q}\boldsymbol{x}(i)+\boldsymbol{u}^{\mathrm{T}}(i)\boldsymbol{R}\boldsymbol{u}(i)
\end{aligned} \tag{9.47}$$

其中，$i=N-1,N-2,\cdots,0$。下面从最末级往前来逐级求解最优控制序列。

根据式(9.45)和式(9.47)，有

$$J_N=\boldsymbol{x}^{\mathrm{T}}(N)\boldsymbol{S}\boldsymbol{x}(N) \tag{9.48}$$

$$\begin{aligned}
J_{N-1} &= J_N+\boldsymbol{x}^{\mathrm{T}}(N-1)\boldsymbol{Q}\boldsymbol{x}(N-1)+\boldsymbol{u}^{\mathrm{T}}(N-1)\boldsymbol{R}\boldsymbol{u}(N-1) \\
&= \boldsymbol{x}^{\mathrm{T}}(N)\boldsymbol{S}\boldsymbol{x}(N)+\boldsymbol{x}^{\mathrm{T}}(N-1)\boldsymbol{Q}\boldsymbol{x}(N-1)+\boldsymbol{u}^{\mathrm{T}}(N-1)\boldsymbol{R}\boldsymbol{u}(N-1) \\
&= [\boldsymbol{F}\boldsymbol{x}(N-1)+\boldsymbol{G}\boldsymbol{u}(N-1)]^{\mathrm{T}}\boldsymbol{S}[\boldsymbol{F}\boldsymbol{x}(N-1)+\boldsymbol{G}\boldsymbol{u}(N-1)] \\
&\quad +\boldsymbol{x}^{\mathrm{T}}(N-1)\boldsymbol{Q}\boldsymbol{x}(N-1)+\boldsymbol{u}^{\mathrm{T}}(N-1)\boldsymbol{R}\boldsymbol{u}(N-1)
\end{aligned} \tag{9.49}$$

首先根据上式求解 $\boldsymbol{u}(N-1)$，使 J_{N-1} 最小。将式(9.49)的 J_{N-1} 对 $\boldsymbol{u}(N-1)$ 求一阶导数，并令其等于 0，可得

$$\frac{\mathrm{d}J_{N-1}}{\mathrm{d}\boldsymbol{u}(N-1)}=2\boldsymbol{G}^{\mathrm{T}}\boldsymbol{S}\boldsymbol{F}^{\mathrm{T}}\boldsymbol{x}(N-1)+2\boldsymbol{G}^{\mathrm{T}}\boldsymbol{S}\boldsymbol{F}^{\mathrm{T}}\boldsymbol{u}(N-1)+2\boldsymbol{R}\boldsymbol{u}(N-1)=0 \tag{9.50}$$

进而可以得到最优控制策略 $\boldsymbol{u}(N-1)$ 为

$$\begin{aligned}
\boldsymbol{u}(N-1) &= -[\boldsymbol{R}+\boldsymbol{G}^{\mathrm{T}}\boldsymbol{S}\boldsymbol{G}]^{-1}\boldsymbol{G}^{\mathrm{T}}\boldsymbol{S}\boldsymbol{F}^{\mathrm{T}}\boldsymbol{x}(N-1) \\
&= -\boldsymbol{L}(N-1)\boldsymbol{x}(N-1)
\end{aligned} \tag{9.51}$$

其中

$$\begin{aligned}
&\boldsymbol{L}(N-1)=[\boldsymbol{R}+\boldsymbol{G}^{\mathrm{T}}\boldsymbol{\lambda}(N)\boldsymbol{G}]^{-1}\boldsymbol{G}^{\mathrm{T}}\boldsymbol{\lambda}(N)\boldsymbol{F}^{\mathrm{T}} \\
&\boldsymbol{\lambda}(N)=\boldsymbol{S}
\end{aligned} \tag{9.52}$$

将式(9.51)代入式(9.49)，可得最小的 J_{N-1} 为

$$J_{N-1}=\boldsymbol{x}^{\mathrm{T}}(N-1)\boldsymbol{\lambda}(N-1)\boldsymbol{x}(N-1) \tag{9.53}$$

其中

$$\begin{aligned}
\boldsymbol{\lambda}(N-1) &= [\boldsymbol{F}-\boldsymbol{G}\boldsymbol{L}(N-1)]^{\mathrm{T}}\boldsymbol{\lambda}(N)[\boldsymbol{F}-\boldsymbol{G}\boldsymbol{L}(N-1)] \\
&\quad +\boldsymbol{Q}+\boldsymbol{L}^{\mathrm{T}}(N-1)\boldsymbol{R}\boldsymbol{L}(N-1)
\end{aligned} \tag{9.54}$$

重复上述步骤，可以一次求得 $\boldsymbol{u}(N-2),\boldsymbol{u}(N-3),\cdots,\boldsymbol{u}(0)$。

对于 $k=N-1, N-2,\cdots,0$, $\boldsymbol{u}(k)$ 的计算公式可以归纳为

$$\boldsymbol{u}(k)=-\boldsymbol{L}(k)\boldsymbol{x}(k) \tag{9.55}$$

$$\boldsymbol{L}(k)=[\boldsymbol{R}+\boldsymbol{G}^{\mathrm{T}}\boldsymbol{\lambda}(k+1)\boldsymbol{G}]^{-1}\boldsymbol{G}^{\mathrm{T}}\boldsymbol{\lambda}(k+1)\boldsymbol{F}^{\mathrm{T}} \tag{9.56}$$

$$\boldsymbol{\lambda}(k)=[\boldsymbol{F}-\boldsymbol{G}\boldsymbol{L}(k)]^{\mathrm{T}}\boldsymbol{\lambda}(k+1)[\boldsymbol{F}-\boldsymbol{G}\boldsymbol{L}(k)]+\boldsymbol{L}+\boldsymbol{L}^{\mathrm{T}}(k)\boldsymbol{R}\boldsymbol{L}(k) \tag{9.57}$$

$$\boldsymbol{\lambda}(N)=\boldsymbol{S} \tag{9.58}$$

最优的性能指标为

$$J_{\min}=\boldsymbol{x}^{\mathrm{T}}(0)\boldsymbol{\lambda}(0)\boldsymbol{x}(0) \tag{9.59}$$

式(9.57)称为离散的 Riccati 方程，如果把式(9.56)的 $\boldsymbol{L}(k)$ 代入式(9.57)，有

$$\begin{aligned}\boldsymbol{\lambda}(k)=&\boldsymbol{Q}+\boldsymbol{F}^{\mathrm{T}}\boldsymbol{\lambda}(k+1)\boldsymbol{F}\\&-\boldsymbol{F}^{\mathrm{T}}\boldsymbol{\lambda}(k+1)\boldsymbol{G}[\boldsymbol{R}+\boldsymbol{G}^{\mathrm{T}}\boldsymbol{\lambda}(k+1)\boldsymbol{G}]^{-1}\boldsymbol{G}^{\mathrm{T}}\boldsymbol{\lambda}(k+1)\boldsymbol{F}\end{aligned} \tag{9.60}$$

式(9.60)是离散 Riccati 方程的另外一种形式。

根据式(9.56)～式(9.58)，可以逆向递推计算出 $\boldsymbol{\lambda}(k)$ 和 $\boldsymbol{L}(k)(k=N-1,N-2,\cdots,0)$，具体的计算步骤如下：

(1) 给定参数 $\boldsymbol{F}$，$\boldsymbol{G}$，$\boldsymbol{S}$，$\boldsymbol{Q}$ 和 $\boldsymbol{R}$。

(2) 令 $\boldsymbol{\lambda}(N)=S$，$k=N-1$。

(3) 按式(9.56)计算 $\boldsymbol{L}(k)$。

(4) 按式(9.57)计算 $\boldsymbol{\lambda}(k)$。

(5) 若 $k=0$，转到第(7)步，否则转第(6)步。

(6) $k\leftarrow k-1$，转第(3)步。

(7) 输出 $\boldsymbol{L}(k)$ 和 $\boldsymbol{\lambda}(k)$ $(k=N-1,N-2,\cdots,0)$。

有的文献采用拉格朗日乘数法求解最优控制问题，得到的 $\boldsymbol{u}(k)$ 的计算公式和本节前面的推导结果实际上是等价的。其中 $\boldsymbol{L}(k)$ 还可以写成以下两种不同的形式：

$$\boldsymbol{L}(k)=\boldsymbol{R}^{-1}\boldsymbol{G}^{\mathrm{T}}(\boldsymbol{F}^{\mathrm{T}})^{-1}[\boldsymbol{\lambda}(k)-\boldsymbol{Q}] \tag{9.61}$$

$$\boldsymbol{L}(k)=\boldsymbol{R}^{-1}\boldsymbol{G}^{\mathrm{T}}[\boldsymbol{\lambda}^{-1}(k+1)+\boldsymbol{G}\boldsymbol{R}^{-1}\boldsymbol{G}^{\mathrm{T}}]^{-1}\boldsymbol{F} \tag{9.62}$$

式(9.60)的 $\boldsymbol{\lambda}(k)$ 也可以写成如下形式：

$$\boldsymbol{\lambda}(k)=\boldsymbol{Q}+\boldsymbol{F}^{\mathrm{T}}\boldsymbol{\lambda}(k+1)[\boldsymbol{I}+\boldsymbol{G}\boldsymbol{R}^{-1}\boldsymbol{H}^{\mathrm{T}}\boldsymbol{\lambda}(k+1)]^{-1}\boldsymbol{F} \tag{9.63}$$

9.6.2　无限时间最优调节器设计

对于式(9.45)的离散化对象状态方程，式(9.46)的指标函数当 $N\to\infty$ 时，可以简化为如下形式：

$$J=\sum_{k=0}^{\infty}[\boldsymbol{x}^{\mathrm{T}}(k)\boldsymbol{Q}\boldsymbol{x}(k)+\boldsymbol{u}^{\mathrm{T}}(k)\boldsymbol{R}\boldsymbol{u}(k)] \tag{9.64}$$

其中，$\boldsymbol{Q}$ 是非负定对称阵；$\boldsymbol{R}$ 是正定对称阵。

当 $N\to\infty$ 时，可以将有限时间最优控制问题的结果加以推广，可以证明，$N\to\infty$ 时，状态反馈增益矩阵 $\boldsymbol{L}(k)$ 变为常数增益矩阵 $\boldsymbol{L}$，此时有

$$u(k) = -Lx(k) \tag{9.65}$$

$$L = [R + G^{T}\lambda G]^{-1} G^{T}\lambda F^{T} \tag{9.66}$$

或

$$L = R^{-1} G^{T} (F^{T})^{-1} [\lambda - Q] \tag{9.67}$$

或

$$L = R^{-1} G^{T} [\lambda^{-1} + GR^{-1}G^{T}]^{-1} F \tag{9.68}$$

$$J_{\min} = x^{T}(0)\lambda x(0) \tag{9.69}$$

其中，λ 是如下的 Riccati 方程的解：

$$\begin{cases} L = -\left[R + G^{T}\lambda G \right]^{-1} G^{T}\lambda F^{T} \\ \lambda = [F - GL]^{T}\lambda[F - GL] + Q + L^{T}RL \end{cases} \tag{9.70}$$

或

$$\lambda = Q + F^{T}\lambda F - F^{T}\lambda G[R + G^{T}\lambda G]^{-1} G^{T}\lambda F \tag{9.71}$$

或

$$\lambda = Q + F^{T}\lambda[I + GR^{-1}H^{T}\lambda]^{-1} F \tag{9.72}$$

所求得的控制律使闭环系统 $x(k+1) = (F - GL)x(k)$ 是渐近稳定的。

最优控制器的状态反馈阵 L 和相应的矩阵 λ 可以用 MATLAB 函数 dlqr 直接求解得到，调用方式如下：

$$[\mathrm{L}, \lambda, \mathrm{e}] = \mathrm{dlqr}(\mathrm{A}, \mathrm{B}, \mathrm{Q}, \mathrm{R})$$

其中，返回值 L 为最优状态反馈增益矩阵，λ 满足如下的离散 Riccati 方程：

$$F^{T}F - \lambda - F^{T}\lambda G[R + G^{T}\lambda G]^{-1} G^{T}\lambda F + Q = 0 \tag{9.73}$$

e 为闭环特征值，e=eig (F−GL)。

需要满足如下的限制条件：

(1) (F, G) 可镇定。

(2) $R > 0, Q \geqslant 0$ 。

(3) Q, F 在单位圆上没有不可观测模态。

9.7　最优状态估计——离散卡尔曼滤波器

9.6 节的设计并没有考虑系统的测量噪声和干扰信号，所给出的线性二次型最优调节器也称为 LQ 最优控制器。当系统的对象模型中存在随机过程干扰和测量噪声时，无法直接得到系统的状态 $x(k)$，此时需要设计一个状态估计器。假定系统中的过程干扰和量测噪声均是具有正态分布的白噪声，则这类问题称为线性二次型高斯(linear quadratic Gaussian, LQG)控制问题。

如图 9.2 所示，LQG 最优控制器的设计是由两个独立的部分构成的：第一部分是将系统看作确定性系统，按照 9.6 节的方法设计 LQ 最优控制器；第二部分是考虑随机的过程干扰 $\boldsymbol{w}$ 和量测噪声 $\boldsymbol{v}$，设计状态最优估计器。

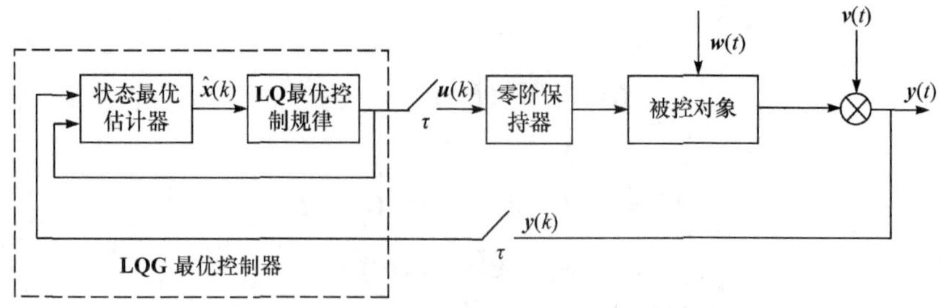

图 9.2　状态最优估计及 LQ 最优控制

下面要讨论的是一种最优状态估计器——卡尔曼滤波器的设计。

设被控对象的离散状态空间表达式为

$$\begin{cases}\boldsymbol{x}(k+1)=\boldsymbol{F}\boldsymbol{x}(k)+\boldsymbol{G}\boldsymbol{u}(k)+\boldsymbol{G}_2\boldsymbol{w}(k)\\ \boldsymbol{y}(k)=\boldsymbol{C}\boldsymbol{x}(k)+\boldsymbol{v}(k)\end{cases}\tag{9.74}$$

其中，$\boldsymbol{x}(k)$为 n 维状态向量；$\boldsymbol{u}(k)$为 m 维控制向量；$\boldsymbol{y}(k)$为 p 维输出向量；$\boldsymbol{w}(k)$为 n 维过程干扰向量；$\boldsymbol{v}(k)$为 p 维测量噪声向量。假设 $\boldsymbol{w}(k)$和 $\boldsymbol{v}(k)$均为离散化处理后的高斯白噪声序列，且有

$$\begin{cases}E\boldsymbol{w}(k)=0,\ E\boldsymbol{w}(k)\boldsymbol{w}^{\mathrm{T}}(j)=\boldsymbol{Q}\delta_{kj}\\ E\boldsymbol{v}(k)=0,\ E\boldsymbol{v}(k)\boldsymbol{v}^{\mathrm{T}}(j)=\boldsymbol{R}\delta_{kj}\end{cases},\quad \delta_{kj}=\begin{cases}1, & k=j\\ 0, & k\neq j\end{cases}\tag{9.75}$$

其中，$\boldsymbol{Q}$ 和 $\boldsymbol{R}$ 分别为 $\boldsymbol{w}(k)$和 $\boldsymbol{v}(k)$的协方差矩阵；设 $\boldsymbol{Q}$ 为非负定对称阵，$\boldsymbol{R}$ 为正定对称阵，并设 $\boldsymbol{v}(k)$和 $\boldsymbol{w}(k)$不相关。

设初始状态的一、二阶统计特性为

$$\begin{cases}E(\boldsymbol{x}_0)=m_{\boldsymbol{x}_0}\\ \mathrm{Var}\{\boldsymbol{x}_0\}=C_{\boldsymbol{x}_0}\end{cases}\tag{9.76}$$

卡尔曼滤波要求 m_{x_0} 和 C_{x_0} 为已知量，且要求 $\boldsymbol{x}_0$ 与 $\boldsymbol{w}(k)$和 $\boldsymbol{v}(k)$都不相关。

离散卡尔曼滤波方程：

$$\hat{\boldsymbol{x}}(k\,|\,k-1)=\boldsymbol{F}\hat{\boldsymbol{x}}(k-1)+\boldsymbol{G}\boldsymbol{u}(k-1)\tag{9.77}$$

$$\hat{\boldsymbol{x}}(k)=\hat{\boldsymbol{x}}(k\,|\,k-1)+\boldsymbol{K}(k)\left[\boldsymbol{y}(k)-\boldsymbol{C}\hat{\boldsymbol{x}}(k\,|\,k-1)\right]\tag{9.78}$$

$$\boldsymbol{K}(k)=\boldsymbol{P}(k\,|\,k-1)\boldsymbol{C}^{\mathrm{T}}[\boldsymbol{C}\boldsymbol{P}(k\,|\,k-1)\boldsymbol{C}^{\mathrm{T}}+\boldsymbol{R}]^{-1}\tag{9.79}$$

$$\boldsymbol{P}(k\,|\,k-1)=\boldsymbol{A}\boldsymbol{P}(k-1)\boldsymbol{A}^{\mathrm{T}}+\boldsymbol{G}_2\boldsymbol{Q}\boldsymbol{G}_2^{\mathrm{T}}\tag{9.80}$$

$$\boldsymbol{P}(k)=[\boldsymbol{I}-\boldsymbol{K}(k)\boldsymbol{C}]\boldsymbol{P}(k-1)[\boldsymbol{I}-\boldsymbol{K}(k)\boldsymbol{C}]^{\mathrm{T}}+\boldsymbol{K}(k)\boldsymbol{R}\boldsymbol{K}^{\mathrm{T}}(k)\tag{9.81}$$

或

$$\boldsymbol{P}(k)=[\boldsymbol{I}-\boldsymbol{K}(k)\boldsymbol{C}]\boldsymbol{P}(k-1)[\boldsymbol{I}-\boldsymbol{K}(k)\boldsymbol{C}]^{\mathrm{T}}\tag{9.82}$$

或

$$P^{-1}(k)=P^{-1}(k|k-1)+C^{\mathrm{T}}R^{-1}C \tag{9.83}$$

其中，$\boldsymbol{K}(k)$ 为卡尔曼滤波增益矩阵，其计算步骤如下：

(1) 给定参数 $\boldsymbol{F},\boldsymbol{G}_2,\boldsymbol{C},\boldsymbol{Q},\boldsymbol{R},\boldsymbol{P}(0)$，给定迭代计算总参数 N，置 k=1。

(2) 计算 $\boldsymbol{P}(k|k-1)$。

(3) 计算 $\boldsymbol{P}(k)$。

(4) 计算 $\boldsymbol{K}(k)$。

(5) 如果 $k=N$，转第 (7) 步，否则，转第 (6) 步。

(6) $k \leftarrow k-1$，转第 (2) 步。

(7) 输出 $\boldsymbol{K}(k)$ 和 $\boldsymbol{P}(k), k=1,2,\cdots,N$。

当给定 $\hat{\boldsymbol{x}}(0)$ 后，可由上面得到的 $\boldsymbol{K}(k)$ 及 $\hat{\boldsymbol{x}}(k|k-1)$ 得到 $\hat{\boldsymbol{x}}(k)$，$k=1,2,\cdots,N$。

习　题

9-1　已知计算机控制系统连续对象的状态空间实现为

$$\begin{cases}\dot{\boldsymbol{x}}=\begin{bmatrix}-20 & 0\\ 10/3 & -10/3\end{bmatrix}\boldsymbol{x}+\begin{bmatrix}40\\ -10/3\end{bmatrix}\boldsymbol{u}\\ \boldsymbol{y}=[0\quad 1]\boldsymbol{x}\end{cases}$$

设系统的采样周期为 0.1s，且设系统中存在零阶保持器，试求对象的离散化状态空间描述。

9-2　试给出离散系统能控性和能观性的定义，设连续对象的离散化状态空间描述如下，

$$\begin{cases}\boldsymbol{x}(k+1)=\begin{bmatrix}1 & 2\\ 5 & 3\end{bmatrix}\boldsymbol{x}(k)+\begin{bmatrix}1\\ 1\end{bmatrix}\boldsymbol{u}(k)\\ \boldsymbol{y}(k)=[0\quad 1]\boldsymbol{x}(k)\end{cases}$$

判断系统的能控性和能观性。

9-3　已知计算机控制系统离散化对象的状态方程为

$$\boldsymbol{x}(k+1)=\begin{bmatrix}0 & 1\\ -0.2 & 0.8\end{bmatrix}\boldsymbol{x}(k)+\begin{bmatrix}0.5\\ 1\end{bmatrix}\boldsymbol{u}(k)$$

要配置的期望闭环极点为 $z_1=0.5$，$z_2=0.6$，试设计状态反馈增益矩阵。

9-4　已知计算机控制系统离散化对象的状态方程为

$$\begin{cases}\boldsymbol{x}(k+1)=\begin{bmatrix}0.5 & 1\\ -0.2 & 0.1\end{bmatrix}\boldsymbol{x}(k)+\begin{bmatrix}-1\\ 1\end{bmatrix}\boldsymbol{u}(k)\\ \boldsymbol{y}(k)=[1\quad 0]\boldsymbol{x}(k)\end{cases}$$

试设计全阶状态观测器，并使观测器的特征值配置为 $z_1=0.5$，$z_2=0.3$。

9-5　已知计算机控制系统离散化对象的状态方程为

$$\begin{cases}\boldsymbol{x}(k+1)=\begin{bmatrix}0.1 & 2\\ -0.6 & 0.5\end{bmatrix}\boldsymbol{x}(k)+\begin{bmatrix}0.8\\ 0.4\end{bmatrix}\boldsymbol{u}(k)\\ \boldsymbol{y}(k)=[0\quad 1]\boldsymbol{x}(k)\end{cases}$$

设系统的采样周期为 0.5s，试设计线性二次型最优状态反馈控制律。

9-6　已知计算机控制系统离散化对象的状态方程为

$$\begin{cases}\boldsymbol{x}(k+1)=\begin{bmatrix}0.8 & 0.16\\ 0 & 1\end{bmatrix}\boldsymbol{x}(k)+\begin{bmatrix}0.1\\ 0.2\end{bmatrix}\boldsymbol{u}(k)+\boldsymbol{w}(k)\\ \boldsymbol{y}(k)=[1\quad 0]\boldsymbol{x}(k)+\boldsymbol{v}(k)\end{cases}$$

设 $\boldsymbol{w}(k)$ 和 $\boldsymbol{v}(k)$ 的协方差矩阵分别为

$$\boldsymbol{Q}=\begin{bmatrix}0 & 0\\ 0 & 0.2\end{bmatrix},\qquad R=0.1$$

取 $N=35$

$$\boldsymbol{P}(0)=\begin{bmatrix}1 & 0\\ 0 & 0\end{bmatrix},\qquad R=0.1$$

试计算卡尔曼滤波增益矩阵 $\boldsymbol{K}(k)$，并绘制出 $\boldsymbol{K}(k)$ 随着 N 增加的迭代变化曲线。

第 10 章　计算机控制系统的工程设计及应用

10.1　系统的设计原则与步骤

计算机控制系统的设计，既是一个理论问题，又是一个工程问题。理论设计包括：建立被控对象的数学模型；确定系统的技术性能指标函数并设计满足该指标函数的控制规律；选择合适的计算方法和程序设计语言进行软件部分的设计；硬件电路的选择和设计。理论设计完毕之后要考虑具体的工程实现，这就要求设计者不仅掌握生产过程的工艺要求，还能够通晓和综合运用各种知识和技术。本章主要讲述计算机控制系统的设计原则和步骤，工程设计与实现过程，然后给出具体的应用实例。

10.1.1　设计原则

计算机控制系统的基本设计原则包含如下几个方面。

1. 安全可靠

高可靠性是计算机控制系统最基本的设计要求。系统的可靠性是指系统在规定条件下和规定时间内完成规定功能的能力。在计算机控制系统中，可靠性指标一般用系统的平均无故障时间(MTBF)和平均维修时间(MTTR)来表示。MTBF 反映了系统可靠工作的能力，MTTR 表示系统出现故障后立即恢复工作的能力，一般希望 MTBF 要大于某个规定值，而 MTTR 值越短越好。

在对计算机控制系统进行设计时，首先要选用高性能的工业控制计算机，保证在恶劣的工业环境下仍能正常运行。

其次是设计可靠的控制方案，并具备各种安全保护措施，如报警、事故预测、事故处理、实时监控、不间断电源等。

为了预防计算机故障，还需设计后备装置。对于一般的控制回路，选用手动操作器作为后备；对于重要的回路，选用常规控制仪表作为后备。这样，一旦计算机出现故障，就把后备装置切换到控制回路中，以维持生产过程的正常运行。

对于特殊的控制对象，可设计两台计算机互为备用地执行控制任务，称为双机系统。对于规模较大的系统，应注意功能分散，即可采用分散控制系统或现场总线控制系统。

2. 操作维护方便

操作维护方便包括两个方面：一是指操作方便，二是指便于维护。

操作方便是指系统设计时要尽量考虑如何便于用户操作和使用，主要表现在要求操作简单、直观形象和便于掌握等方面。操作面板的设计，要体现操作的先进性，又要兼顾原有的操作习惯，尽量降低对使用人员专业知识的要求，使他们能在较短时间内熟悉和掌握操作。

便于维护是指一旦发生故障，易于查找和排除。在硬件方面，从零部件的排列位置、标准化的模板结构，以及是否便于带电插拔等都要通盘考虑；软件方面，要配置查错程序和诊断程序，以便在故障发生时能用程序帮助查找故障发生的部位，从而缩短排除故障的时间。

3. 实时性强

实时性是计算机控制系统中一个非常重要的指标，是指对内部和外部事件能够及时地响应，并做出相应的处理，不丢失信息，不延误操作。实时性强并不是说系统越快越好，而是指系统能够根据实际的情况和要求，对现场进行实时监控并对各种事件及时进行处理。对于定时事件，如数据的定时采集、运算控制等，系统应设置时钟，保证定时处理；对于随机事件，如事故报警等，系统应设置中断，并根据故障的轻重缓急预先分配中断级别，一旦事故发生，保证优先处理紧急故障。

4. 通用性好

工业控制的对象千差万别，而计算机控制系统的研制开发又需要一定周期。所以系统设计时应该考虑系统能够适应不同的设备和不同的被控对象，按照控制要求灵活构建系统，以保证无须进行大的修改，就能适应新的设计要求。

在系统设计时，主要考虑几个方面：首先在硬件设计方面，应采用标准总线结构，配置各种通用的功能模板或功能模块，以便在需要扩充时，只要增加相应板、块就能实现；其次在系统设计时，各设计指标要留有一定的余量；再就是软件设计方面，应采用标准模块结构，尽量不进行二次开发，只要按照要求选择各种软件功能模块，再灵活地进行控制系统的组态即可。

5. 经济效益高

计算机控制系统应该能够带来高的经济效益。首先需要设计人员有市场竞争意识，在选择器件时要充分考虑性价比，在满足设计指标的前提下尽量采用物美廉价的元器件，以降低成本，提高经济效益。其次，要尽量降低系统的投入和产出比。

10.1.2　设计步骤

计算机控制系统的设计一般包括下面几个步骤。

1. 项目控制方案的确定及合同书的签订

(1) 甲方提出任务委托书(包含：系统技术性能指标、经费、计划进度、合作方式等)。

(2) 乙方研究任务委托书。

(3) 双方对委托书进行修改。

(4) 乙方进行系统总体方案的初步设计。

(5) 乙方进行方案可行性论证。

(6) 甲、乙双方签订合同书(包含双方任务划分和各自承担责任、合作方式、付款方式、进度和计划安排、验收方式及条件、成果归属及违约的解决办法等)。

2. 工程项目的设计与实现

这一步是很关键也很重要的一步，直接影响着设计质量。主要包含以下几方面的内容：

(1) 组建研发小组。确定项目组成员，并明确各自的分工和相互的协调关系。

(2) 系统总体方案的设计。系统结构和组成方式的确定，执行机构的类型，控制策略和控制算法的确定，软、硬件的初步设计。

(3)方案的可行性论证。

(4)软件功能的细化和设计。

(5)硬件电路的细化设计及所有元器件的选择。

(6)离线仿真及调试：将软硬件结合起来，在实验室进行离线的仿真与调试，判断是否满足指标要求，如不满足要求则需要修改相应的软硬件，可能需要重复多次才能达到指标要求。

3. 现场调试和运行

将系统和生产过程相连，进行现场的调试和运行。即使离线仿真和调试都没有问题了，现场调试和运行的过程中，仍可能出现一定问题，此时应认真分析并加以解决。系统运行正常后，可以再试运行一段时间，没有问题之后即可组织验收。验收是系统项目完成的最终标志。

10.2　计算机控制系统的可靠性技术

系统的可靠性有两个含义：一是采取措施使系统在规定的时间内不发生故障或错误；二是如果发生了故障，应能迅速予以维修，使系统尽快重新投入使用。提高系统可靠性的措施有很多，包括：①提高器件和设备的可靠性；②采取抗干扰措施，提高系统对环境的适应能力；③采取一定的可靠性设计技术；④采取故障诊断技术。

10.2.1　控制系统的抗干扰设计

计算机控制系统的干扰源包括：从系统电源和电源引线(包括地线)侵入的干扰；从系统的输入、输出传输通道侵入的干扰；空间电磁干扰；静电噪声以及其他一些环境因素导致的干扰。

对于上述的不同干扰，可以采用如下的抗干扰措施。

1) 对于电源和供电系统的干扰，可以采取的抗干扰措施

(1)远离干扰源，即采取有效的措施避开干扰源。例如，尽量使系统的电源线远离带有大功率负载的动力线；如果有条件，还可以采用专用的交流电源。

(2)安装电源低通滤波器。对于开关设备的启停以及电网电压的波动等对电源电压造成的噪声干扰，一般采用低通滤波器来抗干扰。

(3)采取变压器屏蔽和分路供电措施。系统的电源变压器绕组采取屏蔽措施后，可以大大减小一、二次侧间的耦合电容，从而抑制从电网侧进入系统的噪声；由于计算机系统是“弱电”信号，可以对其采用单独的供电变压器供电，使其与“强电”部分分开供电，以防止其受“强电”信号的影响。

(4)采取措施拓宽对电网波动的适应能力。例如，可以选用电网调节范围大的直流稳压电源或在直流电源前采用交流电源。

(5)尖峰脉冲干扰的抑制。例如，可以采用均衡器，将尖峰电压的集中能量分配到不同的频段上。

另外，还可以采用直流侧的去耦措施；对供电系统的配线和布线也要合理进行；还有接地线的处理等抗干扰措施。

2）对于信号传输通道的干扰，可以采取的抗干扰措施

(1) 远离技术。尽量避免平行布线并使强信号线和弱信号线互相远离，以使干扰源远离被干扰的信号线或回路。

(2) 屏蔽干扰源。在干扰源的周围加上屏蔽体，并将屏蔽体一点接地，就可以将电场形成的干扰源屏蔽掉，使它对邻近的线路或回路不产生影响。

(3) 使用双绞线和同轴电缆阻止耦合干扰的侵入。在计算机控制系统中，使用双绞线、同轴电缆、双绞的屏蔽线等进行信号传输，并通过适当的接地处理，可以有效防止电磁干扰侵入信号通道。

(4) 接地的处理。电路系统接地的原则：各部分电路应该在一点接地，而不是多点接地。一般采用串并联混合的一点接地法，即在系统中设置三条公共地线，分别为信号地线、功率地线和机壳地线，各部分电路通过它们接地。

10.2.2 系统的软件可靠性设计

软件可靠性是指软件无故障运行的概率。提高软件可靠性的措施主要如下：

1）软件的容错技术

软件容错的作用是及时发现软件故障，以便在系统运行过程中及时检测可能发生的故障或错误并采取有效的措施限制、减小乃至消除故障的影响。

2）提高软件自身的可靠性

具体措施：采用结构化的程序设计方法，不仅在软件总体上采用模块化结构，每个功能模块也应采取自上向下的结构化设计，以减少程序的复杂性，提高程序可靠性，减少开发工作量。

采用自诊断程序也是提高系统软件可靠性的重要途径。所谓自诊断就是设计一个程序，使它能对系统进行检查，如发现错误，对于能够自动处理的问题可以采取自动修复等措施予以处理，对无法自动处理的错误或故障则可以通过报警来通知人工检修。

10.3 计算机控制系统的工程设计与实现

1. 系统总体方案设计

在对系统进行总体设计之前，设计人员应先对控制对象进行深入研究和分析，并熟悉工艺流程，然后提出具体的控制要求和总的技术性能指标，最后提出总的设计方案，确定所要完成的任务、系统的整体组成结构、硬件设备的构成以及控制算法等。

1）硬件总体方案设计

(1) 确定系统的结构和类型。

根据系统要求，确定采用开环结构还是闭环结构，如果采用闭环，还要确定是单闭环还是多闭环控制结构，还可以按功能和结构确定系统的类型，可选择的类型有操作指导系统、DDC 系统、SCC 系统、DCS 系统、FCS 系统等。

(2)确定系统的主机。

可以选择工控机、PLC、DSP、智能调节器等作为系统的主机。

(3)现场设备的选择。

主要包含传感器、变送器和执行机构的选择，要合理地进行选择，以保证系统的控制精度要求。

(4)其他方面的考虑。

主要有人机联系方式的考虑、机柜机箱的设计及硬件抗干扰措施等。

2)软件总体方案设计

软件部分主要是控制算法的设计，包括建立被控对象系统各组成部件的数学模型，提出相应的控制策略，给出控制算法。

3)系统总体方案

将硬件的总体方案和软件的总体方案合在一起构成系统的总体方案。经过论证验证总体方案可行后，形成总体方案文档。主要包含以下几部分内容：

(1)系统主要功能、技术指标、原理图及文字说明。

(2)控制策略和控制算法。

(3)系统硬件结构及配置。

(4)方案比较和选择。

(5)保证性能指标要求的技术措施。

(6)抗干扰和可靠性设计。

(7)机柜或机箱的结构设计。

(8)经费和进度计划的安排。

2. 硬件的工程设计与实现

1)选择系统的总线和主机机型

(1)选择系统的总线。

系统总线选择包括内部总线和外部总线选择。常用的工业控制计算机内部总线主要有ISA和PCI，可以选择其中一种。对于外部总线，根据系统的构成和需求，可以选择USB、RS-232C串行通信总线，或进行远距离通信的RS-422和RS-485总线等。

(2)选择主机机型。

在总线式工业控制机中，有许多种主机机型可供选择，还有不同的品牌和型号，包括内存、硬盘、主频、显卡等也有多种规格。需要设计人员根据需要合理地进行选择。

2)选择输入/输出通道模板

(1)数字量(开关量)输入/输出(DI/DO)模板。

DI/DO的接口模板有TTL电平的，还有带光电隔离的，通常工控机工地装置的接口可以选用TTL电平，而其他装置与工控机之间则选用光电隔离。

(2)模拟量输入/输出(AI/AO)模板。

AI/AO模板包括A/D、D/A以及调理电路等，它们有不同的输入/输出电平信号。选择时必须注意分辨率、转换速度、量程范围等技术指标。

(3)选择测量变送环节和执行机构。

测量变送环节的作用是把被测量转换成计算机能够接收和识别的标准的电信号。常用的有速度传感器、位置传感器、温度变送器、压力变动器、液位变送器、流量变送器等。

执行机构的作用是接收计算机的控制信号，并把它转换成调整机构的动作，使生产过程按照预定的规律运行。根据需要，可以选择电动、气动或电液执行机构。

3. 软件的工程设计与实现

主要包括系统存储空间、定时计数器等资源的分配、数据采集与处理程序的设计和实现、控制算法程序的设计和实现、定时和中断处理程序的设计、数据曲线的显示程序、控制输出的设计和实现等。

4. 系统的调试与运行

首先进行离线的仿真和调试，包括硬件的调试和软件的调试，以及软硬件的联调。当离线仿真和调试没有问题后，再进行现场在线的调试和运行。

10.4 直流电动机闭环调速系统设计举例

1. 被控对象及调速原理介绍

这个例子要求设计一个直流电动机闭环调速系统，实现对电动机速度的控制。直流电动机是系统的被控对象，其转速 n 是被控量或者系统的输出量。它的工作原理是通过作用于转子电枢上的电压 U_a 产生电流 I_a 使电枢形成磁场，再与定子的磁场作用达到输出转速和转矩的目的。其模型示意如图 10.1 所示(忽略回路电感效应)。图中的 U_a 为加到电动机两端的电网电压，E_a 为电枢绕组产生的反电动势，I_a 为回路电流，R_a 为电枢回路总电阻，n 为电动机的转速，T_{em} 为电磁转矩，T 为负载转矩。

对电动机电枢回路，有如下的电压平衡方程：

$$U_a = E_a + I_a R_a \tag{10.1}$$

其中，电枢绕组反电动势 E_a 可以表示为

$$E_a = C_e \Phi n \tag{10.2}$$

其中，C_e 为电势常数；Φ 为磁通，是常数。

电磁转矩 T_{em} 可以写为

$$T_{em} = C_m \Phi I_a \tag{10.3}$$

其中，C_m 为转矩常数。

$$T_{em}(t) - T(t) = J \cdot \frac{\mathrm{d}n}{\mathrm{d}t} \tag{10.4}$$

由式(10.1)、式(10.2)及式(10.3)可得

$$n = \frac{U_a}{C_e \Phi} - \frac{I_a R_a}{C_e \Phi} = \frac{U_a}{C_e \Phi} - \frac{T_{em} R_a}{C_e C_m \Phi^2} \tag{10.5}$$

式(10.5)为直流电动机的转速公式，即调速基本模型。当负载不变时，转速随电压变化。为实现闭环转速能平稳连续过渡的调速要求，本例中采用 PWM 调压调速法，通过改变电枢端电压平均值，进而实现转速的连续调节。

PWM 是 pulse width modulation 的简写，也就是脉宽调制，图 10.2 给出了 PWM 调压调

速的原理示意图，它是把恒定的直流电源电压 U_s 调制成频率一定、宽度可变的脉冲电压序列，从而可以改变平均输出电压的大小，以调节电动机转速。

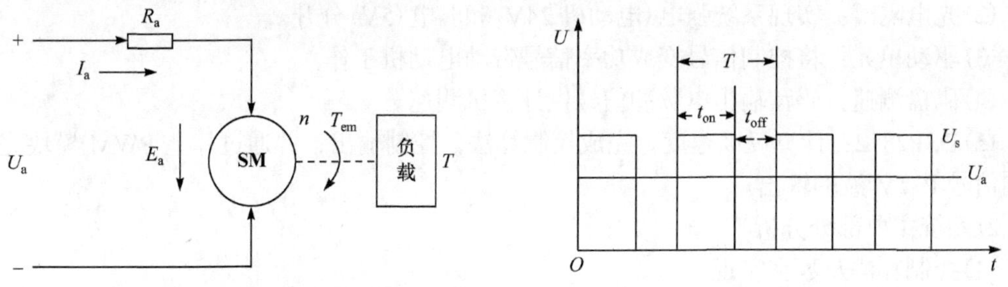

图 10.1　直流电动机模型　　　　图 10.2　PWM 调压调速原理

此时，加到电动机两端的平均电压为

$$U_a = \frac{t_{on}}{T} U_s = \rho U_s \tag{10.6}$$

2. 系统总体设计

1) 系统实现原理框图

对式(10.1)～式(10.4)进行拉氏变换，加入驱动和控制器，以及闭环测速反馈，可以得到电动机闭环调速系统的控制原理框图如图 10.3 所示。图中的 T_m 为 $T_m = \dfrac{JR_a}{K_i K_e}, K_e = C_e \Phi$, $K_i = C_m \Phi$ 。

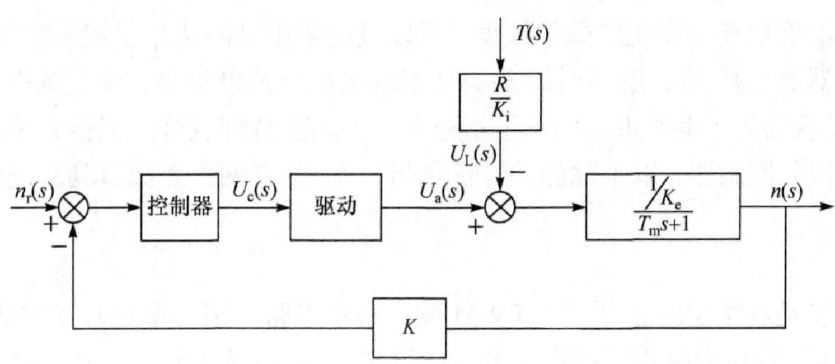

图 10.3　电动机调速系统原理框图

采用 DSP2812 实现的原理框图如图 10.4 所示。

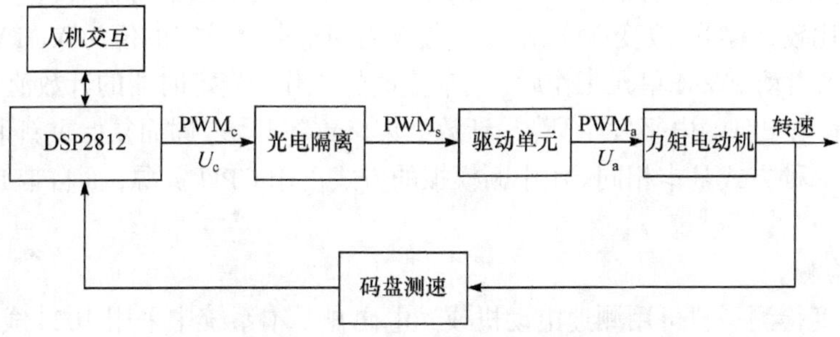

图 10.4　基于 DSP2812 的直流电动机闭环调速系统原理框图

图 10.4 中系统各部分功能如下：

(1) 人机交互：键盘(给定值和方向设定)和液晶参数及信息显示。

(2) 光电隔离：实现系统强电(电动机 24V)和弱电(5V)分开。

(3) 驱动单元：将控制信号变成功率信号带动电动机工作。

(4) 码盘测速：码盘输出电脉冲信号供计算机测速。

(5) DSP2812：计算反馈速度，完成控制算法，控制输出，并通过片上 PWM 模块完成控制信号 PWM 波的输出。

2) 系统主要部分分析

(1) 控制算法及数字实现。

电动机的电压输入到速度输出的对象传递函数可近似成一阶惯性环节，因此采用 PI 控制规律。离散的位置式 PI 算法为

$$u(k)=K_{\mathrm{P}}\left\{e(k)+\frac{\tau}{T_{\mathrm{I}}}\sum_{j=0}^{k}e(j)\right\} \tag{10.7}$$

其中，$e(k)$ 为第 k 次采样时的偏差；$e(j)$ 为第 j 次采样时的偏差。

增量式 PI 算法为

$$\begin{aligned}\Delta u(k)&=K_{\mathrm{P}}\left\{[e(k)-e(k-1)]+\frac{\tau}{T_{\mathrm{I}}}e(k)\right\}\\ u(k)&=u(k-1)+\Delta u(k)\end{aligned} \tag{10.8}$$

其中，$u(k\text{–}1)$ 为第 $k\text{–}1$ 次控制周期中输出的控制量。

由于不能准确地建立系统的数学模型，所以只能采用试凑法来整定系统控制器的参数。一般先调控制器的参数 K_{P}，适当增加 K_{P}，使系统的响应速度提高，偏差减小，但不可过大增加 K_{P}，否则系统会产生严重超调甚至不稳定。当动态特性较好，但偏差不在允许范围内时，适当加入积分控制器，以消除静差。联合调试 K_{P} 和 T_{I} 两个参数直到系统的性能指标达到要求。

(2) PWM 产生。

第一种方法是利用定时中断产生 PWM 波。基本思路：用一个定时器做基本单元定时，每次基本定时到，则在中断程序中将高电平计数减 1，直到高电平计数完，开始低电平计数，周而复始。

第二种方法是利用 DSP2812 上自带的 PWM 信号发生单元。基本思想：利用高速时钟 HSPCLK 的周期 t_0 为基本时间单元，一般 PWM 产生要设定两个寄存器，一个是周期寄存器，另一个是比较寄存器(改变占空比的)，假设周期寄存器设定的值为 N，PWM 波的周期为 $T=N\cdot t_0$。当启动 PWM 单元工作后，对应定时器工作，当定时器的计数值与周期寄存器相等时，对应输出引脚的电平发生翻转，计数结束又重新开始，周而复始重新生成 PWM 波。基本思想与第一种方式基本相同。用中断模拟的方式占用 CPU 资源，而自带 PWM 模块的，则自动完成。

(3) 速度检测。

电动机速度检测一般可用测速电动机或光电码盘。本系统中采用 1024 线的光电码盘，光电码盘上有两个光电孔，光源通过两个光电孔发出两束光，通过码盘的缝隙在光电元器

件 A、B 上产生两路脉冲信号。码盘和电动机同轴，如果码盘被电动机带动转动一圈，光电元件 A、B 会输出两路 N 个脉冲，相位相差 1/4 周，正转时 A 相超前，反转时 B 相超前。转过一圈 Z 相发出一个脉冲，如图 10.5 所示。

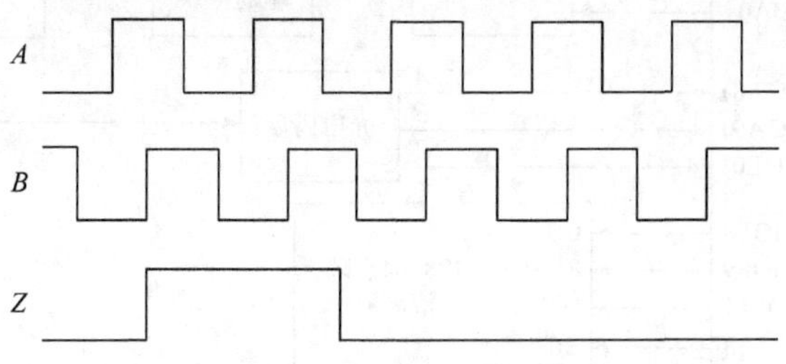

图 10.5　光电码盘原理及输出

DSP2812 上有专门的针对码盘的计数单元——正交解码单元(QEP)，它和码盘的连接方法是：A 相接 QEP1，B 相接 QEP2。QEP 译码电路将码盘输出的信号 4 倍频给计数器，同时将 A、B 两项的前后关系译成 DIR 信号给计数器，如果 A 相超前(电动机正转)则计数器计数值增加，如果 B 相超前(电动机反转)则计数器的计数值减小。

转速计算的方法有 T 法和 M 法两种，工作原理如下。

T 法：利用两个脉冲所用的时间来计算转速值，适用于慢速的情形。需要一个定时器定时基本微小时间 T_0，另一个定时器用来响应脉冲信号作为中断源的中断入口。

M 法：利用一段微小的基本时间内的脉冲个数来计算转速值，适用于高速的情形。需要一个定时器定时一个基本单元 T_0，还需要一个计数器用来计量脉冲个数。

本系统由于码盘输出脉冲频率较高，采用 M 法。码盘一圈输出 1024 个脉冲，假如 1ms 计数器计数变化值为 100，则电动机的转速 $n=1000\times100\times60/1024$r/min。

3. 系统硬件设计

1) 硬件(片上)资源分配

键盘：8 个 I/O。

显示：LCD，4 个 I/O。

PWM：EVA，通用定时器 1，T1PWM。

测速：EVA，通用定时器/计数器 2，CPU 定时器 0 定时。

系统的硬件结构图如图 10.6 所示。

2) 各部分硬件设计

(1) DSP 最小系统及外围电路。

外接晶振：30MHz。

复位电路：STC825S、MP130。

电源：1.8V，内核，3.3V 片上外设 TPSHD138。

电平转换：74HC254，74HLVC3245。

(2) 光电隔离。

光电隔离通常将电子信号转换为光信号，在另一边再将光信号转换回电子信号。如此两边电路就可以互相隔离，从而防止驱动电路的高电压、脉动电流对微控电路的影响，光电隔离电路如图 10.7 所示。由于 DSP281 输出的电流不足以驱动 TLP512，增加了 74HC14

驱动，同时还要注意光耦的电压承受能力和开关的时间(决定允许通过信号的频率)。

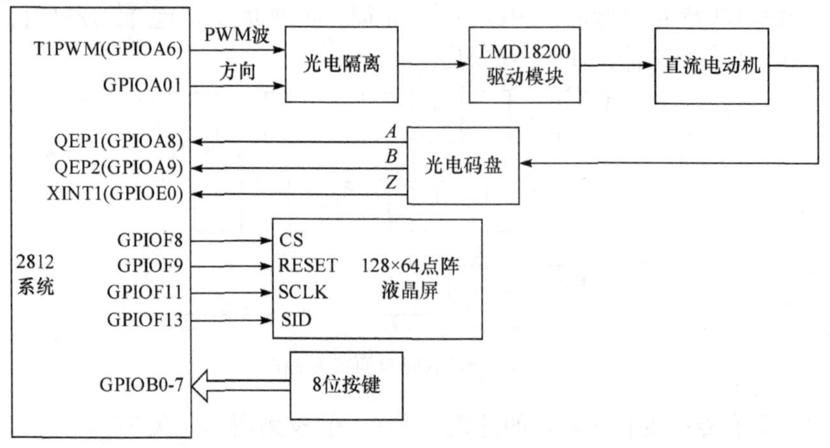

图 10.6　系统硬件组成结构示意图

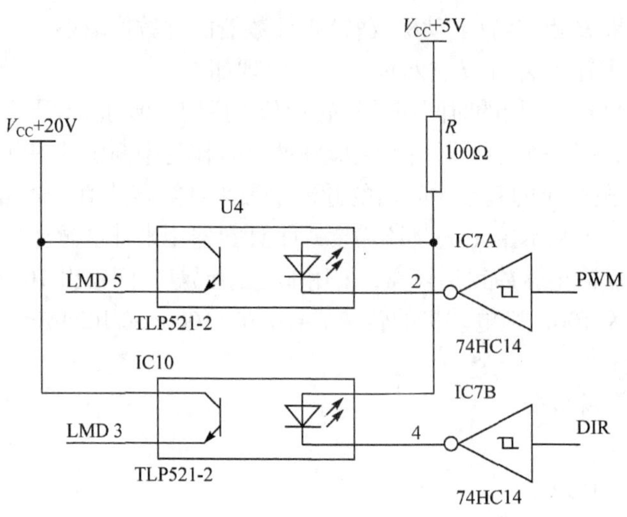

图 10.7　光电隔离电路

(3)电动机驱动。

在前向通道上有三处 PWM，如图 10.8 所示，它们的周期和占空比是一样的，2812 系统输出的是控制信号级的，经过隔离后的 PWM_s 也是信号级别的，经过驱动 H 桥后变成功率级的可以直接带动电动机。

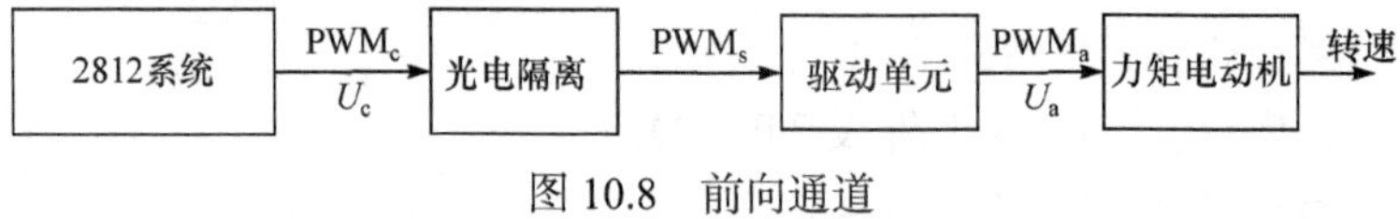

图 10.8　前向通道

PWM 控制方法配合桥式驱动电路，是目前直流电动机调速最普遍的方法，驱动电路示意图如图 10.9 所示。当 VT_1、VT_2 导通时，VT_3、VT_4 关断，电动机两端加正向电压，可以实现电动机的正转或反转制动；当 VT_3、VT_4 导通时，VT_1、VT_2 关断，电动机两端为反向电压，电动机反转或正转制动。

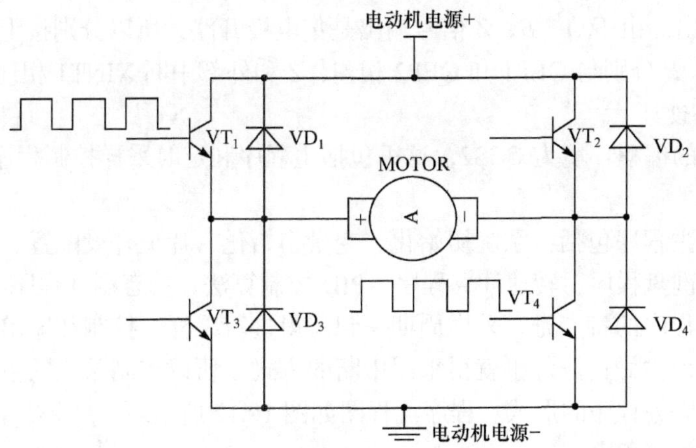

图 10.9　H 桥原理示意图

本设计的直流电动机驱动电路采用性能比较稳定可靠的 LMD18200 芯片设计，原理图如图 10.10 所示。幅值由 PWM 信号的占空比决定，零脉冲时代表零电压。使用时，3 脚接方向信号输入，5 脚接 PWM 信号。

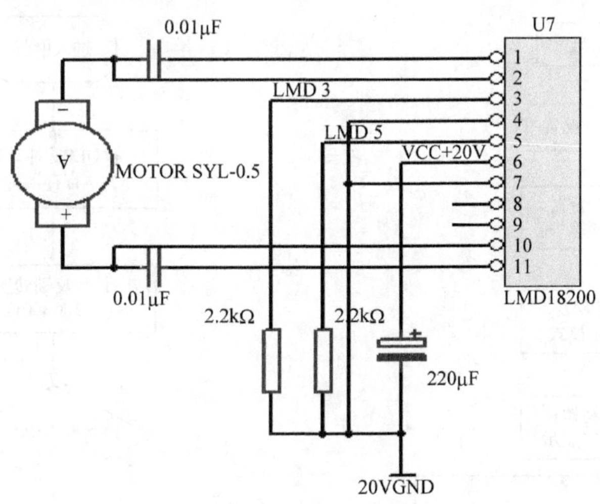

图 10.10　LMD18200 驱动电动机原理图

(4)测速码盘接口电路。

如图 10.11 所示，码盘共有五根连接线：电源(5V)、地、A 相信号输出、B 相信号输

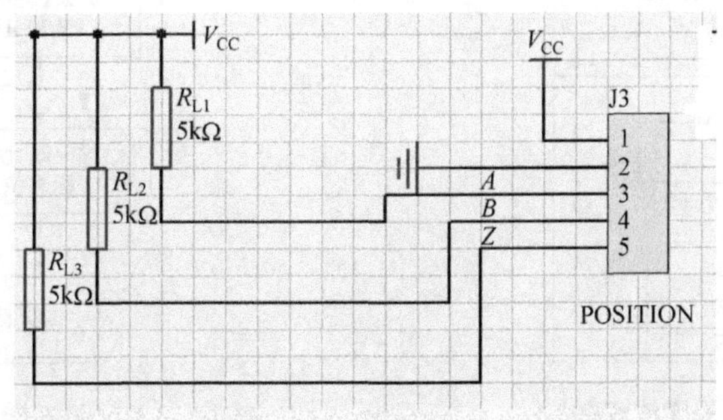

图 10.11　码盘连接信号

出、Z 相信号输出。由于 A、B、Z 信号输出是集电极开路，所以分别接上拉电阻，然后和电路板相连。A、B 分别与 QEP1 和 QEP2 相连，Z 和外部中断 XINT1 相连。

4. 系统软件设计

本例所采用的编程环境为 CCS2，这里包括主程序和定时采样控制程序。

1) 主程序

整个系统的主程序包括：系统初始化、变量初始化、片上外设配置、液晶屏初始化、固定字符显示、键盘程序、转速计算程序、PID 控制算法、动态刷屏程序等。

计算机控制程序的特点是，采样周期一到就得进行采样、控制和输出。而要在采样时间到的时候准确地去做这三件事就得采用中断的方式。所以控制系统的主程序的基本结构是主程序加中断服务程序的形式。程序流程图如图 10.12 所示。

2) 定时采样控制程序

定时采样控制程序主要用来计算当前转速值，当采样时间到时，还要调用 PID 子程序完成当前控制量的更新和计算。其流程图如图 10.13 所示，定时时间为 T=2ms。

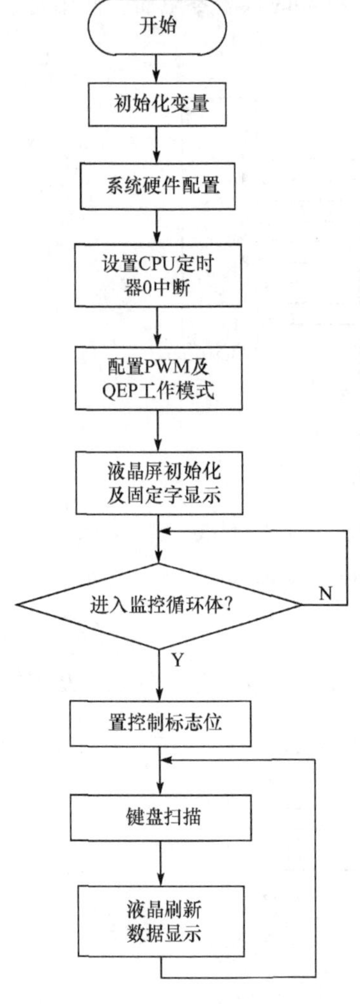

图 10.12　主程序流程图

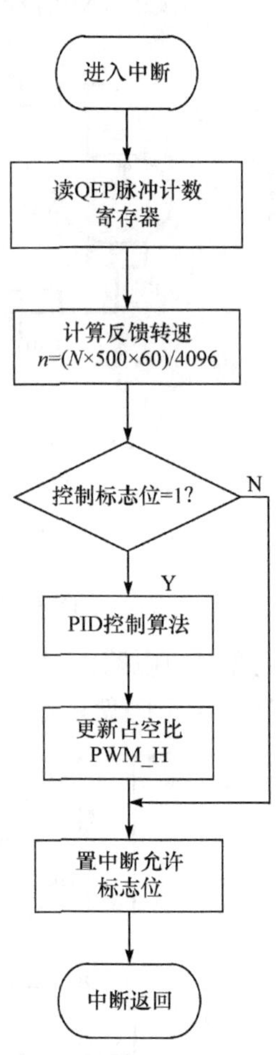

图 10.13　定时采样控制程序流程图

习　题

10-1　简述计算机控制系统的设计原则。

10-2　简述计算机控制系统的主要设计步骤。

10-3　什么是计算机控制系统的可靠性？提高可靠性有哪些措施？

10-4　计算机控制系统工程设计和实现的主要步骤有哪些？

10-5　试设计一个计算机温度闭环控制系统，给出系统的设计方案、原理框图，并说明每一部分的作用和具体的硬件实现，给出软件部分的算法程序和主程序流程图。

参考文献

陈炳和, 2008. 计算机控制原理与应用. 北京: 北京航空航天大学出版社.

范立南, 李雪飞, 2009. 计算机控制技术. 北京: 机械工业出版社.

高金源, 夏洁, 2008. 计算机控制系统. 北京: 高等教育出版社.

顾德英, 罗云林, 马淑华, 2007. 计算机控制技术. 2 版. 北京: 北京邮电大学出版社.

关守平, 尤富强, 徐林, 等, 2012. 计算机控制理论与设计. 北京: 机械工业出版社.

何朕, 刘彦文, 王毅, 等, 2006. 采样系统的非线性分析: 描述函数法. 2006 中国控制与决策学术年会(18th CDC): 424-426.

何朕, 王毅, 周长浩, 等, 2007. 球-杆系统的非线性问题. 自动化学报, 33(5): 550-554.

黄一夫, 1997. 微型计算机控制技术. 北京: 机械工业出版社.

李国杰, 2008. 基于虚拟现实技术的力觉交互设备的研究与构建. 上海: 上海交通大学.

李佳, 2012. 力觉接口的无源性分析及设计. 哈尔滨: 哈尔滨工程大学.

李元春, 王德军, 于在河, 等, 2012. 计算机控制系统. 北京: 高等教育出版社.

刘豹, 2004. 现代控制理论. 2 版. 北京: 机械工业出版社.

刘建昌, 关守平, 周玮, 等, 2009. 计算机控制系统. 北京: 科学出版社.

刘建昌, 关守平, 周玮, 等, 2016. 计算机控制系统. 2 版. 北京: 科学出版社.

刘彦文, 2016. 采样控制系统的分析及 H_∞控制设计. 哈尔滨: 哈尔滨工业大学出版社.

刘彦文, 李佳, 何朕, 等, 2011. 遥操作系统力觉接口的无源性设计. 控制理论与应用, 28(7): 994-998.

刘彦文, 王广雄, 何朕, 2005. 采样系统的频率响应和 L2 诱导范数. 控制与决策, 20(10): 1133-1136.

刘彦文, 王广雄, 綦志刚, 等, 2013. 时滞不确定采样控制系统的鲁棒稳定性. 控制理论与应用, 30(2): 238-242.

任家富, 2008. 数据采集与总线技术. 北京: 北京航空航天大学出版社.

孙增圻, 2008. 计算机控制理论及应用. 2 版. 北京: 清华大学出版社.

王广雄, 何朕, 2005. 控制系统设计. 北京: 清华大学出版社.

王广雄, 何朕, 2010. 应用 H_∞控制. 哈尔滨: 哈尔滨工业大学出版社.

王广雄, 李连峰, 王新生, 2001. 鲁棒设计中参数不确定性的描述. 电机与控制学报, 5(1):5-8.

王广雄, 刘彦文, 何朕, 2005. 采样系统的 H_∞鲁棒扰动抑制设计. 哈尔滨工业大学学报, 37(12): 1634-1636.

王锦标, 2004. 计算机控制系统. 北京: 清华大学出版社.

熊静琪, 2003. 计算机控制技术. 北京: 电子工业出版社.

徐丽娜, 1994. 数字控制. 哈尔滨: 哈尔滨工业大学出版社.

于海生, 2007. 计算机控制技术. 北京: 机械工业出版社.

于海生, 丁军航, 潘松峰, 等, 2013. 微型计算机控制技术. 2 版. 北京: 清华大学出版社.

张艳兵, 王忠庆, 鲜浩, 2006. 计算机控制技术. 北京: 国防工业出版社.

郑大钟, 2002. 线性系统理论. 北京: 清华大学出版社.

周克敏, DOYLE J C, GLOVER K, 2002. 鲁棒与最优控制. 北京: 国防工业出版社.

BAMIEH B A, PEARSON J B, 1992. A general framework for linear periodic systems with applications to H_∞ sampled-data control. IEEE Transactions on Automatic Control, 37(4): 418-435.

BRASLAVSKY J H, MIDDLETON R H, FREUDENBERG J S, 1995. Sensitivity and robustness of sampled-data control systems: A frequency domain viewpoint. Proceedings of the American Control Conference, Seattle, Washington: 1040-1044.

CHEN T, FRANCIS B A, 1996. H_∞-optimal sampled-data control: Computation and design. Automatica, 32(2): 223-228.

FRANKLIN G F, 2001. 动态系统的数字控制(影印版). 3 版. 北京: 清华大学出版社.

VAN LOAN C F, 1978. Computing integrals involving the matrix exponential. IEEE Transactions on Automatic Control, 23(3): 395-404.

WANG G X , LIU Y W, HE Z, et al., 2005. A new approach to robust stability analysis of sampled-data control systems. Acta Automatica Sinica, 31(4): 510-515.

YAMAMOTO Y, KHARGONEKAR P P, 1996. Frequency response of sampled-data systems. IEEE Transactions on Automatic Control, 41(2): 166-175.

YAMAMOTO Y, KHARGONEKAR P P, 1993. Frequency response of sampled-data systems. Proceedings of the 32nd Conference on Decision and Control, San Antonio: 799-804.